科学元典丛书

The Series of the Great Classics in Science

主　　编　　任定成

执行主编　　周雁翎

策　　划　　周雁翎

丛书主持　　陈　静

科学元典是科学史和人类文明史上划时代的丰碑，是人类文化的优秀遗产，是历经时间考验的不朽之作。它们不仅是伟大的科学创造的结晶，而且是科学精神、科学思想和科学方法的载体，具有永恒的意义和价值。

· The Theory of the Gene ·

摩尔根的染色体理论代表着人类想象力的一大飞跃，他是可与伽利略和牛顿媲美的人物。

——沃丁顿（C. H. Waddington，1905—1975）

英国著名实验胚胎学家、遗传学家

摩尔根的发现……像雷鸣一般震惊了学术界，比之孟德尔的发现毫不逊色，它迎来了滋润我们整个现代遗传学的霖雨。

——缪勒（H. J. Muller，1890—1967）

1946 年诺贝尔生理学或医学奖获得者

本书列入"十四五"国家重点图书出版规划

科学元典丛书

基因论

The Theory of the Gene

增订与修正版（1928年）

［美］摩尔根 著　卢惠霖 译

北京大学出版社
PEKING UNIVERSITY PRESS

图书在版编目(CIP)数据

基因论/（美）摩尔根著；卢惠霖译.—北京：北京大学出版社，2007.1
（科学元典丛书）

ISBN 978-7-301-09564-5

Ⅰ.基… Ⅱ.①摩…②卢… Ⅲ.科学普及-基因-理论 Ⅳ.Q343.1

中国版本图书馆 CIP 数据核字 （2005） 第 096659 号

THE THEORY OF THE GENE
By Thomas Hunt Morgan
New Haven: Yale University Press, 1928

书　　　名	基因论
	JI YIN LUN
著作责任者	[美]摩尔根 著　卢惠霖 译
丛 书 策 划	周雁翎
丛 书 主 持	陈　静
责 任 编 辑	陈　静
标 准 书 号	ISBN 978-7-301-09564-5
出 版 发 行	北京大学出版社
地　　　址	北京市海淀区成府路 205 号　100871
网　　　址	http://www.pup.cn　新浪微博：@ 北京大学出版社
微信公众号	通识书苑（微信号：sartspku）　科学元典（微信号：kexueyuandian）
电 子 邮 箱	编辑部 jyzx@ pup.cn　总编室 zpup@ pup.cn
电　　　话	邮购部 010-62752015　发行部 010-62750672　编辑部 010-62707542
印 刷 者	北京中科印刷有限公司
经 销 者	新华书店
	787 毫米×1092 毫米　16 开本　19.75 印张　彩插 8　420 千字
	2007 年 1 月第 1 版　2024 年 4 月第 12 次印刷
定　　　价	68.00 元

弁　言

• *Preface to the Series of the Great Classics in Science* •

这套丛书中收入的著作，是自古希腊以来，主要是自文艺复兴时期现代科学诞生以来，经过足够长的历史检验的科学经典。为了区别于时下被广泛使用的"经典"一词，我们称之为"科学元典"。

我们这里所说的"经典"，不同于歌迷们所说的"经典"，也不同于表演艺术家们朗诵的"科学经典名篇"。受歌迷欢迎的流行歌曲属于"当代经典"，实际上是时尚的东西，其含义与我们所说的代表传统的经典恰恰相反。表演艺术家们朗诵的"科学经典名篇"多是表现科学家们的情感和生活态度的散文，甚至反映科学家生活的话剧台词，它们可能脍炙人口，是否属于人文领域里的经典姑且不论，但基本上没有科学内容。并非著名科学大师的一切言论或者是广为流传的作品都是科学经典。

这里所谓的科学元典，是指科学经典中最基本、最重要的著作，是在人类智识史和人类文明史上划时代的丰碑，是理性精神的载体，具有永恒的价值。

一

科学元典或者是一场深刻的科学革命的丰碑，或者是一个严密的科学体系的构架，或者是一个生机勃勃的科学领域的基石，或者是一座传播科学文明的灯塔。它们既是昔日科学成就的创造性总结，又是未来科学探索的理性依托。

哥白尼的《天体运行论》是人类历史上最具革命性的震撼心灵的著作，它向统治西方思想千余年的地心说发出了挑战，动摇了"正统宗教"学说的天文学基础。伽利略《关于托勒密和哥白尼两大世界体系的对话》以确凿的证据进一步论证了哥白尼学说，更直接地动摇了教会所庇护的托勒密学说。哈维的《心血运动论》以对人类躯体和心灵的双重关怀，满怀真挚的宗教情感，阐述了血液循环理论，推翻了同样统治西方思想千余年、被"正统宗教"所庇护的盖伦学说。笛卡儿的《几何》不仅创立了为后来诞生的微积分提供了工具的解析几何，而且折射出影响万世的思想方法论。牛顿的《自然哲学之数学原理》标志着17世纪科学革命的顶点，为后来的工业革命奠定了科学基础。分别以惠更斯的《光论》与牛顿的《光学》为代表的波动说与微粒说之间展开了长达200余年的论战。拉瓦锡在《化学基础论》中详尽论述了氧化理论，推翻了统治化学百余年之久的燃素理论，这一智识壮举被公认为历史上最自觉的科学革命。道尔顿的《化学哲学新体系》奠定了物质结构理论的基础，开创了科学中的新时代，使19世纪的化学家们有计划地向未知领域前进。傅立叶的《热的解析理论》以其对热传导问题的精湛处理，突破了牛顿的《自然哲学之数学原理》所规定的理论力学范围，开创了数学物理学的崭新领域。达尔文《物种起源》中的进化论思想不仅在生物学发展到分子水平的今天仍然是科学家们阐释的对象，而且100多年来几乎在科学、社会和人文的所有领域都在施展它有形和无形的影响。《基因论》揭示了孟德尔式遗传性状传递机理的物质基础，把生命科学推进到基因水平。爱因斯坦的《狭义与广义相对论浅说》和薛定谔的《关于波动力学的四次演讲》分别阐述了物质世界在高速和微观领域的运动规律，完全改变了自牛顿以来的世界观。魏格纳的《海陆的起源》提出了大陆漂移的猜想，为当代地球科学提供了新的发展基点。维纳的《控制论》揭示了控制系统的反馈过程，普里戈金的《从存在到演化》发现了系统可能从原来无序向新的有序态转化的机制，二者的思想在今天的影响已经远远超越了自然科学领域，影响到经济学、社会学、政治学等领域。

科学元典的永恒魅力令后人特别是后来的思想家为之倾倒。欧几里得的《几何原本》以手抄本形式流传了1800余年，又以印刷本用各种文字出了1000版以上。阿基米德写了大量的科学著作，达·芬奇把他当作偶像崇拜，热切搜求他的手稿。伽利略以他的继承人自居。莱布尼兹则说，了解他的人对后代杰出人物的成就就不会那么赞赏了。为捍卫《天体运行论》中的学说，布鲁诺被教会处以火刑。伽利略因为其《关于托勒密和哥白尼两大世界体系的对话》一书，遭教会的终身监禁，备受折磨。伽利略说吉尔伯特的《论磁》一书伟大得令人嫉妒。拉普拉斯说，牛顿的《自然哲学之数学原理》揭示了宇宙的最伟大定律，它将永远成为深邃智慧的纪念碑。拉瓦锡在他的《化学基础论》出版后5年被法国革命法庭处死，传说拉格朗日悲愤地说，砍掉这颗头颅只要一瞬间，再长出这样的头颅 100 年也不够。《化学哲学新体系》的作者道尔顿应邀访法，当他走进法国科学院会议厅时，院长和全体院士起立致敬，得到拿破仑未曾享有的殊荣。傅立叶在《热的解析理论》中阐述的强有力的数学工具深深影响了整个现代物理学，推动数学分析的发展达一个多世纪，麦克斯韦称赞该书是"一首美妙的诗"。当人们咒骂《物种起源》是"魔鬼的经典""禽兽的哲学"的时候，赫胥黎甘做"达尔文的斗犬"，挺身捍卫进化论，撰写了《进化论与伦理学》和《人类在自然界的位置》，阐发达尔文的学说。经过严复的译述，赫胥黎的著作成为维新领袖、辛亥精英、"五四"斗士改造中国的思想武器。爱因斯坦说法拉第在《电学实验研究》中论证的磁场和电场的思想是自牛顿以来物理学基础所经历的最深刻变化。

在科学元典里，有讲述不完的传奇故事，有颠覆思想的心智波涛，有激动人心的理性思考，有万世不竭的精神甘泉。

二

按照科学计量学先驱普赖斯等人的研究，现代科学文献在多数时间里呈指数增长趋势。现代科学界，相当多的科学文献发表之后，并没有任何人引用。就是一时被引用过的科学文献，很多没过多久就被新的文献所淹没了。科学注重的是创造出新的实在知识。从这个意义上说，科学是向前看的。但是，我们也可以看到，这么多文献被淹没，也表明划时代的科学文献数量是很少的。大多数科学元典不被现代科学文献所引用，那是因为其中的知识早已成为科学中无须证明的常识了。即使这样，科学经典也会因为其中思想的恒久意义，而像人文领域里的经典一样，具有永恒的阅读价值。于是，科学经典就被一编再编、一印再印。

早期诺贝尔奖得主奥斯特瓦尔德编的物理学和化学经典丛书"精密自然科学经典"从 1889 年开始出版，后来以"奥斯特瓦尔德经典著作"为名一直在编辑出版，有资料说目前已经出版了 250 余卷。祖德霍夫编辑的"医学经典"丛书从 1910 年就开始陆续出版了。也是这一年，蒸馏器俱乐部编辑出版了 20 卷"蒸馏器俱乐部再版本"丛书，丛书中全是化学经典，这个版本甚至被化学家在 20 世纪的科学刊物上发表的论文所引用。一般把 1789 年拉瓦锡的化学革命当作现代化学诞生的标志，把 1914 年爆发的第一次世界大战称为化学家之战。奈特把反映这个时期化学的重大进展的文章编成一卷，把这个时期的其他 9 部总结性化学著作各编为一卷，辑为 10 卷"1789—1914 年的化学发展"丛书，于 1998 年出版。像这样的某一科学领域的经典丛书还有很多很多。

科学领域里的经典，与人文领域里的经典一样，是经得起反复咀嚼的。两个领域里的经典一起，就可以勾勒出人类智识的发展轨迹。正因为如此，在发达国家出版的很多经典丛书中，就包含了这两个领域的重要著作。1924 年起，沃尔科特开始主编一套包括人文与科学两个领域的原始文献丛书。这个计划先后得到了美国哲学协会、美国科学促进会、美国科学史学会、美国人类学协会、美国数学协会、美国数学学会以及美国天文学学会的支持。1925 年，这套丛书中的《天文学原始文献》和《数学原始文献》出版，这两本书出版后的 25 年内市场情况一直很好。1950 年，沃尔科特把这套丛书中的科学经典部分发展成为"科学史原始文献"丛书出版。其中有《希腊科学原始文献》《中世纪科学原始文献》和《20 世纪（1900—1950 年）科学原始文献》，文艺复兴至 19 世纪则按科学学科（天文学、数学、物理学、地质学、动物生物学以及化学诸卷）编辑出版。约翰逊、米利肯和威瑟斯庞三人主编的"大师杰作丛书"中，包括了小尼德勒编的 3 卷"科学大师杰作"，后者于 1947 年初版，后来多次重印。

在综合性的经典丛书中，影响最为广泛的当推哈钦斯和艾德勒 1943 年开始主持编译的"西方世界伟大著作丛书"。这套书耗资 200 万美元，于 1952 年完成。丛书根据独创性、文献价值、历史地位和现存意义等标准，选择出 74 位西方历史文化巨人的 443 部作品，加上丛书导言和综合索引，辑为 54 卷，篇幅 2 500 万单词，共 32 000 页。丛书中收入不少科学著作。购买丛书的不仅有"大款"和学者，而且还有屠夫、面包师和烛台匠。迄 1965 年，丛书已重印 30 次左右，此后还多次重印，任何国家稍微像样的大学图书馆都将其列入必藏图书之列。这套丛书是 20 世纪上半叶在美国大学兴起而后扩展到全社会的经典著作研读运动的产物。这个时期，美国一些大学的寓所、校园和酒吧里都能听到学生讨论古典佳作的声音。有的大学要求学生必须深研 100 多部名著，甚至在教学中不得使用最新的实验设备，而是借助历史上的科学大师所使用的方法和仪器复制品去再现划时代的著名实验。至 20 世纪 40 年代末，美国举办古典名著学习班的城市达 300 个，学员 50 000 余众。

相比之下，国人眼中的经典，往往多指人文而少有科学。一部公元前 300 年左右古希腊人写就的《几何原本》，从 1592 年到 1605 年的 13 年间先后 3 次汉译而未果，经 17 世纪初和 19 世纪 50 年代的两次努力才分别译刊出全书来。近几百年来移译的西学典籍中，成系统者甚多，但皆系人文领域。汉译科学著作，多为应景之需，所见典籍寥若晨星。借 20 世纪 70 年代末举国欢庆"科学春天"到来之良机，有好尚者发出组译出版"自然科学世界名著丛书"的呼声，但最终结果却是好尚者抱憾而终。20 世纪 90 年代初出版的"科学名著文库"，虽使科学元典的汉译初见系统，但以 10 卷之小的容量投放于偌大的中国读书界，与具有悠久文化传统的泱泱大国实不相称。

我们不得不问：一个民族只重视人文经典而忽视科学经典，何以自立于当代世界民族之林呢？

三

科学元典是科学进一步发展的灯塔和坐标。它们标识的重大突破，往往导致的是常规科学的快速发展。在常规科学时期，人们发现的多数现象和提出的多数理论，都要用科学元典中的思想来解释。而在常规科学中发现的旧范型中看似不能得到解释的现象，其重要性往往也要通过与科学元典中的思想的比较显示出来。

在常规科学时期，不仅有专注于狭窄领域常规研究的科学家，也有一些从事着常规研究但又关注着科学基础、科学思想以及科学划时代变化的科学家。随着科学发展中发现的新现象，这些科学家的头脑里自然而然地就会浮现历史上相应的划时代成就。他们会对科学元典中的相应思想，重新加以诠释，以期从中得出对新现象的说明，并有可能产生新的理念。百余年来，达尔文在《物种起源》中提出的思想，被不同的人解读出不同的信息。古脊椎动物学、古人类学、进化生物学、遗传学、动物行为学、社会生物学等领域的几乎所有重大发现，都要拿出来与《物种起源》中的思想进行比较和说明。玻尔在揭示氢光谱的结构时，提出的原子结构就类似于哥白尼等人的太阳系模型。现代量子力学揭示的微观物质的波粒二象性，就是对光的波粒二象性的拓展，而爱因斯坦揭示的光的波粒二象性就是在光的波动说和微粒说的基础上，针对光电效应，提出的全新理论。而正是与光的波动说和微粒说二者的困难的比较，我们才可以看出光的波粒二象性学说的意义。可以说，科学元典是时读时新的。

除了具体的科学思想之外，科学元典还以其方法学上的创造性而彪炳史册。这些方法学思想，永远值得后人学习和研究。当代诸多研究人的创造性的前沿领域，如认知心理学、科学哲学、人工智能、认知科学等，都涉及对科学大师的研究方法的研究。一些科学史学家以科学元典为基点，把触角延伸到科学家的信件、实验室记录、所属机构的档案等原始材料中去，揭示出许多新的历史现象。近二十多年兴起的机器发现，首先就是对科学史学家提供的材料，编制程序，在机器中重新做出历史上的伟大发现。借助于人工智能手段，人们已经在机器上重新发现了波义耳定律、开普勒行星运动第三定律，提出了燃素理论。萨伽德甚至用机器研究科学理论的竞争与接受，系统研究了拉瓦锡氧化理论、达尔文进化学说、魏格纳大陆漂移说、哥白尼日心说、牛顿力学、爱因斯坦相对论、量子论以及心理学中的行为主义和认知主义形成的革命过程和接受过程。

除了这些对于科学元典标识的重大科学成就中的创造力的研究之外，人们还曾经大规模地把这些成就的创造过程运用于基础教育之中。美国几十年前兴起的发现法教学，就是在这方面的尝试。近二十多年来，兴起了基础教育改革的全球浪潮，其目标就是提高学生的科学素养，改变片面灌输科学知识的状况。其中的一个重要举措，就是在教学中加强科学探究过程的理解和训练。因为，单就科学本身而言，它不仅外化为工艺、流程、技术及其产物等器物形态，直接表现为概念、定律和理论等知识形态，更深蕴于其特有的思想、观念和方法等精神形态之中。没有人怀疑，我们通过阅读今天的教科书就可以方便地学到科学元典著作中的科学知识，而且由于科学的进步，我们从现代教科书上所学的知识甚至比经典著作中的更完善。但是，教科书所提供的只是结晶状态的凝固知识，而科学本是历史的、创造的、流动的，在这历史、创造和流动过程之中，一些东西蒸发了，另一些东西积淀了，只有科学思想、科学观念和科学方法保持着永恒的活力。

然而，遗憾的是，我们的基础教育课本和科普读物中讲的许多科学史故事不少都是误讹相传的东西。比如，把血液循环的发现归于哈维，指责道尔顿提出二元化合物的元素原子数最简比是当时的错误，讲伽利略在比萨斜塔上做过落体实验，宣称牛顿提出了牛顿定律的诸数学表达式，等等。好像科学史就像网络上传播的八卦那样简单和耸人听闻。为避免这样的误讹，我们不妨读一读科学元典，看看历史上的伟人当时到底是如何思考的。

现在，我们的大学正处在席卷全球的通识教育浪潮之中。就我的理解，通识教育固然要对理工农医专业的学生开设一些人文社会科学的导论性课程，要对人文社会科学专业的学生开设一些理工农医的导论性课程，但是，我们也可以考虑适当跳出专与博、文与理的关系的思考路数，对所有专业的学生开设一些真正通而识之的综合性课程，或者倡导这样的阅读活动、讨论活动、交流活动甚至跨学科的研究活动，发掘文化遗产、分享古典智慧、继承高雅传统，把经典与前沿、传统与现代、创造与继承、现实与永恒等事关全民素质、民族命运和世界使命的问题联合起来进行思索。

我们面对不朽的理性群碑，也就是面对永恒的科学灵魂。在这些灵魂面前，我们不是要顶礼膜拜，而是要认真研习解读，读出历史的价值，读出时代的精神，把握科学的灵魂。我们要不断吸取深蕴其中的科学精神、科学思想和科学方法，并使之成为推动我们前进的伟大精神力量。

任定成
2005 年 8 月 6 日
北京大学承泽园迪吉轩

托马斯·亨特·摩尔根（Thomas Hunt Morgan，1866—1945）

1866 年 9 月 25 日摩尔根就出生在这所名为霍普蒙特（Hopemont，意为希望之家）的房子里。该建筑由摩尔根的曾外祖父约翰·韦斯利·亨特（John Wesley Hunt，1773—1849）在 1814 年建成，现坐落在美国肯塔基州列克星敦城第二大街和米尔街相交的街口，目前已复原并作为一个纪念馆对公众开放。

1874 年前后的摩尔根全家像（站立者右三为托马斯·亨特·摩尔根）。摩尔根家族在列克星敦是名门望族，他的大伯父是美国南北战争时期南军的一位著名将军，他的父亲曾任美国驻意大利外交官。摩尔根少年时代就表现出对大自然的强烈兴趣，他采集了很多"标本"，并将阁楼当成他专用的"标本室"。后排左二为摩尔根的母亲埃伦·基·霍华德（Ellen Key Howard，1840—1925），后排左三为摩尔根的父亲查尔顿·亨特·摩尔根（Charlton Hunt Morgan，1839—1912）。

图为 1930 年摩尔根的妻子莉莲·沃恩·桑普森（Lilian Vaughan Sampson，1870—1952）在加州理工学院的实验室中计数果蝇。

1891 年摩尔根在伍兹霍尔海洋生物实验室做研究期间与莉莲认识并开始了漫长的恋爱过程，1904 年秋季两人举行了婚礼，婚后育有四个孩子。

莉莲毕业于布林马尔学院生物系，也是一位科学家，在果蝇遗传学研究中作出了重要贡献。但是婚后她把科研工作放在了从属地位，尽心地照顾好丈夫和孩子，让摩尔根能全身心地投入科研工作。

1886—1888 年，摩尔根在霍普金斯大学生物系攻读研究生。该校校训是"真理给人自由"，对发展科学非常开明。摩尔根正是在这种环境下，开始步入生物学殿堂。两年后，摩尔根留下来继续攻读博士，但他的博士论文是在伍兹霍尔海洋生物实验室（Woods Hole Marine Biological Laboratory）完成的。图为霍普金斯大学的 Gilman Hall，它是霍普金斯大学最古老的建筑之一。

1891—1904 年，摩尔根在布林马尔学院任教期间，曾到他钦慕已久的那不勒斯动物研究所（The Marine Zoology Station, Naples）做了 10 个月的研究工作，这对他科研上的发展有很大影响。自从在那不勒斯动物研究所与德里施（Hans Driesch, 1867—1941）合作研究之后，他才真正开始以实验研究为主，并且站到了实验胚胎学的前沿。图为那不勒斯动物研究所外景。

1904—1927 年，摩尔根在哥伦比亚大学工作。他的实验室位于该校赫梅霍恩楼的 613 号，面积只有 7×8.2 平方米。因为这个实验室中经常饲养着数万只甚至几十万只果蝇，人们都亲昵地称呼它为"蝇室"。图为 1920 年时的"蝇室"，挂在墙上的香蕉就是喂果蝇用的。

大约1915年，摩尔根坐在哥伦比亚大学的实验室里。他喜欢在实验室里专心搞研究，常说自己是"一条实验室里的虫子"。摩尔根喜欢简单适用的设备，一般都用手握式透镜检查果蝇，而很少用双目显微镜。

图为1919年摩尔根小组在哥伦比亚大学的"蝇室"里为从第一次世界大战中服役归来的斯特蒂文特（前排右三，斜靠在椅子上）举行的一次著名的"猿人聚会"。该实验室不仅是一处工作地点，也是当时各种非正式联欢会的场所。后排从左到右分别为摩尔根、缪勒、虚拟的"荣誉客人"——猿人、布里奇斯、德林杰（S.C.Dellinger）、安德森，前排从左到右分别为奥托·莫尔（Otto L. Mohr）、休特纳（A.F.Huettner）、斯特蒂文特、弗朗兹·施拉德尔（Franz Schrader）、亚历山大·温斯坦（Alexander Weinstein）。

摩尔根小组对工作进展保持不断的沟通和交流，每当一个新成果或新思想出现时，小组都要进行自由的讨论。

摩尔根为这张1919年夏天摄于伍兹霍尔的照片取名为"求解宇宙中的难题"。从左到右按顺时针顺序分别为摩尔根、布里奇斯、弗朗兹·施拉德尔、贾斯特（E.E.Just）、斯特蒂文特以及一个不能确定的人，可能是奥托·莫尔。

摩尔根是一个出色的领导者和组织者，他把一群有才华的、朝气蓬勃的年轻人团结在一起，以民主的、无拘无束的方式共同开展工作。

摩尔根的三大弟子：布里奇斯（C.B.Bridges，1889—1938）、斯特蒂文特（A.H. Sturtevant，1891—1971）、缪勒（H.J.Muller，1890—1967）。他们最初都是作为学生走进"蝇室"的，后来成了摩尔根的得力助手和合作伙伴。

斯特蒂文特从1910年开始到"蝇室"工作，那时他还是哥伦比亚大学生物系的本科生。到"蝇室"工作不到两年，他就对如何根据基因交换率的大小确定基因在染色体上排列顺序的问题发表了重要意见，后来又画出了最早的基因连锁图。摩尔根认定他是从事遗传学研究的优秀人才，就一直把他留在了身边。

摩尔根在哥伦比亚大学生物系给学生上课时认识了布里奇斯，非常欣赏布里奇斯的细心，并很快正式录用他为助手。后来，布里奇斯发现了很多突变型果蝇和X染色体不分离现象。

1912—1921年期间，缪勒在"蝇室"学习和工作，他的想象力和推理能力都很强，又精于巧妙的实验设计。在摩尔根的学生中，缪勒的名声最大，他在研究X射线照射诱发生物基因突变方面取得了重大成就，并获得了1946年的诺贝尔生理学或医学奖。

图为 1920 年左右的威尔逊（E.B.Wilson，1856—1939）。威尔逊是摩尔根在霍普金斯大学时的同门师兄和好朋友，还是摩尔根妻子的老师。正是威尔逊在 1891 年介绍摩尔根到布林马尔学院任教，1904 年又介绍摩尔根到哥伦比亚大学就任实验动物学教授。威尔逊总是谦虚地说，他对哥伦比亚大学的遗传学研究作出的唯一贡献，就是发现了摩尔根这位杰出的孟德尔式人物。

杜布赞斯基（Theodosius Dobzhansky，1900—1975）曾长期与摩尔根共事，在群体遗传学方面作出了突出贡献，他把遗传学与生物进化论统一起来，提出了综合进化理论，这是摩尔根一直想做而没有来得及做好的工作。

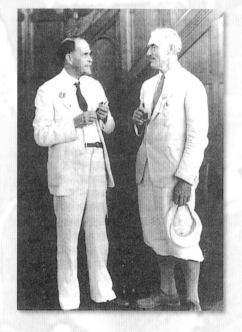

摩尔根（左）与埃默森（R.A.Emerson）1932 年在康奈尔大学召开的第六届遗传学大会上交谈。埃默森在对染色体结构的分析、绘制染色体图谱以及对玉米杂交的研究方面是领先的，他的工作提供了单个植物物种遗传信息的详细情况，而摩尔根的工作则提供了单个动物物种遗传信息的详细情况。

摩尔根（右）和弗朗茨·博厄斯（Eranz Boas，1862—1942）的合影。弗朗茨·博厄斯是美国著名的人类学家，他试图把博物学、种族生物学、民族志学等学科组建为一门体系严整的新学科，并为之制定了基本的工作规范。

1927 年，已经 61 岁的摩尔根来到加州理工学院，组建和领导生物学系，并且带来了他的得力助手斯特蒂文特、布里奇斯等人。由摩尔根领导的加州理工学院生物系不仅孕育出了综合进化理论，也孕育出了生化遗传学，还是分子遗传学的发源地之一。图为1930 年摩尔根（前排左二）与同事们在加州理工学院的合影。

1935 年，我国著名遗传学家谈家桢在"蝇室"深造时与摩尔根的合影。这时的摩尔根已经是 69 岁的老人了，却一点也不保守，且思想明快，富有幽默感，在学生和同事面前十分谦虚和热情。摩尔根实验室为世界各国培养了一大批优秀的科学人才。我国学者李汝祺、卢惠霖（本书译者）、谈家桢等都曾经在该实验室学习过。

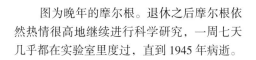

图为晚年的摩尔根。退休之后摩尔根依然热情很高地继续进行科学研究，一周七天几乎都在实验室里度过，直到 1945 年病逝。

　　摩尔根获得的诺贝尔生理学或医学奖奖章（左图为奖章正面，右图为奖章背面）。摩尔根曾三次被提名为诺贝尔生理学或医学奖候选人，但前两次都被否定了，因为他在遗传学方面的成就在当时被认为是不属于生理学或医学领域的。1933年，由兰德斯泰纳（Karl Landsteiner，1868—1943）（人类血型的发现者，1930年诺贝尔生理学或医学奖获得者）第三次提名，摩尔根终于获得了该奖项，遗传学成就对生理学和医学研究的重要意义也终于得到了肯定。

　　1933年10月20日，摩尔根接到获得诺贝尔奖的通知，当一位地方报纸记者请求给摩尔根拍照时，摩尔根答应了，条件是正围着他的邻居小孩也要包括在内。摩尔根当年为了工作没有出席12月10日在斯德哥尔摩举行的诺贝尔颁奖大会，直到次年6月4日，才到斯德哥尔摩发表了获奖演说。

　　美国国家科学院为表彰在遗传学领域作出突出贡献的学者而设置的金质奖章。奖章上的四个人物分别是达尔文、孟德尔、贝特森和摩尔根。

目　录

图 表 目 录

导　读

李思孟

（华中科技大学　教授）

　　基因论认为个体上的种种性状都起源于生殖质内的成对的要素（基因），这些基因互相联合，组成一定数目的连锁群；认为生殖细胞成熟时，每一对的两个基因依孟德尔第一定律而彼此分离，于是每个生殖细胞只含一组基因；认为不同连锁群内的基因依孟德尔第二定律而自由组合；认为两个相对连锁群之间有时也发生有秩序的交换；并且认为交换频率证明了每个连锁群内诸要素的直线排列，也证明了诸要素的相对位置。

一、经典遗传学在科学史上的地位及《基因论》的核心观点

20世纪是科学技术大发展的世纪,生物学(或叫生命科学)是发展最快、影响最大的学科之一。在20世纪后期的科技文献中,大约有1/3是属于生物学方面的。有人曾预言,21世纪将是生物学的世纪,生命现象的秘密将被进一步揭开,生物技术将对社会发展产生重要影响。

生物学分支学科甚多,遗传学是20世纪生物学中发展最迅速的学科之一。19世纪末,科学的遗传学尚未建立起来,人们对遗传的认识还主要基于猜测和思辨。到20世纪末时,对遗传的认识达到分子水平,已经可以用基因工程技术定向地改变生物的遗传性。遗传学由生物学中一个发展滞后的学科,一跃成为领先的学科。

遗传学的发展,可以分为两个主要阶段:经典遗传学阶段和分子遗传学阶段。20世纪上半期的遗传学是经典遗传学,它是分子遗传学的基础。在经典遗传学阶段,其理论的核心是遗传的染色体学说,即基因论。其主要成就是证明了基因的存在、基因的位置、基因的传递方式,然而这时人们对基因本身究竟是什么、它的化学成分如何、它怎样发挥遗传功能等问题还不能研究。在20世纪40年代末50年代初,人们认识到脱氧核糖核酸(DNA)是遗传的物质基础,是基因的载体。1953年沃森(J. D. Watson, 1928—　)和克里克(F. Crick, 1916—2004)提出了DNA分子双螺旋结构模型,自此开始从分子水平来阐明基因是如何复制,如何发挥功能的,遗传学进入了分子遗传学阶段。

摩尔根是经典遗传学中成就最大的人,是基因论的提出者,是经典遗传学的旗帜。由他开创的摩尔根学派是经典遗传学的主流学派,他和他的助手们的研究成果是经典遗传学的代表,他的学生和学生的学生遍布世界。

《基因论》一书,是摩尔根全面阐述遗传的染色体学说(即基因论)的理论著作。其核心观点,概括为以下几个方面:

1. 证实了孟德尔的遗传学说,生物的性状是由遗传因子(即基因)决定的,基因是长期稳定的、颗粒性的,可以区分为一个个单位。

2. 证明了基因是存在于染色体上的。

3. 发现了基因的连锁和交换,只有位于不同染色体上的基因才可能自由组合。孟德尔提出的遗传因子自由组合定律只是遗传上的特例。这犹如在爱因斯坦提出相对论以后,牛顿力学定律成为在一定条件下才能适用的特例。

4. 证明了生物的性别是由其染色体的组成状况决定的。

5. 证明了基因以直线形式排列于染色体上,并根据基因之间的交换率确定了位于同一染色体上的基因的相对位置,绘出了表示染色体上基因排列状况的遗传学图谱。

◀托马斯·亨特·摩尔根(Thomas Hunt Morgan, 1866—1945)

---

6. 证明了突变是基因的非连续变化。

7. 发现了染色体畸变（重复、缺失、倒位、易位、三体、多倍体等）对遗传的影响。

8. 发现了基因的多效性（一个基因可以影响多个性状）和多基因遗传（一个性状受多个基因控制）。

二、遗传学走向科学——经典遗传学的建立

遗传学是一门年轻而又古老的学科。20 世纪初孟德尔定律被重新发现后，科学的遗传学才建立起来，但是，从古代起人们就开始思考遗传问题了。"种瓜得瓜，种豆得豆"，"好种出好苗"，这些来自生产经验的俗语，已经包含了原始的遗传学知识。古代学者关于遗传问题也有很多论述。古希腊的希波克拉底曾提出"泛生说"，认为生物的各个器官中都有决定该器官特征的微小元素，或称之为"胚芽"，各器官的胚芽通过血液运行集中到生殖器官中，遗传给下一代。亚里士多德认为，雄性的精液决定了下一代的特征，母体的作用是给胚胎发育提供营养。

由于遗传问题的复杂性，人们对它的认识长期停留在猜测和思辨水平上，一直未能用严格的科学手段进行研究。19 世纪，Galton 提出了很有影响的融合遗传理论。这种理论认为，双亲的精子和卵子分别携带了双亲的特征，交配后二者会融合起来，因而后代的各种特征处于双亲的中间状态。融合遗传理论曾给达尔文的生物进化论带来困难，因为按照这一理论，一个生物的性状变异在其后代中会被弱化，难以一代一代加强而导致形成新的物种。

1865 年孟德尔通过豌豆杂交试验提出了两条遗传学基本定律。孟德尔幸运地选择豌豆为实验材料。豌豆已经过长期人工栽培，品种多样，可以有多种杂交组合；它又是自花授粉植物，可以避免天然杂交对实验的干扰；它的花朵比较大，人工杂交操作方便。孟德尔在实验方法上也有重大创新，他有严格的数量统计，因而能定量地表述结果。在对实验结果的解释上，他把假设-演绎方法引入遗传学研究，提出了遗传因子、显性与隐性等概念，并以这些概念为基础提出了分离定律（每个性状是由一对遗传因子控制，在形成精子或卵子时互相分离）和自由组合定律（不同性状的遗传因子，在生殖时自由组合），从而否定了融合遗传理论。

后来人们将孟德尔尊称为经典遗传学的奠基人，但是在孟德尔提出遗传定律时并没有引起人们多大关注。1900 年，对遗传学的发展来说是很有意义的一年。在这一年，被忽视了三十多年的孟德尔定律，又被德弗里斯（H. de Vries，1848—1935）、科伦斯（C. Correns，1864—1935）、丘歇马克（E. von Tschermak，1871—1962）等人重新发现。他们在杂交试验中得出了与孟德尔一样的结论，肯定了孟德尔定律。至此，遗传学研究才引起人们广泛的关注。

1905 年，贝特森（W. Bateson，1861—1926）从"生殖"一词的词根（gene-）创造了"遗传学"（genetics）这个词，用以概括对生物遗传和变异的研究。1906 年，贝特森在第三届国际杂交与育种大会（后改称国际遗传学大会）开幕词中介绍了他关于建立遗传学这一学

科的意见，为大会所接受。而在这以前，遗传问题只是进化和育种问题的附属物。1908年，约翰森（W. L. Johannsen，1857—1927）创造了"基因"（gene）一词，取代意义比较宽泛的"因子"（factory）。

三、摩尔根早年对孟德尔定律的怀疑

孟德尔 1865 年提出了两条遗传学基本定律，摩尔根的生命也是在这一年孕育的。这是一个很有意思的巧合（这个俏皮话是摩尔根自己讲的。他说他虽是 1866 年出生的，但他的生命是在 1865 年开始孕育的，正是孟德尔定律提出的时候，所以他注定要从事遗传学研究）。摩尔根出生在美国肯塔基州列克星敦，他的家族在当地赫赫有名。他的大伯父是美国南北战争时期南军的一位著名将军，他的父亲曾任美国驻意大利外交官。后来摩尔根成为世界著名的遗传学家、诺贝尔奖获得者，他的家族在当地就更有名望了。

摩尔根 1886 年从肯塔基大学毕业后进入霍普金斯大学生物学系攻读研究生。按他自己的说法，这个选择似乎是稀里糊涂作出的，他当时是因为不知道该去干什么好才去读研究生的。至于选择霍普金斯大学，那是因为有同学推荐，而且那里是外祖父家所在地，家里人很支持他去那里读书。1888 年，他获得理学硕士学位。这时的摩尔根，已经迷恋上生物学研究，也迷恋上了霍普金斯大学。当时肯塔基大学聘他为博物学教授，但他选择了留在霍普金斯大学继续读博士。这个决定可不是稀里糊涂作出的，对他一生影响深远，从此他走上了通往生物学家之路。

1890 年，摩尔根获得霍普金斯大学哲学博士学位。1892 年，他开始在布林马尔学院任教。这时，他的研究领域是实验胚胎学。在 1894—1895 年间，他曾经到意大利那不勒斯动物研究所工作 10 个月，与实验胚胎学奠基人之一德里施（Hans Driesch，1867—1941）共事。当时，在胚胎学上有预成论和渐成论两种基本观点。德里施是渐成论的代表人物。他用海胆卵为材料做的胚胎发育实验表明，由卵分裂而来各个细胞具有相同的发育潜力，都可以发育为一个完整海胆。因此，胚胎中的每个细胞究竟发育成胚胎的哪个部分，并不是预先就确定好了的，而是决定于它在胚胎中的相对位置。也许是受了德里施的影响，摩尔根同样支持渐成论观点。他曾说过，如果胚胎发育过程的一切都是预先决定好了的，那么生物学家所能做的就只是观察和描述而已，而渐成论可以提供广阔的研究空间。渐成论的观点曾经影响到摩尔根对孟德尔定律的态度，因为在他看来，孟德尔定律显然是有预成论倾向的，有人称它是预成论的新的表现形式。

孟德尔及孟德尔定律的重新发现者都是以植物为材料进行杂交研究，摩尔根欲在动物中检验其真实性，他以小鼠为实验材料，用腹部颜色不同的小鼠杂交。可是实验结果并不符合孟德尔定律，其后代的特征常常是双亲特征的混合。他因此对孟德尔定律的普遍性产生了怀疑，认为有些人把孟德尔定律抬得太高了，甚至把一切杂交试验结果都用孟德尔的方式解释。在 1909 年的美国育种家协会会议上，他公开讲了这种观点，说有的人是根据解释的需要去假定某种因子存在，然后又从这种假定出发去解释实验结果，就像在玩魔术一样，实验结果当然解释得很好，但这是根本靠不住的。把基因的显隐性关系说成是先天确定了的,摩尔根也不同意,他认为这也明显是预成论的观点。摩尔根认为显隐性关系是可以由于后天发育条件的影响而发生转换的。关于基因存在于细胞核内,存在于染色体上,摩尔根这时也有怀疑,他认为原生质在遗传上可能也起作用。

20 世纪的头 10 年中,遗传学在迅速发展,摩尔根也一直在关注着遗传学。在他看来,遗传问题是发育和进化问题的关键。摩尔根称自己为实验生物学家,他不喜欢思辨式的讨论,而主张一切结论皆应以实验结果为依据。对于孟德尔定律,因为它有实验基础,摩尔根是比较欣赏的。

四、摩尔根遗传学研究的关键点——发现果蝇的伴性遗传

摩尔根观点的转变开始于 1910 年,转变的起点是通过对白眼果蝇所做的杂交试验发现了伴性遗传。

果蝇是摩尔根研究遗传问题的主要材料,它作为研究材料有很多优点。它的体长只有几毫米,一个牛奶瓶中就可以养数百只。它又不太小,在放大镜或低倍显微镜下可清楚地观察它的各种形态性状。它容易饲养,用香蕉或其他水果就足够。它繁殖迅速,在合适条件下十几天就能繁殖一代。一只雌蝇一次能产生数百只甚至上千只后代,可以为遗传统计提供足够数量。以果蝇为研究材料,还有一个优点是遗传学家起初未曾考虑到、但后来表明是非常重要的,那就是它只有 4 对染色体,而且它的幼虫唾液腺细胞中的染色体非常大,观察方便。在《基因论》一书中可以看到,摩尔根一直是把对染色体的形态观察和对杂交结果的遗传学分析紧密结合起来的。

杂交试验需要有稳定的相对性状作为杂交材料,以果蝇为遗传研究材料时,关键是发现它的性状变异,才可以和正常(即野生型)果蝇构成相对性状,作为杂交试验材料。在摩尔根实验室里,起初是用果蝇做近亲繁殖实验,观察其后代生活力是否下降,再观察果蝇的性状是否发生了突变,还用射线照射果蝇的成虫、幼虫和卵,希望增加突变的可能性。可是早期的结果令摩尔根很失望,他曾跟朋友说,两年的功夫白费了。1910 年时终于得到了一只白眼雄果蝇(野生型果蝇眼睛为红色),它的出现是一系列富有成果的研究的开始。

摩尔根用这只白眼雄果蝇与野生型雌果蝇交配,杂交后产生的第一代(子一代)都是红眼;子一代的雌雄果蝇交配(兄妹交配),生出的子二代中红眼与白眼的比例接近 3∶1,这都与孟德尔定律一致。但是,令摩尔根惊奇的是,子二代中的白眼果蝇都是雄的。他又做了回交试验,用子一代红眼雌果蝇与最初的那只白眼雄蝇交配(父女交配),其后代白眼与红眼比例接近 1∶1,而且雌蝇与雄蝇中白眼与红眼的比例也接近 1∶1,这也符合孟德尔定律。在《基因论》一书的第 5 章和第 14 章中,讲述了这些实验。摩尔根是个非常强调一切结论皆应以实验结果为依据的人,这些实验结果使他改变了对孟德尔定律的态度,从怀疑变为相信。

为什么子二代中只有雄蝇中有白眼?这是一个新问题。如果假定眼睛颜色基因存在于性染色体上,这一实验结果就得到了合理解释。把某个基因定位于一个特定的染色

体上,这是第一次。这也使摩尔根在之后的研究中非常注意观察染色体,为染色体遗传学说的形成奠定了基础。

达尔文曾经创造了"限性遗传"这个术语(sex-limited inheritance),指的是某些性状的遗传要受性别的制约,只会在雄性或只会在雌性个体上表现出来,例如雄鸟的艳丽的羽毛。摩尔根起初曾把果蝇白眼性状的遗传称为"限性遗传",但是之后又感到它并不符合这个术语的意思,于是创造了"伴性遗传"(sex-linked inheritance)一词,成为遗传学上的专门术语。过去曾有人对人类的色盲、血友病等疾病患者进行过家系调查,但调查结果令人疑惑不解。为什么患者多是男性?为什么患者的子女很少患病,却在患者的外孙身上又表现出来?诸如此类难以解释的问题,现在用伴性遗传理论都得到了很好的解释。

五、发现基因的连锁与交换

基因存在于染色体上是萨顿(W. S. Sutton,1877—1916)在 1903 年提出的观点。那时证据只是孟德尔所假定的遗传因子在生殖过程中的行为与染色体的行为一致,都是在成体细胞中成对存在,形成精子或卵子时分离,受精后又恢复成对状态。虽然人们认为这个推测是合理的,但是没有直接证据。伴性遗传的发现,第一次把特定基因与特定染色体联系起来。更加直接的证明则来自摩尔根的助手布里奇斯(C. B. Bridges,1889—1938),他在用白眼果蝇做的杂交试验中发现了性染色体不分离现象。个别果蝇由于多了或少了一条性染色体,就有了与平常果蝇不一样的性状,这清楚地证明染色体上携带着遗传基因。《基因论》一书的第 4 章,论述了这个问题。

发现伴性遗传之后,进一步的研究使摩尔根又发现了基因的连锁与交换,这是对孟德尔定律的重要发展。一个生物的基因数目是很大的,但染色体的数目要小得多。例如,现在认为人体大约有 2.1 万个基因,但只有 23 对染色体。就摩尔根当年的研究来说,果蝇只有 4 对染色体,而经他发现和研究了的果蝇基因就有几百个。显然,一条染色体上存在着多个基因,在生殖过程中只有位于不同染色体上的基因才可以自由组合,而同一染色体上的基因应当是一起遗传给后代,这就是基因的连锁。在表现上就是有一些性状总是相伴出现,它们组成一个连锁群。这样看来,孟德尔发现的遗传因子自由组合只是特例。豌豆有 7 对染色体,他研究的 7 对性状恰好各在一对染色体上,否则他就不能发现自由组合了。从理论上认识基因连锁似乎不太难,关键是拿出实验证据。1914年,摩尔根研究了果蝇的几百个性状,也就是几百个基因,发现它们是 4 个连锁群,这与果蝇有 4 对染色体正好一致。在这 4 个连锁群中,有一个群明显很小,只发现了三个基因,而其他三个群已知的基因都有一百多个。相应的,在果蝇的 4 对染色体中也有一对形态上明显地小于其他三对,在显微镜下只是一个圆点而不是条状。以后又在其他生物中发现了基因连锁群,但连锁群的数目都没有超过染色体数目,证明细胞学观察和遗传学研究的结果是完全一致的。

在发现基因连锁的同时,摩尔根还发现,同一连锁群基因的连锁并不是绝对,而且不同基因之间的连锁强度不同。也就是说,不同连锁群之间可能发生基因交换。初看这似乎与基因连锁相矛盾,但是细胞学的观察发现,在形成生殖细胞的过程中,不同染色体之间有交叉、缠绕、交换一段染色体的现象。这样一来,基因的交换就得到了解释,细胞学观察与遗传学研究的结果又是一致的。

六、绘出基因连锁图

1911 年摩尔根指出,基因之间的连锁强度是不同的。联系到染色体的行为,他又指出,基因连锁强度不同是由于在染色体上距离不同,距离越近则连锁强度越大,越远则发生交换的概率越大。因此,根据连锁强度的大小,就能够确定同一连锁群各个基因在染色体上的排列顺序。

首先需要确定基因在染色体上是直线排列还是网状排列。因为染色体的形态是线状或棒状,似乎直线排列的可能性更大。摩尔根小组设计了一个"三点试验"来证明这个问题,其思路是这样的:假定有 ABC 三个基因,它们属于同一连锁群,已知 AB 之间的交换率为 a,AC 之间的交换率为 b,a 大于 b。若三者为直线排列,则 BC 之间的交换率或是 $(a+b)$(基因 A 在 BC 之间),或是 $(a-b)$(基因 C 在 AB 之间)。如果是网状分布,则显示不出这种关系。实验结果证明了直线排列的设想。

从这种思想出发,摩尔根小组花费了巨大的劳动,测定了果蝇许多基因之间的连锁强度,以此为据画出了表示果蝇基因在染色体上相对位置的基因连锁图,或叫做遗传学图。《基因论》第 1 章的"基因的直线排列"一节中,绘出了这种基因连锁图。图中表示的是相对距离,1％的交换率就是相距一个单位,最前端的基因的位置为零。需要说明的是,基因交换的频率在 0～50％之间,从遗传学图查两个基因之间的交换频率只限于距离较近者。

七、讨论突变的起源与进化

孟德尔式的遗传研究,是以成对的相对性状为研究对象。他所用的豌豆经过长期的人工选择和培养,已存在有很多稳定的相对性状,如植株高与矮、种皮黄和绿、种子圆与皱等,所以不需要考虑性状的起源问题。摩尔根就不同了,他以果蝇为研究材料,而果蝇是野生的,首先必须发现它的性状突变,才能与野生型构成可供研究的相对性状。因此,必然要关注突变性状的起源问题,关注如何增加突变。

达尔文进化论的核心是自然选择,先有突变,即先有不同性状才能进行选择。但达尔文没有谈到突变的起源问题,而摩尔根的基因论涉及了。在《基因论》的第 5、6 章中,摩尔根阐述了他对突变性状的起源与进化问题的思考。他认为基因突变是选择的材料,因为只有基因突变所引起的性状改变才能遗传下去。

关于基因突变,德弗里斯在他 1901 年出版的《突变论》一书中认为,突变有两种作用：一是增加一种新的基因；二是使原有的基因失去活动，产生出一个"退化的变种"。摩尔根注意的是基因的第二种作用。例如，他认为白眼突变的发生，可能使产生眼色素的功能的丧失。1935年，比德尔（G. W. Beadle，1903—1989）和伊弗鲁斯（B. Ephrussui）曾研究过果蝇眼睛色素的合成过程，希望解决基因作用机制问题。其结论也是认为眼睛颜色的突变是由于缺失了合成某种物质的能力，使得色素合成的化学过程不能进行下去。这种研究的进一步发展，最终提出了"一个基因一个酶"的学说。

认为基因突变的结果是原有的基因失去作用，这又引发出另一个重要问题：使得生物进化的新性状是如何发生的？这个问题关系到达尔文进化论的生存。摩尔根认为，异倍体的产生，也就是染色体由于不正常的分裂或分离而使得生物的染色体数量发生了变化。在《基因论》的第12章，他专门讨论了这个问题。

八、讨论性别决定的机制

《基因论》一书的第14、15章，讨论的是性别决定问题，第16、17章的内容也与此相关。这个问题的解决，也是摩尔根在遗传学上的一个重要贡献。

性别是如何决定的，一直是生物学上关心的问题。古代人对此曾经有过许多猜测。古希腊流传很广的一种说法是"左右"学说，认为来自男性右侧睾丸的精液生男孩，来自左侧睾丸的精液生女孩。古代印度则有另一种"左右"学说，认为在女性子宫右侧受孕会生男孩，在子宫左侧受孕会生女孩。还有一种说法，则认为生男生女决定于子宫的温度，较热的子宫生男孩，较凉的子宫生女孩，因此劝告想多获得母羊的牧羊人要在刮北风时给羊配种，而且要让母羊臀部向着北方。亚里士多德注意到，只有一个睾丸的男子也能既有儿子又有女儿，因此他不相信"左右"学说。他认为生男生女决定于精液的性质，稀薄的、水样的精液生女孩，黏稠的、富有生命热的精液生男孩，而精液的性质则受年龄、体质、营养、气候等多种因素影响。例如，青年男子还没有足够的生命热，老头子则生命热衰退，这都较容易生女孩。一直到19世纪，关于性别决定问题，仍然盛行着种种猜测性的说法。

孟德尔也关注过性别决定问题。他推测，像其他性状是由遗传因子决定的一样，可能也存在有决定性别的遗传因子，雌与雄是一对相对性状。摩尔根对这种说法曾提出质疑，他说，如果有性别决定遗传因子，那么雌雄哪一方是显性呢？

细胞学研究使关于性别决定机制的问题有了实质性进展。20世纪初，也就是孟德尔定律被重新发现之后不久，细胞学家注意到，生物雌雄个体的染色体中，有一对有差别。他们认为可能就是这一对染色体决定了性别，因此称之为性染色体。这种说法是有道理的，但细胞学家没能给出实验证据。还有一个问题也给性染色体学说带来麻烦，那就是性染色体决定性别的方式是不一样的。有的细胞学家发现，雌性的一对性染色体是由相同的两条染色体构成，称之为XX；雄性的性染色体是由不同的两条染色体构成，称之为XY。可是还有细胞学家发现相反的情况，雌性的两条性染色体不同，称之为ZW；而雄性的两条性染色体相同，称之为ZZ。后来人们知道，性染色体决定生物性别的形式有两种：

哺乳动物、多数昆虫、某些鱼类和两栖类以及很多雌雄异株植物,都是 XX—XY 型;鸟类、爬行类、少数昆虫、某些鱼类和两栖类是 ZW—ZZ 型。但是在 20 世纪初时,这种不同增加了对性染色体学说的怀疑。先发现的决定方式是 XX—XY 型,在人们正对它将信将疑时又发现了 ZW—ZZ 型决定方式,怀疑自然就进一步加强了。

摩尔根从白眼果蝇发现了伴性遗传,使他相信性别是由染色体决定的,果蝇的性染色体是 XX—XY 型。从对白眼果蝇的遗传研究又发现了性染色体不分离现象,进一步为性染色体学说提供了有力证据。

用白眼雌蝇与红眼雄蝇交配,子代雌蝇都像其父一样是红眼,而雄蝇都像其母一样是白眼,这叫做"交叉遗传"。根据果蝇性别决定方式以及红眼是显性性状白眼是隐性性状,假定白眼雌蝇的基因型是 X^wX^w,产生的卵子是 X^w,红眼雄蝇的基因型是 X^+Y,产生的精子是 X^+ 或 Y。X^w 型卵子和 X^+ 型精子结合是 X^wX^+ 型,为红眼雌蝇;和 Y 型精子结合是 X^wY 型,为白眼雄蝇,这样就解释了交叉遗传。但是也有个别例外,大约 2 000 个后代中会有一个白眼雌蝇和红眼雄蝇,而且这样的红眼雄蝇都是不育的。

问题是会有这些例外吗? 摩尔根的助手布里奇斯进行了深入研究。他假定,亲本白眼雌果蝇生成卵子时发生了罕见的性染色体不分离现象,产生出了 X^wX^w 型和不含性染色体的"O"型卵子,X^wX^w 型卵子与 Y 型精子结合生出了 X^wX^wY 型个体,它因具有成对的 X 染色体和成对的隐性白眼基因而表现为白眼雌性,O 型卵子和 X^+ 型精子结合发育为雄性,因缺少 Y 染色体而不育。O 型卵子和 Y 型精子结合,合子的基因型是 YO,因为 Y 染色体很小,所携带的基因很少,YO 型接近于性染色体缺失,不能成活。X^+ 型精子和 X^wX^w 型卵子结合,合子的基因型是 $X^wX^wX^+$,因基因数目太多也不能成活。细胞学观察证实了布里奇斯的这一推断。他又进一步预言,基因为 X^wX^wY 型的白眼雌蝇,有可能形成 X^w、X^wY、X^wX^w 和 Y 四种卵子,与正常红眼雄蝇交配,合子基因型可能有 X^wX^+、X^wX^+Y、$X^wX^wX^+$、X^+Y、X^wY、X^wYY、X^wX^wY 和 YY 共 8 种形式。其中 X^wX^+ 和 X^wX^+Y 发育为红眼雌蝇,X^wX^wY 发育为白眼雌蝇,X^wY 和 X^wYY 发育为白眼雄蝇,X^+Y 发育为红眼雄蝇,$X^wX^wX^+$ 和 YY 型合子死亡。交配实验结果及细胞学观察与布里奇斯的预言一致。由于性染色体不分离而形成的性染色体异常,是细胞学家不曾观察到的。布里奇斯的这一系列的实验,清楚地说明了性染色体在性别决定中的作用,学术界认为是无可怀疑的。

至于染色体决定性别的方式有 XX—XY 型和 ZW—ZZ 型两种,摩尔根认为,虽然形式上看起来似乎是相反的,但从原则上说它们是一致的。后来在 ZW—ZZ 型决定的动物中也发现了伴性遗传,证明了摩尔根的这种观点。

九、研究染色体畸变的遗传影响

染色体畸变包括染色体数目上的改变和结构上的改变。一般的生物体细胞中含有分别来自精子和卵子的两套染色体,叫做二倍体,数目上的改变是指形成了单倍体、多倍体或非整倍体。结构上的变化是指染色体的某一片段缺失、重复、易位、倒位等。基因存在于染色体上,染色体畸变必定使基因的组成发生变化,引起生物性状的变化。

在摩尔根之前就曾有细胞学家观察到一些染色体畸变,但是摩尔根首次把染色体畸变和遗传学研究紧密结合起来,阐明了它在遗传上的影响。事实上,有许多染色体畸变的发现是由于摩尔根实验室先发现了它的遗传学作用,推知有染色体畸变发生,而后才找到的。

果蝇的性染色体不分离也是染色体数目改变的一种,结果是形成了非整倍体。果蝇第4染色体的缺失与发现果蝇基因第4连锁群密切相关。《基因论》第6章第1节中讲到了这个问题。更有意思的则是这一节中讲到的果蝇缺翅突变与相应的染色体缺失。第一个缺翅突变果蝇是德克斯特(Dexter)1914年发现的,它是伴性遗传,存在于性染色体上。可令人疑惑不解的是,它在雌性个体上是显性性状,在雄性个体上又像是一个隐性致死基因。1916年布里奇斯又发现了缺翅果蝇,用它和具有一个也是存在于性染色体上的隐性基因(小眼不齐)的果蝇交配,结果小眼不齐基因成了显性。他因此推断,缺翅突变是由于性染色体缺失了一段,缺失的位置是在与小眼基因相当的地方,隐性的小眼基因因为没有配对的基因而表现为显性。通过进一步的研究,他还能够指出丢失的那一段染色体上都有哪些基因,因此也可以指出它应是性染色体的哪一段。由于当时没有办法对果蝇染色体进行足够细致的观察,布里奇斯的推断一直无法证实。十几年以后,人们发现果蝇幼虫唾液腺细胞的染色体特别大,果蝇染色体结构的观察有了好材料,布里奇斯的推断才得以证实。摩尔根写《基因论》的时间在这之前,所以书中说布里奇斯的这一推断尚无细胞学上的证明。

染色体畸变可能引起生物性状的明显改变,例如三倍体西瓜是无籽的,多倍体小麦的产量高,三倍体杜鹃花的花期特别长,等等。对染色体畸变及其在遗传上的影响以及引起染色体畸变的原因的研究,为育种工作提供了理论指导。

十、《基因论》问世和摩尔根遗传学派的建立

摩尔根非常强调实验的重要性,强调理论思考必须以实验事实为依据,反对超出实验事实可以检验的范围而作无根据的推测,他曾戏言自己是实验室中的一条虫。同时他也很重视理论思考,反对仅仅描述实验结果。他还经常对已有的成果进行系统地总结,形成比较完整的理论认识发表出来。

1915年,摩尔根和助手布里奇斯、斯特蒂文特(A. H. Sturtevant,1891—1971)、缪勒(H. J. Muller,1890—1967)合著的《孟德尔式遗传的机制》出版。此书是他们几年来以果蝇为主要实验材料的遗传学研究的总结,阐述了伴性遗传、基因连锁与交换、基因在染色体上直线排列等重要问题。染色体遗传学说即基因论的主要观点,在这部书中都已经提出来了。此书出版后极受重视,被认为是新的、科学的遗传学的入门书。摩尔根实验室的研究方法,被认为是遗传学研究的楷模。摩尔根实验室被看做遗传学研究的圣地,很多人慕名前来求学和求教。经典遗传学的主流学派——摩尔根学派,或叫孟德尔-摩尔根学派,开始逐渐形成和壮大。我国的著名遗传学家李汝祺、谈家桢,都是摩尔根实验室培养出来的博士。《基因论》中文本译者卢惠霖,也曾在摩尔根实验室学习过。

1925 年出版的《遗传学文献》第二卷第一期,是摩尔根及其助手历年来在多家刊物上发表的论文专集。有人说此书如同遗传学界的《圣经》,有志于遗传学的研究人员非读不可。

1926 年,摩尔根的《基因论》一书出版。此书总结了摩尔根以及助手们的研究成果,是自孟德尔定律提出以来遗传学研究的系统总结,用基因理论对当时已经发现的几乎所有重要遗传成果作出了阐述,标志着基因论的成熟,是经典遗传学最重要的理论著作。1928 年,《基因论》又出了增订与修正版。中文版的《基因论》,就是由这个增订与修正版译出。卢惠霖先生 1949 年就完成了此书的翻译工作,但由于多种原因直到 1959 年才得以出版。

《基因论》第 1 章第 6 节"基因论"中说:"基因论认为个体上的种种性状都起源于生殖质内的成对的要素(基因),这些基因互相联合,组成一定数目的连锁群;认为生殖细胞成熟时,每一对的两个基因依孟德尔第一定律而彼此分离,于是每个生殖细胞只含一组基因;认为不同连锁群内的基因依孟德尔第二定律而自由组合;认为两个相对连锁群之间有时也发生有秩序的交换;并且认为交换频率证明了每个连锁群内诸要素的直线排列,也证明了诸要素的相对位置。"这是基因论的最权威表述。

十一、从经典遗传学到分子遗传学

基因论"使我们在最严格的数字基础上研究遗传学问题,又容许我们以很大的准确性来预测在任何一定情形下将会发生什么事件。在这几方面,基因论完全满足了一个科学理论的必要条件(《基因论》第 1 章第 6 节)"。

基因论解决了许多遗传学问题,同时也提出了很多它没能解决、需要进一步研究的问题,而且这些问题的解决必须超越孟德尔-摩尔根式研究方式,采用新的研究方法。摩尔根对此有清醒的认识,在《基因论》中他也讲到了,主要有以下几个方面。

1. 基因论讨论的是基因在上下各世代间的分布,没有涉及基因如何影响发育过程,也没有涉及基因同其最后产物即性状是如何联系的。这是由于"这方面知识的贫乏,并不是说它对于遗传学不重要。明确基因对发育中的个体如何产生影响,毫无疑义地将会使我们对于遗传的认识进一步扩大,对于目前不了解的许多现象也多半会有所阐明。"(《基因论》第 2 章)

2. "基因论是由纯粹数据推演而来,并没有考虑在动物或植物体内是否有任何已知的或假定的变化,能按照所拟定的方法来促成基因的分布。不论基因论在这方面如何满意,基因在生物体内如何进行其有秩序的重新分配,仍会是生物学家力求发现的一个目标。"(《基因论》第 3 章)

3. 基因只是一种"可爱的假设",它本身的性质不明。事实上,摩尔根学派的研究方式是若发现一个性状突变,就假定一个相应基因存在,然后通过杂交试验看它在后代中如何分布,进而作出许多关于它的推断。有人对究竟有无基因,对于这种假设的价值表示怀疑。摩尔根争辩说,像物理学家和化学家假定了电子和原子一样,遗传学家假定了基因,因为在这种假定的基础上形成的理论能够帮助我们作出科学预测,所以它有存在的价值。从基因的行为表现可以认为它是一定数量的物质,但是,不知道什么物质能有如此特殊的功能和性质。"如果我们认为基因只是一定数量的物质,那么,我们便不能圆满地解答为什么基因历经异型杂交中的变化而依然如此恒定,除非我们求助于基因以外另一种保证它们恒定的神秘的组织力量。这个问题目前还没有解决的希望。"(《基因论》第 19 章第 3 节)摩尔根曾经试图计算基因的大小,但没有得出有把握的结果,不过他估计出基因的大小和大型有机分子接近,这已经可以称为英明预见了。

朱砂眼和朱红眼是果蝇的两种隐性眼睛颜色突变,他们的眼睛颜色比野生型果蝇浅。1935 年,比德尔把朱砂眼和朱红眼突变体幼虫的胚胎眼组织移植到野生型果蝇幼虫体内,发现在这些幼虫发育为成虫的过程中,移植的眼组织发育成了眼色为野生型的额外眼。由此推断,眼色突变体幼虫的眼组织是可能发育为野生型眼的。进一步研究发现,眼色突变果蝇之所以眼色不正常,是由于它缺少了合成一种酶的能力,而由这种酶所产生的物质对于眼色的正常发育是不可缺少的。这样就把基因的作用同酶的合成联系起来了。

对基因本身的化学成分和性质进行研究,是由研究兴趣不同的科学家从以下三个方面,或是说从三个角度进行的:

1. 从信息传递的角度,研究什么物质是遗传信息的携带者,即基因的物质基础是什么。经典遗传学已确定基因位于染色体上,染色体的主要物质成分是蛋白质和脱氧核糖核酸(DNA),所以争论集中在遗传物质基础是蛋白质还是 DNA。20 世纪 30 年代,倾向于认为是蛋白质。40 年代中期和 50 年代初,艾弗里(O. T. Avery,1877—1955)等人关于肺炎双球菌类型转化的实验和赫尔希(A. Hershey)等人关于噬菌体侵入细菌过程的实验,证明了 DNA 是遗传的物质基础。

2. 对蛋白质和 DNA 的分子结构进行研究,从它们的结构认识它们是怎样发挥功能的。这类研究主要是由有着物理学基础的科学家进行的。摩尔根关于基因的研究成果,引起了著名物理学家玻尔(N. Bohr,1885—1962)、薛定谔(E. Schrodinger,1887—1961)等人对生物遗传问题的巨大兴趣。基因一代一代遗传下来是那么稳定,各个基因产生的效果是那样特定专一,用已知的物理学定律难以解释,但他们又坚信基因作为一种物质,应该服从物理学定律,因此他们希望通过研究基因即遗传物质来发现新的物理学定律。薛定谔还预言,遗传物质应当是一种非周期性晶体,遗传信息就储存在它的晶体结构之中。受他们的影响,很多受过良好物理学训练的人,使用最现代的仪器,投入对蛋白质和分子结构的研究中。

3. 研究生物体内发生的化学反应,以及引起这些化学反应的酶。比德尔采用红色面包霉的生化突变体为材料,提出"一个基因一个酶"的学说,已从生物化学角度阐明基因如何发挥功能,把基因的作用同特定的酶的产生联系起来。

以上三个方面研究成果的会合,导致分子遗传学的诞生。1953 年,沃森和克里克提出 DNA 的双螺旋结构模型,是分子遗传学诞生的标志,从此开始在分子水平上研究遗传学问题。分子遗传学的发展非常迅速,短短 20 年的时间,就破译了遗传密码即 DNA 携带遗传信息的方式,明确了遗传信息的传递方式是从 DNA 到 RNA(核糖核酸)再到蛋白质,并且能通过改变生物的遗传物质从而定向地改变生物的遗传性,这就是基因工程。

十二、对摩尔根遗传学派的"批判"

摩尔根及其助手的出色工作,使得遗传学界多数人接受了基因论,摩尔根学派成为经典遗传学的主流学派。但是,也有一些人怀疑或不同意基因论,影响较大的主要是当时苏联和社会主义国家中的米丘林学派,或称米丘林-李森科学派。

米丘林学派的基本观点是:遗传性是生物与其生存条件的矛盾统一,一方面表现为生物对外界环境条件有一定的要求,满足它的要求它才能正常地生长发育;另一方面表现为生物对外界环境条件能作出一定的反应,也就是说,如果它所要求的条件不能得到,它会发生相应的反应。各种生物的遗传性的这两个方面,都是它在长期的发展历史中逐渐形成的。这样认识的遗传性,是与整个生物体都有关系的,是生物体表现出来的属性。因此米丘林学派否认生物体内有特殊的、专门决定遗传的物质存在,即否定基因的存在。

从理论渊源上说,米丘林学派承认拉马克的后天获得性遗传理论,而摩尔根学派从基因论出发,认为只有基因发生了变化才能够遗传。米丘林学派还认为,遗传学的根本任务是为生产实践服务,当掌握了生物的遗传特性以后,一方面要尽力满足它对生活条件的要求以提高产量,另一方面可以有意识地改变它的生活条件,定向地改变它的遗传性,使它产生符合人的要求的新特性和新特征,培育出新的动植物品种。他们反对摩尔根式的研究,认为那样的研究只是关注生物子代与亲代相似与否,关注各种特性在后代中如何分布,却脱离了生产实践。米丘林学派在实践上的主要成就是培育出来一些农作物新品种,在理论上主要是提出了驯化理论、植物阶段发育理论等。

学术上有不同观点是正常现象,不同学派之间的争论对科学发展是有利的,但是这场争论却被政治化了。20 世纪 30 至 50 年代,以李森科为代表的米丘林学派,把摩尔根学派说成是唯心主义的,理由是基因是假设出来的东西。他们还认为摩尔根学派以果蝇为研究对象,不是结合生产需要进行研究,不是为发展生产服务;不是为劳动人民服务,而是为帝国主义服务;不是无产阶级的科学,而是资产阶级的科学。李森科依靠斯大林政治上的支持成为学阀学霸,使苏联当时的摩尔根学派科学家受到了残酷的打击和迫害,甚至被当做犯人关押起来。苏联的做法也影响到中国,摩尔根学派在中国也曾受到批判和压制,所幸的是不像苏联打击迫害得那样厉害,也比苏联纠正得早。

苏联领导人这样做,有其深刻的思想和政治原因。在当时,他们看一切问题,包括科学问题,都是从阶级斗争的观点出发,从社会主义和资本主义的斗争出发,从美苏两国的斗争出发。米丘林学派与摩尔根学派之间的争论,被他们说成是无产阶级与资产阶级、社会主义与资本主义之间的斗争,是美国科学与苏联科学之间的斗争。他们要用社会主义的、无产阶级的、苏维埃的科学压倒帝国主义的、资产阶级的、美国的科学,以证明社会主义的优越性。苏联当时急于发展农业生产,增强国力,把希望寄托在米丘林学派身上,因为该学派直接致力于培育农作物新品种,而摩尔根学派以果蝇为主要研究材料,与农业似乎关系遥远。可是,历史发展却与他们的愿望相反。摩尔根学派通过研究果蝇发现了遗传规律,指导杂交育种取得了重要成果,基础科学的进步转化成了巨大的生产力,而被他们寄予很大希望的李森科却没有什么建树,成了学术界耻笑的对象。看起来似乎没有实际意义的研究在实践中却发挥了重要作用,与实际需要似乎关系很直接的研究却难以有所成就,这样的教训是发人深省的。虽然摩尔根学派与米丘林学派的争论已经成为历史,以政治干涉学术问题的做法如今已经很少见,但是,对于发生这一事件的深刻原因,还值得我们进一步思考。

摩尔根

绪　言

• *Preface* •

　　对《基因论》增订与修正版的要求使我有机会对原文作出几点修正，并且也使书中的参考文献同参考书目录中的参考文献更为接近。参考书目录已经经过了一番慎重的修正，有几处删减了，新的参考资料也增加了一些。

　　在《基因论》第一版刊行的同一年内，我在生物学季评上发表了一篇短稿，讨论有关性别和受精方面的某些问题。第一版并没有讨论这些课题，虽然同那篇短稿中考虑的课题有着密切的联系。某些真菌和藻类中正负品系的有性结合，在其与高等植物卵子受精的关系上，提出了对生物学者有根本意义的一些问题。我取得了发行者威廉士·威尔金公司的同意，把原稿中有关这项问题的那些部分重新在这里登出来作为"其他涉及性染色的性别决定方法"一章的补充。

　　近两年内出现了许多论文，涉及染色体的数目和数目上的改变。我不可能，也不必要把这些新资料一概编写进来，因为它们大部分只是发挥了《基因论》中所讨论的主题，而没有任何重大的改变。不过有几处，特别是在新结果得到证实和发挥，或者原文中的叙述不够肯定的情形下，我增加了关于早期以来一些发现的简短说明。

托马斯·亨特·摩尔根

马萨诸塞州　伍兹霍尔

1928 年 8 月

第 *1* 章

遗传学基本原理

• *The Fundamental Principles of Genetics* •

　　现代遗传理论是根据一种或多种不同性状的两个个体杂交中的数据推衍出来的。这理论主要研究遗传单元在各世代的分布情况。像化学家和物理学家假设看不见的原子和电子一样，遗传学者也假设了看不见的要素——基因。

现代遗传理论是根据一种或多种不同性状的两个个体杂交中的数据推衍出来的。这理论主要研究遗传单元在各世代的分布情况。像化学家和物理学家假设看不见的原子和电子一样，遗传学者也假设了看不见的要素——基因。三者主要的共同点，在于物理化学家和遗传学家都根据数据得出各人的结论。只有当这些理论能帮助我们作出特种数字的和定量的预测时，它们才有存在的价值。这便是基因论同以前许多生物学理论的主要区别。以前的理论虽然也假设了看不见的单元，不过这些单元的性质都是随意指定的。相反，基因论所拟定的各种单元的各种性质，却以数据为其唯一根据。

孟德尔的两条定律

孟德尔的功绩在于发现了两条遗传基本定律，从而奠定了现代遗传理论的基础。20世纪以来，其他学者继续研究，使我们向同一方向更加深入，并使现代理论有可能在更广泛的基础上更趋完善。以下举出几个熟知的例子，来说明孟德尔的发现。

孟德尔用食用豌豆的高株品种同矮株品种杂交。子代杂种即子$_1$[①]，都是高株（图1）。再使子代自花受精，孙代分高株和矮株，两类的株数成 3 与 1 之比。如果高株品种的生

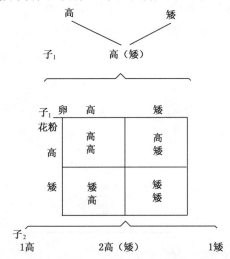

图 1　高株品种同矮株品种杂交，产生第一代（子$_1$）的高株杂种，即高（矮）。杂交一代的配子（卵和花粉粒）重新组合，如各方格所示。结果产生了孙代或杂交二代（子$_2$）的三高株和一矮株

◀达尔文的肖像。达尔文提出的生物进化论，是19世纪生物学上最辉煌的成就，但对遗传的机制却未能提出一个令人信服的说法。

[①]　子$_1$（F_1），读作"杂交一代"，代表子代；子$_2$（F_2）读作"杂交二代"，代表孙代；由此类推。亲（P）代表亲代；P_1代表父母一代，P_2代表祖父母一代。——译者注

殖细胞含有促成高株的某种东西,而矮株品种的生殖细胞含有促成矮株的某种东西,那么,杂种便应该具备这两种东西。现在,杂种既然是高株,由此可知两种东西会合时高者是显性,而矮者是隐性。

孟德尔指出,用一个很简单的假说便可以解释第二代中 3 比 1 的现象。当卵子和花粉粒成熟时,如果促成高株的某种东西,同促成矮株的某种东西(两者在杂种内同时存在),彼此分离,那么,就会有半数的卵子含高要素,半数的卵子含矮要素(图 1)。花粉粒也是如此。两种卵子同两种花粉粒都以同等的机会受精,平均会得到三高株和一矮株的比例,这是因为要素高同高会合,会产生高株;高同矮会合,产生高株;矮同高会合,产生高株;而矮与矮会合,则产生矮株。

孟德尔采用一个简单的方法来测验他的假说:让杂种回交①隐性型,杂种的生殖细胞如果分高矮两型,那么,子代植物也应分高矮两型,各占半数(图 2)。实验结果,恰如所料。

人眼红彩颜色的遗传也可以说明高豆和矮豆之间的关系。碧眼人同碧眼人婚配,得碧眼子代。褐眼人同褐眼人婚配,如果两者的祖先都是褐眼,也只能产生褐眼子代。如果碧眼人同纯种褐眼人婚配,子女也都是褐眼(图3)。这一类褐眼的男女如果彼此婚配,其子女会是褐眼和碧眼,成 3 与 1 之比。

子₁	卵	矮	矮
花粉 高		矮 高	矮 高
矮		矮 矮	矮 矮

图 2 子₁杂种的高(矮)豌豆与亲本隐性型(矮)回交,产生高株和矮株两型,各占一半

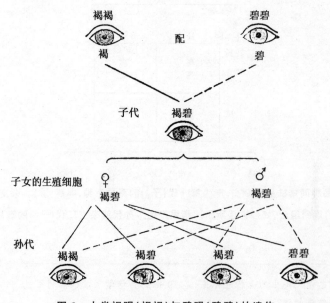

图 3 人类褐眼(褐褐)与碧眼(碧碧)的遗传

---

① 回交或返交(Back cross),就是把表面上显性的个体回头来同其隐性亲型个体交配的过程,目的在于揭露前者究竟是纯显性或者只是杂种。——译者注

如果杂种褐眼人(子₁褐碧)同碧眼人婚配,所生子女会一半是褐眼,另一半是碧眼(图 4)。

另一些杂交也许更能说明孟德尔的第一定律。譬如:红花紫茉莉同白花紫茉莉杂交,杂种都开桃色花(图5)。如果桃色花杂种植株自花受精,则杂交二代中,会有些开红花,像祖代的红花植株;有些开桃色花,和杂种相同;也有些开白花,像祖代的白花植株:三者互成1:2:1之比。在本例中,两个红花的生殖细胞结合,恢复原有的一种亲株花色;两个白花的结合,恢复另一种亲株花色;而红花的同白花的结合,或白花的同红花的结合,便会出现杂种的组合。总计第二代全体有色花植株和白花植株之比为 3:1。

卵 精子	碧	碧
褐	碧 褐	碧 褐
碧	碧 碧	碧 碧

图 4　子₁褐眼人(含碧的杂种)回交隐性型碧眼人,产生褐眼和碧眼两型,为数各半

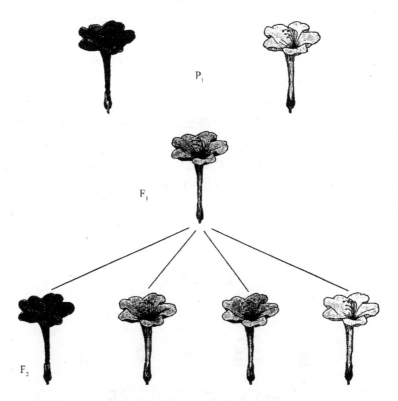

图 5　红花紫茉莉同白花紫茉莉杂交,产生杂交一代的桃色以及杂交二代的 1 红色、2 桃色、1 白色

这里应该注意两件事:因为杂交二代(子₂)的红花个体和白花个体分别含有两个红色要素或两个白色要素(图6),预料应产生红花或白花后代;至于杂交二代的桃色个体因为含有红白两种要素,每种一半(图6),和第一代杂种相同,所以不会产生桃色后代。检查结果,完全证实了预测。

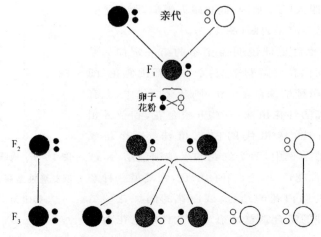

图 6　示图 5 红花与白花两种紫茉莉杂交中生殖细胞的沿革。

小黑圈代表生红花的基因,小白圈代表生白花的基因

　　以上所有结果仅仅证明在杂种的生殖细胞中,从父方传来的某种东西同从母方传来的某种东西彼此分离。单就这一项证据来说,这些结果也可以解释为红花植株或白花植株的全部性状都是作为一个整体遗传给后代的。

　　但是另一个实验进一步阐明了这一问题。孟德尔用结黄色圆形种子的豌豆植株同结绿色皱形种子的豌豆植株杂交。从另外的杂交里已经知道黄和绿是一对相对性状,他们在第二代中成 3 与 1 之比,圆和皱则构成另一对相对性状。在实验中,子代种子都是黄色圆形(图 7)。子代自交,产生黄圆、黄皱、绿圆、绿皱四种个体,互成 9 : 3 : 3 : 1 的比例。

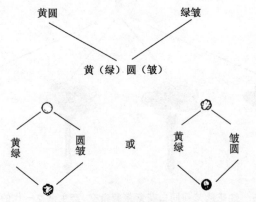

图 7　示黄圆豌豆和绿皱豌豆两对孟德尔式性状的遗传。

图的下部示子₂四种豌豆,即原有的黄圆和绿皱两型,以

及新结合起来的黄皱和绿圆两型

　　孟德尔指出,如果黄与绿两要素之间的分离以及圆与皱两要素之间的分离,各自独立进行,互不干扰,便能够解释以上的数字结果;杂种的生殖细胞势必分为黄圆、黄皱、绿圆和绿皱四种(图 8)。

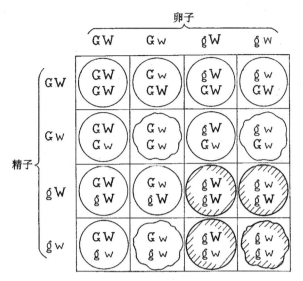

图8 示子₁杂种的四种卵子和四种花粉粒互相结合,产生16种

子₂新组合(杂种来自黄圆豌豆同绿皱豌豆的交配)

(图中 G＝黄;g＝绿;W＝圆;w＝皱。)

四种胚珠和四种花粉粒如果都有同等的机会受精,那么,就应该有16种组合的可能。已知黄是显性而绿是隐性,圆是显性而皱是隐性,那么,16种组合应该归成四类,互成9∶3∶3∶1之比。

这项实验的结果证明,不可能设想在杂种体内,父方的全部生殖质同母方的全部生殖质分离开来。因为原来联合参加杂交的黄和圆,以后在某些情况下,却分开出现。绿和皱的情况也是如此。

孟德尔又证明,三对甚至四对性状参加杂交时,在杂种的生殖细胞里,一对要素和另一对要素可以自由组合。

不论有多少对性状参加杂交,似乎都有理由应用这项结论。就是说,有多少种可能的性状,生殖质内便会有多少独立的成对要素。以后的研究证明,孟德尔的自由组合[①]第二定律在应用方面是受到限制的,因为许多要素对与对之间并不能自由组合,原来联合在一起的某些要素在以后世代中仍然表现联合的趋势。这就是连锁。

连　锁

1900年重新发现了孟德尔的论文。又过了四年,Bateson 和 Punnett 报道他们观察的数字结果,同两独立对的性状所应有数据并不符合。譬如,具有紫色花和长形花粉粒

---

① 孟德尔第二定律称为自由组合或自由分配定律,即两对或两对以上的相对基因,在杂种的配子形成中,一对基因的分离并不影响任何其他各对基因的分离,因此,不同对的基因在配子里可以自由组合。——译者注

的香豌豆植株同具有红色花和圆形花粉粒的豌豆植株杂交。原来联合参加杂交的两型，在后代中也联合重现，其重现频率多于根据紫红与圆长自由分配所预测的数字（图 9）。他们认为这种结果是由于从父母分别得来的紫长组合同红圆组合彼此排斥所致。现在称这种关系为连锁，即联合参加一次杂交的某些性状在后代里也表现联合的趋势。从消极意义上说，就是一些成对性状的对与对之间的组合并不是由机会来决定。

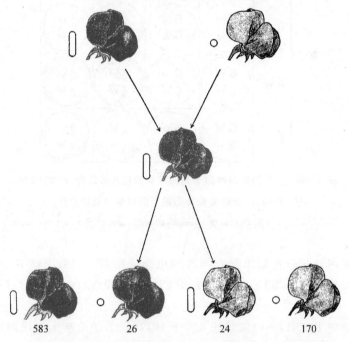

图 9　紫花、长花粉粒的香豌豆同红花、圆花粉粒的豌豆杂交。
底行示子₂的四种个体和它们之间的比例

仅就连锁来说，生殖质的划分似乎有它的限度。例如，我们知道黑腹果蝇 *Drosophila melanogaster* 所有的四百多种新的突变型只可能归成四个连锁群。

果蝇的四群性状中，有一群性状的遗传，同雌雄性别表现了一定的关系，因而说它们是性连锁的。这类性连锁的突变性状约有一百五十多种。有几种影响眼的颜色；有一些影响眼的形状、大小、或小眼分布的规则性。其他性状或涉及身体的颜色，或关系翅形或翅脉的分布，还有些则影响全身的刺和毛。

第二群约有 120 种连锁性状，包括蝇体各部的变化，但都和第一群的作用不同。

第三群约含 130 种性状，也涉及蝇体的各个部分。这些性状没有一个与以上两群的性状相同。

第四群的性状少，只有三种：一种影响眼的大小，在极端情形下甚至导致整个眼的消失；一种影响两翅的姿态；第三种则影响毛的长短。

现以下例说明连锁性状是如何遗传的。一只雄果蝇具有黑身、紫眼、痕迹翅和翅基斑点四种连锁性状（同属于第二群），使它同具有正常相对性状的野生型雌果蝇杂交（图 10），这只雌蝇具有灰身、红眼、长翅和无斑四种性状。它们的子代都是野生型。如果使子代的雄蝇①同具有黑、紫、痕、斑四种隐性性状的雌蝇杂交,孙代只有两种:一半具有四种隐性,和一个祖型相同;另一半为野生型,和另一祖型相同。

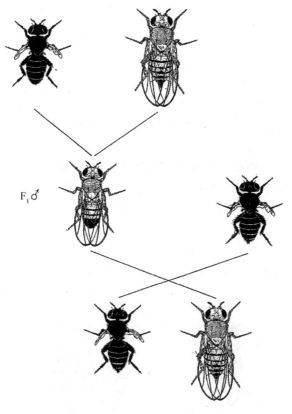

$F_1 \male$

图 10　黑身、紫眼、痕迹翅和斑点四种连锁,隐性性状与野生型
果蝇内的正常等位性②的遗传。子₁雄蝇回交四种隐性的雌蝇。
杂种二代(图最底部)只得出祖父祖母两种组合

　　这里有两组连锁的相对(或等位)基因参加杂交。当雄性杂种的生殖细胞成熟时,一组连锁的隐性基因进入一半的精细胞,另一组野生型相对的等位基因则进入另一半野生型精细胞。把杂种一代的雄蝇同一只具有纯粹四种隐性基因的雌蝇杂交,便可以发现像以上所记载的两种精细胞的存在。纯隐性雌蝇所有的成熟卵子,各含一组四个隐性基因,任何一个卵子同含有一组显性野生型基因的精子受精,会产生野生型果蝇;任何一个卵子同含有四个隐性基因(与这里采用的雌蝇的基因相同)的一个精子受精,会产生黑身、紫眼、痕迹翅和斑点的果蝇。孙代得到的个体只有这两种。

---

　　①　这几种性状在雌蝇里并不完全连锁,所以本例中必须选用雄蝇为材料。
　　②　等位性即是相对性状,例如豌豆的紫花和红花,互为等位性,果蝇的黑身和灰身也互为等位性;又指位于同对两条染色体上同一位置的相对基因,这两个基因互为等位性。——译者注

交　换

一个连锁群内的基因往往不像上例所说的那样完全连锁。事实上，在同一杂种中的子代雌蝇里，同组隐性性状中有若干性状可同另一组里的若干野生型性状互相交换，不过一组内的基因互相连锁的较多，而同另一组基因互相交换的较少，所以依然可说是连锁的。它们相互间的交换作用则谓之"交换"，也就是说，在相对的两连锁组之间，许多基因可以发生有秩序的交换。了解交换作用对于以后要谈的种种是重要的，所以举出几个例子来说明一下。

一只雄蝇具有黄翅、白眼两种隐性突变性状。使它同一只野生型灰翅、红眼的雌蝇交配，所生的子女都具有灰翅红眼（图 11）。再使杂交一代雌蝇同具有黄翅、白眼两个隐性性状的雄蝇交配，便会得出四种孙代个体。两种与祖父母相同，或为黄翅、白眼，或为灰翅、红眼，共占孙代 99％。这些联合参加杂交的性状又联合重现的百分率，比根据孟德尔第二定律（自由组合定律）所预测的大得多。此外杂交二代还有其他两种（图 11）：一种为黄翅红眼，另一种为灰翅白眼。两者共占孙代 1％，称为"交换型"，代表两个连锁群之间的交换作用。

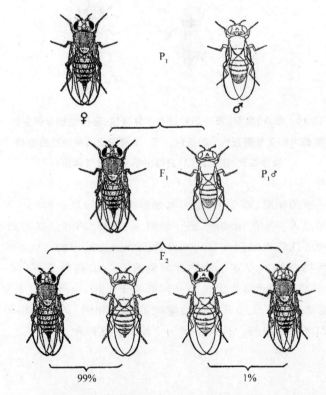

图 11　两个连锁的隐性性状黄翅白眼与其正常的等位性状灰翅红眼的遗传

　　用同样的基因以不同的组合方式也可以做出类似的实验。如果用黄翅红眼的雄蝇同灰翅白眼的雌蝇交配,其杂交一代的雌蝇则为灰翅红眼(图 12)。再使杂种雌蝇同具有黄翅白眼两种隐性突变性状的雄蝇交配,便产生了四种果蝇。两种与祖父母相同,共占孙代 99%。另两种都是新的组合,或称交换型:一为黄翅白眼,一为灰翅红眼,共占杂交二代的 1%。

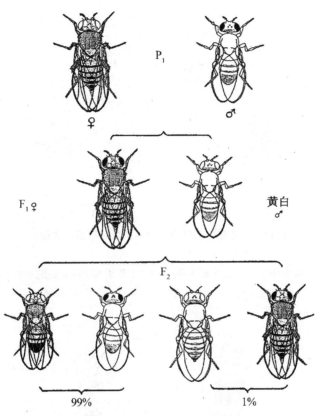

图 12　两个连锁性状与图 11 中的相同,但结合方式相反,
(即红眼黄翅和白眼灰翅)的遗传

　　这些结果证明:两对性状不论杂交时的组合如何,它们之间的交换率总是一样。两种隐性如果联合参加杂交,它们也有联合重现的趋势。这种关系,Bateson 和 Punnett 称为"联偶"。如果参加杂交的两种隐性是由父母分别得来,这两种性状也有分别重现的趋势(各与原来联合参加的一种隐性结合)。这种关系,两人称之为"推拒"。但从以上两个杂交里,显然可见,这两种关系实在是一件事的不同的表现,而不是两种现象,即参加杂交的两种连锁性状,不论它们是显性还是隐性,总表现出互相联合的趋势。

　　其他性状间的交换百分率,各不相同。例如具有白眼细翅两种突变性状的雄蝇(图 13)同红眼长翅的野生型果蝇交配,子代都为长翅红眼。再以杂交一代雌蝇同一只白眼细翅的雄果蝇交配,孙代便得出四种:两种祖父母型占孙代 67%,两种交换型占 33%。

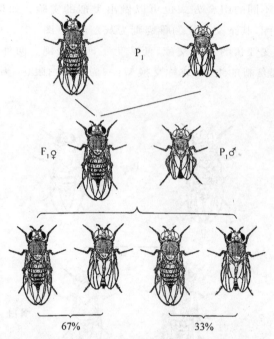

图 13　白眼细翅与红眼长翅两种性连锁性状的遗传

下述实验的交换率更高。白眼叉毛的雄蝇同野生型雌蝇交配（图 14），子代都为红眼直毛。再使杂交一代雌蝇同白眼叉毛的雄蝇交配，便产生四种个体。祖父母型共占孙代 60％，交换型共占 40％。

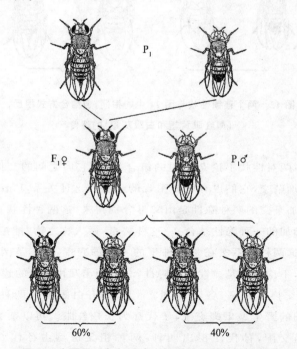

图 14　白眼叉毛与红眼直毛两种性连锁性状的遗传

关于交换的研究证明了一切可能的交换百分率都有,高者约达 50%。如果发生的交换确为 50% 则其数字结果将和自由组合发生时的数字相同。这样,两种性状虽然同在一个连锁群内,也不会看出它们之间的连锁关系。不过两者同属于一群的关系还是能够从各自与同一群内第三性状的共同的连锁关系来证明。如果看到的交换率在 50% 以上,则交换型组合便会多于祖父母型,而表现为一种颠倒的连锁了。

雌果蝇内的交换往往低于 50%。这是由于一种称为双交换的现象所致。双交换的意义就是参加杂交的两对基因之间,发生了两处交换。一处交换所产生的影响被第二交换所抵消,结果,所觉察到的交换次数便降低了。这一点在下面加以解释。

许多基因在交换中同时交换

在以上的交换例子里,只研究了两对性状,并仅仅以参加杂交的两对基因之间只有一次交换的证据为根据。如果要了解别处(即连锁群内其他部分)发生了多少处交换,就必须涉及全群范围内的其他成对性状。例如,一只雌蝇具有第一群的九种性状,即盾板、多棘、缺横脉、截翅、黄褐、朱眼、石榴石、叉毛和短毛;使之同野生型雄蝇杂交,杂种一代的雌蝇(图 15)又回交同样的九种隐性型,孙代中会出现各种各样的交换。如果在两群中心附近(介于朱眼和石榴石之间)发生交换,结果会两个半截整段地交换(如图 16)。

图 15 示两个等位群的连锁基因。上行为九种性
连锁隐性基因的大概位置。下行为正常等位基因

在其他情形下,交换也可以发生在某一端的附近(如介于多棘和缺横脉之间)。如果像图 17 所表示的那样,两组之间只有很短的两段彼此交换。每逢交换,都发生了同样的过程,即互相交换的,总是整组的基因,虽然一般看到的仅仅是交换点两侧的基因。

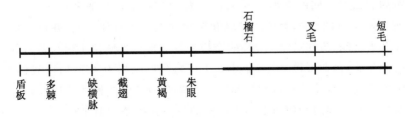

图 16 示石榴石与朱眼之间的交换,即图 15 两群中央的附近

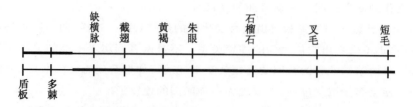

图 17 示多棘与缺横脉之间进行的交换，即图 15 中靠近两群的左端

在两个不同平面上同时发生交换时（图 18），参加的基因也是很多的。例如，以上两组之间，如果截翅和黄褐之间发生一起交换，石榴石和叉毛之间发生另一起交换，那么，两组的中段上的所有基因都会同时交换。两组的两端既然同以前一样，如果没有中间一段的突变基因作为标志，则以上两处发生交换的事实便会觉察不出了。

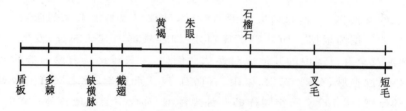

图 18 图 15 中两基因群进行了双交换。截翅与黄褐
之间有一次交换，石榴石与叉毛之间另有一次交换

基因的直线排列

不言而喻，两对基因相距愈近，交换的机会愈小，相距愈远，交换的机会相应也愈大。利用这项关系可以求出任何两对要素相互间的距离。根据这种知识便能制出每一连锁群内许多要素相对位置的图表。果蝇的各连锁群都已经制成了图表。这样的图表（如图 19），仅仅表示已经研究出来了的结果。

以上关于连锁和交换的例子里，都认为基因连接成直线，好像线上的联珠。事实上，从交换得到的数据证明，只有如下例（图 20）的排列，才能同所得到的结果一致。

假设黄翅和白眼之间的交换率为 1.2%，如果我们测验白眼和同组第三基因二裂脉之间的交换为 3.5%（图 20），如果二裂脉和白眼同在一条直线上面，并位于白眼的下侧，则二裂脉和黄眼之间，预期可得 4.7% 的交换率。如果二裂脉位于白与黄之间，则二裂脉和黄眼之间的互换，预期可得 2.3%。事实上所得到的结果为 4.7，所以我们把二裂脉排在图中白眼的下端。每逢一种新性状和同一连锁群内其他两种性状比较，总是得出这样的结果。新性状和已知的其他两个因子之间的任一交换值为其他两个交换值的和或差。这便是我们所熟知的直线上各点之间的关系；因为现在还没有发现任何其他空间关系可以满足这些条件。

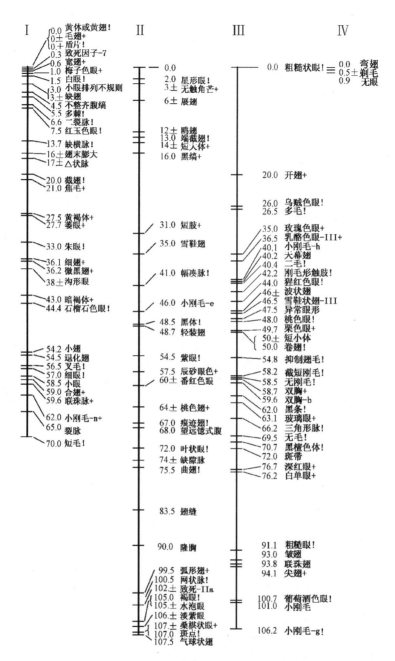

图 19　黑腹果蝇Ⅰ、Ⅱ、Ⅲ、Ⅳ四群连锁基因的图表。

各种性状左侧的数字代表"图距"①

---

① 图距就是根据性状之间的交换率推论出来的基因之间的距离。——译者注

图20 示黄翅、白眼、二裂脉三个性连锁基因的直线排列

基 因 论

现在我们有根据来叙述基因论如下：

基因论认为个体上的种种性状都起源于生殖质内的成对的要素（基因），这些基因互相联合，组成一定数目的连锁群；认为生殖细胞成熟时，每一对的两个基因依孟德尔第一定律而彼此分离，于是每个生殖细胞只含一组基因；认为不同连锁群内的基因依孟德尔第二定律而自由组合；认为两个相对连锁群的基因之间有时也发生有秩序的交换；并且认为交换频率证明了每个连锁群内诸要素的直线排列，也证明了诸要素的相对位置。

我把这些原理冒昧地统称为基因论。这些原理使我们在最严格的数字基础上研究遗传学问题，又容许我们以很大的准确性来预测在任何一定情形下将会发生什么事件。在这几方面，基因论完全满足了一个科学理论的必要条件。

第 2 章

遗传粒子理论

• Particulate Theories of Heredity •

　　我冒昧地认为现代理论既然是根据实验遗传学证据逐步推演而来,而证据本身又处处受到严谨的控制,因此,不论基因论同旧理论看来如何相似,它究竟是和旧理论断然不同的。当然,基因论不需,也未尝自认为是最终极的。毫无疑义,它将会经过许多变革,循着新的方向改进。但是目前我们所知道的遗传事实,大多数是可以从现有的理论得到解释的。

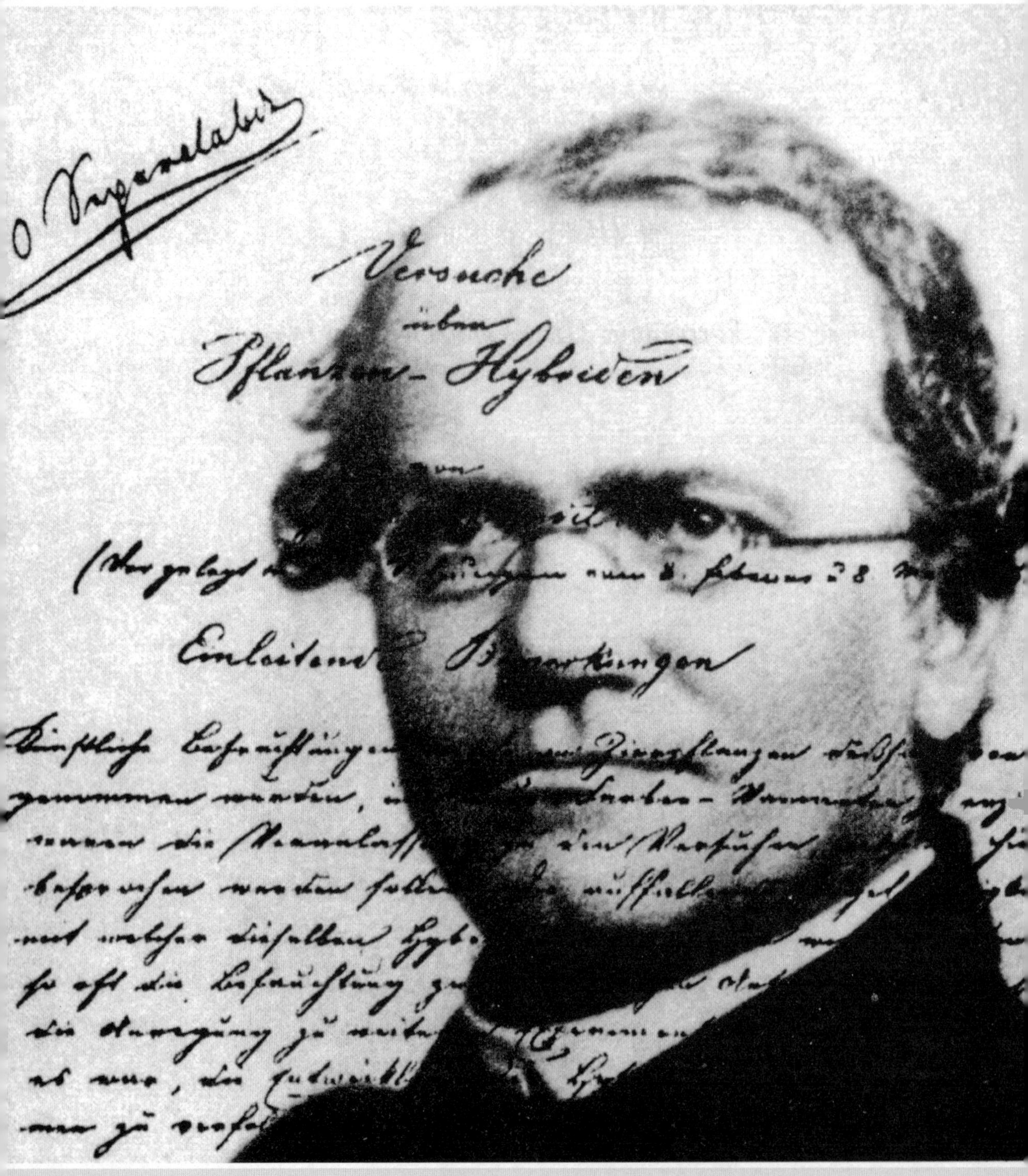
Versuche
über
Pflanzen-Hybriden

从第 1 章的证据引出一项结论：生殖质里有遗传单元，在上下各世代中，以各种不同的程度独立分配。更确切些说，就是两个杂交个体的性状在以后世代里独立重现，这件事是能够用生殖质内的独立单元这一理论来解释的。

这些性状为基因论提供了资料，而性状本身又源于所假设的基因；从基因到性状，则属于胚胎发育的全部范围。这里所表述的基因论并没有谈到基因同其最后产物即性状如何联系。这方面知识的贫乏，并不是说它对于遗传学不重要。明确基因对于发育中的个体如何发生影响，毫无疑义地将会使我们对于遗传的认识进一步扩大，对于目前不了解的许多现象也多半会有所阐明。但是事实仍然是，目前不涉及基因如何影响发育过程，也能够解释基因在上下各世代间的分布。

不过以上的论点里有一项基本假设：即发育过程严格遵循因果定律。一个基因发生一种变化，对发育过程也就会产生一定效果，影响到以后该个体某个时期中出现的一种或多种性状。在这种意义上，基因论不必解释基因和性状之间的因果过程的性质，也可以成立。有人没有认清这种关系，于是提出了对基因论一些不必要的批评。

例如，有人说：假设生殖质内有看不见的要素实在并没有说明什么，因为它给各个要素的特性，正是它要提出来说明的特性。但是事实上，所给基因的特性，仅仅是从个体所提供的数据中推论出来的。这种批评之所以产生，像其他类似的批评一样，是由于把遗传学问题和发育问题混为一谈所致。

这理论也受到一个不公正的批评，批评的根据是机体为一个理化机制，而基因论却不能说明其中的机制。但是基因论所仅有的假设：如基因的相对恒定性、基因本身繁殖的性质、在生殖细胞成熟期内基因相互间的离合，没有一项不是符合于理化原理的。的确，这些事件里的理化过程虽然未能明白提出说明，但是至少都关系到生物界中我们所习见的一些现象。

由于不了解孟德尔理论所根据的证据，以及不认识该理论同过去其他关系遗传和发育的粒子假说在方法上的区别，也产生了另一些批评。这一类的粒子假说是相当多的，所以生物学家根据自己的经验，对于不可见的粒子的任何假说都有些怀疑。现在简短地检查以前的几个臆说，对于新旧方法上的区别可能有所阐明[①]。

1863 年，斯宾塞（Herbert Spencer）提出了生理单元论，假设每一种动物和植物都是由各该物种所同具的基本单元组成。这些单元据说比蛋白质分子大，结构也比较复杂。斯宾塞理论的理由之一，是机体的任何部分在某些例子里可以再度产生一个整体。卵子和精子便是机体这种整体的断片。至于个体形态上的差异则模糊地认为是由身体不同部分中要素的"极性"或某种晶状排列所造成的。

◀ 孟德尔的手稿及其肖像。孟德尔利用修道院的一小块园地，种植了豌豆、山柳菊、玉米、紫茉莉等植物，并进行了多种植物的杂交试验，其中成绩最突出的是豌豆的杂交试验。

---

①　在 Delage 的遗传学和魏斯曼的种质论中对于以前各种学说作了详细的讨论。

斯宾塞的理论是纯粹的臆想。它所根据的证据是部分可以产生同样的新整体，由此又推论机体的所有部分都含有可以发育成新整体的一种物质。这虽然有部分的正确性，但不能因此就认为整体必须由一种单元组成。现在我们在解释部分能发育成新整体时也必须假定每一个这样的部分都含有构成一个新整体的诸要素，不过这些要素可以各不相同，它们是身体上分化的根源。只要有一个整组的单元，就有可能具备产生新整体的能力。

1868 年，达尔文提出了泛生说，假定有很多不同的、不可见的粒子。这些代表性微粒称为芽体，从身体的各部分不断放出；到达生殖细胞里的粒子和原有的诸遗传单元一道参加了生殖细胞的组成。

泛生说主要是说明获得性如何传递。亲体上的特种变化如果传递到后代，就会需要这一类的理论，身体上的变化如果不传递，也就用不着这类理论了。

1883 年，魏斯曼抨击这项传递理论，认为获得性遗传的证据还是不够充分的。许多生物学家，但不是所有的生物学家，承认魏斯曼这种见解。魏斯曼由此发展了他的种质独立论：卵子不仅产生一个新个体，而且也产生了像自己一样的其他卵子，寄居在新个体里面。卵子产生新个体，但个体除保护和滋养他里面的卵子外，对于卵子内的种质并没有别的影响。

魏斯曼从此开始发展了代表性要素的粒子遗传理论。他引用了变异方面的证据，并且引申了他的理论，对胚胎发育作出了纯粹形式的解释。

首先，我们注意到魏斯曼对于他所称为"遗子"的遗传要素的性质有什么看法。在他的晚期著作里，当许多小染色体存在时，他便把小染色体当为遗子；如果只有几条染色体时，他便假定每一条是由几个或许多个遗子组成的。每一个遗子含有个体发育所必需的全部要素。每一个遗子是一个微观宇宙。遗子互不相同，因为它们代表着互不相同的祖代个体或种质。

遗子各种不同的组合，引起了动物中的个体变异。这些组合又是卵子和精子结合的结果。如果遗子在生殖细胞成熟时不是减少一半的话，遗子的数目便会增加到无限大了。

魏斯曼又拟定了一项周密的胚胎发育理论，其所根据的观念是，随着卵子的分裂，遗子也分解成愈来愈小的成分，直到身体上每一种细胞都含有遗子分裂到最后的一种成分——称为定子。在预定为生殖细胞的细胞内，遗子不发生分解，因此才有种质和遗子群的连续性。魏斯曼的理论在胚胎发育方面的应用已经超过了现代遗传理论的范围；现代遗传理论或者漠视发育过程，或者假设一个恰恰和魏斯曼相反的见解，认为在身体上的每一个细胞内存在着整个遗传的复合体。

由此可见，为了说明变异，魏斯曼在他的巧妙的臆想里引证了一些和我们今日所采用的同类的过程，他相信变异是双亲的单元重新联合的结果。在精子和卵子成熟过程中，单元减少了一半。单元各为一个整体，各代表一个祖先阶段。

种质独立和连续概念的建立，大部分归功于魏斯曼。当时，获得性遗传理论把有关遗传的一切问题久已弄得漆黑一团。魏斯曼抨击拉马克学说，在澄清思想上，作出了很大的贡献。魏斯曼的论述把遗传同细胞学的密切关系，提到显著地位，无疑也是重要的。

我们现在从染色体的结构和行动方面来解释遗传的这种尝试,究竟受到魏斯曼卓越思想多大的影响是不容易估计到的。

这些臆说以及其他更早的臆说,目前只有历史上的意义,不足以代表现代基因论发展的主要路线。基因论成立的根据在于它所凭借的方法,以及在于它能够预测出特别精确的数字结果。

我冒昧地认为现代理论既然是根据实验遗传学证据逐步推演而来,而证据本身又处处受到严谨的控制,因此,不论基因论同旧理论看来如何相似,它究竟是和旧理论断然不同的。当然,基因论不需,也未尝自认为是最终极的。毫无疑义,它将会经过许多变革,循着新的方向改进。但是目前我们所知道的遗传事实,大多数是可以从现有的理论得到解释的。

豌豆

第 3 章

遗传的机制

• The Mechanism of Heredity •

孟德尔两条定律的机制　连锁群数目与基因对数
染色体的完整性与连续性　交换的机制

　　第 1 章最后所谈到的基因论是由纯粹数据推演得来,并没有考虑在动物或植物体内是否有任何已知的或假定的变化,能按照所拟定的方法来促成基因的分布。不论基因论在这方面如何满意,基因在生物体内究竟如何进行其有秩序的重新分配,仍会是生物学家力求发现的一个目标。

　　在 19 世纪末到 20 世纪初这几十年内,从研究卵子和精子最后成熟时的种种变化里,发现了一系列的重要事实,对提供遗传机制方面有很大的进展。

　　在体细胞和早期生殖细胞里,已经发现了双组染色体。这种双重性的证据是从观察大小不同的染色体得来。只要染色体上有了可以辨认的差异,便会看到每一类的染色体在体细胞内总是两条,而在成熟的生殖细胞内却只有一条;又证明每类染色体中,一条来自父方,另一条来自母方。染色体群的双重性,现在是细胞学中最确定的事实之一。只有性染色体才有时出现唯一明显的例外。但就在这里,雌性或雄性一方仍然保持着双重性;雌雄两性同具双重性的也往往有之。

孟德尔两条定律的机制

　　到了生殖细胞的成熟末期,同体积的两条染色体接合成对。随后细胞分裂,每对的两条染色体各自进入一个细胞。因此,每个成熟的生殖细胞只能得到一组染色体(图 21,22)。

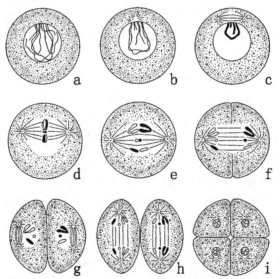

　　图 21　示精细胞两次成熟分裂。每一细胞假定含三对染色体;黑色代表来自父方的染色体,白色代表来自母方的染色体(a、b、c 除外),图 d、e、f 示第一次成熟分裂为减数分裂。图 g、h 示第二次成熟分裂或"均等分裂",这时每条染色体纵裂为两条新染色体

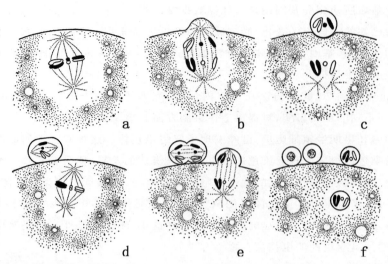

图22 示卵子的两次成熟分裂。a示第一次分裂的纺锤体；b示来自父方和母方的染色体互相分
离（减数分裂）；c示第一极体已经分出；d示第二次成熟分裂的纺锤体，每条染色体纵裂为二
（均等分裂）；e示第二极体已经形成；f示卵细胞核只有半数的子染色体（单倍）

染色体在成熟时期内的行动，同孟德尔第一定律平行。每对染色体中，来自父方的
染色体同来自母方的染色体分离。结果在每个生殖细胞内每一类的染色体只有一条。
就每一对染色体来说，成熟以后半数的生殖细胞含每一对的某一条染色体，另一半则含
各该对的另一条染色体。如果把染色体改为孟德尔单元，措辞依然是一样的。

每一对染色体中，有一条来自父方，另一条来自母方。如果这种成对接合的染色体
排列在纺锤体上面以后，所有父方的染色体都走入一极，所有母方的染色体则走入相反
的一极，这样形成的两个生殖细胞势必分别和父体的或母体的生殖细胞相同。我们没有
先验理由来假定接合染色体会依照这个方式行动，但要证明它们不这样行动，也感到非
常困难，因为正在接合中的两条染色体，形状大小既然相同，要把父方染色体和母方染色
体分辨开来，一般是不可能做到的。

不过，近年来已经发现了在少数蚱蜢的某些成对的两条染色体之间，在形状上以及
同纺锤丝联系的方式上，有时表现轻微的差异（图23）。当生殖细胞成熟时，这些染色体
首先两两接合，然后分离。由于染色体保持它们各自的差异，所以能够查明它们进入两
极的踪迹。

在这几种蚱蜢里，雄虫有一条不成对的染色体，同雌雄性别的决定有关（图23）。当
成熟分裂时，这条染色体只能进入纺锤体的一极，它可以作为其他成对染色体行动方向
的标志。Carothers女士首先观察了这一事实。她看到有一对一直一曲的染色体，根据
每一条染色体和性染色体的关系来看，它可以向任何一极分离开来。

进一步研究，发现在某些个体内其他几对染色体也表现一定的差异。研究这些染色
体在成熟时期的行动，证明任何一对染色体向两极分布的方向同其他各对染色体的分布
方向互不相关。从这里我们有了关于异对染色体相互间自由组合的客观的证据。这项
证据同孟德尔关于不同连锁群的基因自由分配的第二定律平行。

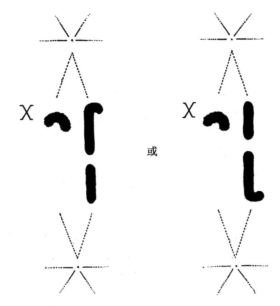

图 23　示一对常染色体和 X 染色体自由组合（仿 Carothers）

连锁群数目与基因对数

遗传理论证明遗传要素连锁成群，而且有一个例子，已经确定连锁群的数目一定不变；其他几种生物也可能如此。果蝇只有四群连锁性状和四对染色体。香豌豆有七对染色体（图 24），Punnett 发现大致有七个独立对的孟德尔式性状。White 报道食用豌豆也有七对染色体（图 24）和七个独立对染色体，也发现了几群连锁基因。金鱼草有 16 对染

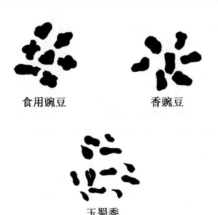

食用豌豆　　　香豌豆

玉蜀黍

图 24　减数分裂后的染色体数值。食用豌豆的单倍数＝7；
香豌豆单倍数＝7；玉蜀黍单倍数＝10 或 12？

色体,独立的基因群数同染色体的对数接近。其他动物和植物的连锁基因也有过报道,但却总是少于染色体的对数。

到目前为止,自由组合的基因对数多于染色体的对数的例子还没有一个。这一事实就当前来说也是支持连锁群数和染色体对数符合一说的另一证据。

染色体的完整性与连续性

染色体的完整性或其在前后各世代间的连续性,对于染色体理论也是重要的。细胞学家公认,当染色体在原生质内游离出来的时候,它们经历了细胞的整个分裂时期而依然保持完整,不过当它们吸收液汁,联合组成静止核时,它们的存在便无法认出来了。但是采用间接方法,对于静止期内染色体的情况已经可能找到一些证据。

在每次细胞分裂以后,染色体化为液泡,联合形成新的静止核。它们形成了新核内的各个分隔开的小泡,这时还能够追踪一些时候。以后,染色体失去了受染的性能,再不能被分辨出来。到染色体快要再度重现的时候,又可以看到囊状小体。这项事实如果还不能证实,至少是提示了:静止期内的染色体仍然是占有它们的原来位置的。

据 Boveri 的研究:当蛔虫卵子分裂时,同一对的两条子染色体按照同一方式分离开来,并且往往显出特殊的形状(图25)。当子细胞下次分裂,而子细胞的染色体快要再度出现时,染色体在细胞内依然有着类似的排列。结论是清楚的。各该染色体在静止核内仍然维持其入核时所具有的形状。这项证据支持下一论点:染色体并没有先化为溶液、然后再度形成,而是始终保持它们的完整性。

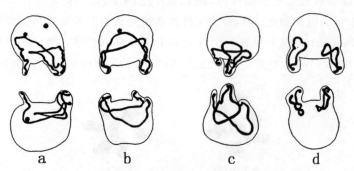

图25　蛔虫的四对子细胞(上下两头)的细胞核内,
子染色体在静止核中出现时的位置(仿 Boveri)

最后,又有这样的情况:由于染色体数目加倍,或者由于染色体数目不同的两种生物的杂交,引起了染色体数目的增加。每类染色体可以有三四条之多,并且一般能在以后所有的分裂中维持同样的数值。

总的说来,细胞学证据虽然不会完全证实染色体在其历史中的完整性,但至少是有利于这项观点的。

但是,对于上文必须加上一项重要的限制:遗传学证据明显地证明,在同对的两条染色体上,若干部分有时发生有秩序的交换。是否有细胞学证据来启示这种交换呢? 在这一点上,问题就多了一些。

交换的机制

如果像其他证据所明确证明的,染色体是基因的携带体,如果同对染色体之间可以交换基因,那么,发生交换的某种机制迟早是有找到的希望的。

在遗传学发现交换作用的数年以前,染色体的接合过程以及染色体数目在成熟生殖细胞内的减少都已经完全确定了。已经证实,接合时同一对的两条染色体就是互相接合的那两条。换句话说,接合并不是像过去记载所推想的那样碰机会的,接合作用总是发生在来自父方和母方的两条特殊染色体之间。

还可以补上另一事实:接合之所以发生是由于同对两染色体都是同一类的,而不是因为他们分别来自雄体和雌体。这一点已从两方面得到证明。在雌雄同体的生物自体受精以后,每一对的两条染色体虽然由同一个体得来,但两者仍然同样接合。其次,在个别例子里,同对的两条染色体虽然由同一卵子得来,但是既然发生了交换,所以可以假定它们已有过接合。

染色体接合的细胞学证据,对于交换机制提供了初步的说明,因为每对的两条染色体如果整条并列,宛如成对基因两两并列似的,这种位置虽然可以引起相对两段之间的有秩序的交换。当然,不能由此断定,染色体并列的结果一定会发生交换。事实上,根据连锁群内交换的研究,例如果蝇的性连锁基因群(这里有足够的基因,对于连锁组内的变化情况可以提供全面的证据),可知卵子内该对两染色体之间绝无交换的约占 43.5%,有一处交换的占 43%,有两处交换(双交换)的约占 13%,有三处交换的约占 0.5%。雄蝇完全不发生交换。

1909 年,Janssens 详细报道了他所称为的交叉型,这里不谈 Janssens 研究的详细情节,只需提到他相信他所提出的证据可以证明一对互相接合的两染色体之间有着整段的交换,这种交换可追溯到两条互相接合的染色体在早期中互相缠绕上去(图 26)。

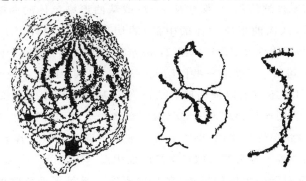

图 26 *Batrachoseps* 中染色体的接合作用。中间的一图提示在两条
染色体中间有一条以两根细丝互相缠绕(仿 Janssens)

可惜,在成熟分裂中,染色体互相缠绕时期比任何时期引起了更多的争论。就事件性质而言,即使承认染色体互相缠绕,实际上也不能证实它真能引起遗传学证据所要求的那种交换作用。

染色体互相缠绕的图已经发表了许多。但这种证据在某些方面太难使人信服。例如,最熟悉最确定的有明显的缠绕时期便是当接合成对的染色体短缩准备进入纺锤体赤道面的时期(图 27)。这一时期的互相缠绕通常被解释为同两条接合染色体的短缩有某种联系。从这些图看来,一点也不能证明这会引起交换。这一类的例子中虽然有一些例子可能是早期缠绕的结果,但是螺旋状态的继续存在更显示并没有发生交换,因为交换会引起缠绕的消失。

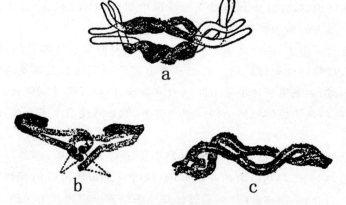

图 27　示 *Batrachoseps* 染色体呈粗丝形状,已达互相缠绕的晚期,
恰在染色体进入第一次成熟分裂的纺锤体以前(仿 Janssens)

如果我们再翻阅一下分裂早期的图,便可以看到细丝(细丝时期)似乎是互相缠绕(图 28b),不过这项解释还有问题。在这么纤细的细丝上,要决定两者在各个接触点上谁上谁下,事实上是极端困难的。加以细丝须在凝固状态下才能染色供显微镜下观察之用,这种凝固状态,更大大地增加了观察上的困难。

最接近于证实细丝缠绕的,是那些从一端(或从曲形染色体的两端)开始接合,以后逐渐进展到另一端(或向曲形染色体的中部)的切片。其中也许以 *Batrachoseps*(两栖类)精细胞的切片最引人注意(图 26),但 *Tomopteris* 图也几乎或完全同样良好。涡虫卵子图(图 28)也十分可信。至少有一些图给人一种印象,认为两丝靠拢时在一处或数处彼此重叠,不过这一印象还不足以证明两丝之间除在某某平面上表现交叉外另有其他关系。也不能由此认为两丝重叠之处一定会发生交换。不过,我们虽然必须承认细胞学方面未能证实交换,就情况性质来说,事实上也非常难于证明。但在若干例子里,已经证明了染色体接合时的位置很容易使人假定交换的发生。

因此,细胞学家对于染色体的描述,在某种程度上满足了遗传学的要求。如果回忆这一事实,即许多细胞学证据是在发现孟德尔论文以前早已找到的,其中没有一项研究的进行带有遗传学的成见,而是完全独立,同遗传学家的研究无关,那么,这些关系似乎

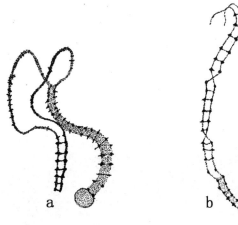

图 28　涡虫的一对染色体互相接合。a 示两条细丝彼此靠拢。
b 示两接合丝在两个平面上交叉 (仿 Gelei)

不会只是偶然的巧合,而毋宁是细胞学家已经发现了遗传机制里的许多重要部分;遗传要素依孟德尔两个定律分配以及同对染色体间有秩序地交换,就是通过这种机制来进行的。

具有四个翅膀的果蝇的扫描电子显微图

第 4 章

染色体与基因

• *Chromosomes and Genes* •

> 近来遗传研究涉及染色体数目改变时的特定效应,而这些染色体都带有遗体因子,使我们可以辨认它们的存在,所以这些遗传学研究的结果,可能为染色体在遗传中的重要性,提供最完全、最有说服力的证据。

不仅有染色体所经过的一系列行动为遗传理论提供了机制，而且也积累了其他方面的证据，来支持染色体上带有遗传要素或基因这个观点。这种证据每年都在加强。证据是从几个方面得来的。最早一个证据是从雌雄两方遗传平等的发现中得出的。雄性动物通常只贡献精子的头部，头内几乎完全是由染色质密集而成的胞核。卵子虽然供给了未来胚胎的所有可见的原生质，但是，除了发育的最初阶段决定于母方染色体影响下的卵子原生质以外，卵子对于发育并没有什么优势影响。尽管有这点初期的影响，可是以后的发育阶段和成体方面却没有表现出母方影响的优势，而且连这点初期的影响也完全是受了以前母方染色体的影响的。

父母双方影响的证据本身还是没有说服力的，因为这里涉及了显微镜下所不能看到的要素，因此，人们也许认为精子供给未来胚胎的，除染色体以外，还有别的物质。事实上，近年来已经证明了精子可以把可见的原生质要素——中心体，带给卵子。不过中心体对于发育过程是否有任何特殊影响，却没有得到证实。

另一方面的事实也表现了染色体的重要性。两条（或两条以上）精子同时进入卵子，由此得到的三组染色体，在卵子第一次分裂时零乱地分布着。这样便形成了四个细胞，而不是像正常发育中形成两个细胞那样。详细研究这一类的卵子，同时也研究四细胞被分开以后各个细胞的发育情况，证明没有整组的染色体，也就没有正常发育。至少这是研究结果的最合理的解释。但是在这些例子里，染色体上面没有标记，所以这个证据最多也不过创立一种假说，就是至少必须有一整组的染色体。

最近，从其他方面获得了支持这一解释的证据。例如，已经证明，单单一组染色体（单倍）便能够产生一个和正常型大致相同的个体，不过这项证据也指出了单倍型个体不像同一物种的正常双倍型那么健壮。这种差别可能决定于染色体以外的其他因素，但就目前情形而论，双组染色体优于单组染色体的假说，仍然是成立的。另一方面，在藓类生活史的单倍体时期，如果用人工方法把单倍体转化为二倍体也看不出什么好处。再次，人造四倍体中的四组染色体是否比普通二倍染色更为有利，尚有待于证明。因此，我们在较量一组、二组、三组或四组染色体的优劣时，必须谨慎从事，特别是当发育机制业经适应了的正常染色体组内有几条的增减，从而突然造成一种不自然的状态的时候。

近来遗传研究涉及染色体数目改变时的特定效应，而这些染色体都带有遗体因子，使我们可以辨认它们的存在，所以这些遗传学研究的结果，可能为染色体在遗传中的重要性，提供最完全、最有说服力的证据。

果蝇里一条微小的第四染色体（染色体-Ⅳ型）的增减，便是这样的一个证据（图 29）。利用遗传学方法和细胞学方法，都证明了在一个生殖细胞内（精子或卵子），有时损失了一条第四染色体。缺少这一条染色体的卵子，同正常的精子受精，受精卵只含一条第四染色体。卵子发育成蝇［单数-Ⅳ（或单数第四染色体）］后，在身体的许多部分上，和正常蝇稍有不同。

◀ 霍普金斯大学米尔顿·艾森豪威尔图书馆外景图。摩尔根 1886 年进入该大学生物系读研究生，在此，他逐渐形成了极为推崇科学实验的基本观点，对这种观点，摩尔根一生都信守不渝。

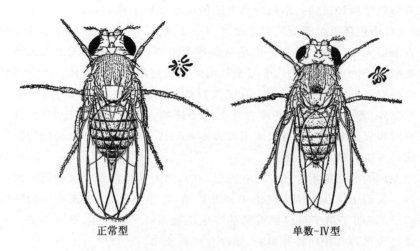

正常型   单数-Ⅳ型

图29　黑腹果蝇的正常型和单数-Ⅳ型。各型果蝇的

右上端附有各该型的染色体群

　　结果证明:第四染色体缺少一条时,尽管有了另一条第四染色体,也会发生一些特定的效应。

　　第四染色体上有无眼、弯翅和剃毛三个突变基因(图30),三者同为隐性。单数-Ⅳ雌蝇如果同双倍型无眼雄蝇交配,雄蝇有两条第四染色体(其成熟精子各含一条)。孵化出来的一些后代无眼。检查茧内不能孵化的蛹,可以查出更多的无眼果蝇。无眼果蝇系由缺少第四染色体的卵子同第四染色体上带有无眼基因的精子受精,产生出来的。如图31所示,一半的果蝇应该无眼,但其中大多数不能超过蛹的阶段,就是说,无眼基因有着使个体衰弱的效应,又加上第四染色体缺少一条的影响,所以只有少数存活着。不过这种隐性无眼果蝇在第一代中出现,却证实了第四染色体上带有无眼基因这一解释。

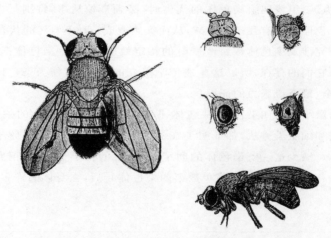

图30　黑腹果蝇第四连锁群的性状。左侧示弯翅;右上角示无眼的

四个蝇头:一个为背面观,三个为侧面观;右下角示剃毛

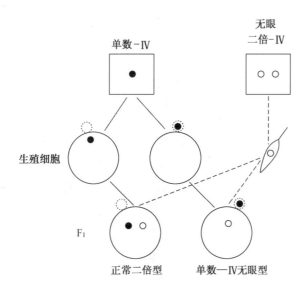

图 31　示正常眼单数-Ⅳ果蝇，同有两条第四染色体(各有一个无眼基因)
的无眼果蝇杂交。小白圈代表无眼基因的第四染色体，小黑圈代表正常眼
基因的第四染色体

　　用弯翅剃毛两个突变基因做同样的实验，也得出相同的结果。但杂交一代中孵出的隐性型果蝇，百分数更小，表示这两个基因比无眼基因有着更大的衰弱效应。

　　有时也发生了具有三条第四染色体的果蝇，是谓"三体第四染色体"果蝇(图 32)。它们在几种或多种性状上，也许在所有性状上，都与野生型不同：眼比较小，体色比较黑，翅幅比较狭小。如果用三体-Ⅳ型同无眼果蝇交配，结果产生两种后代(图 33)。一半为三体-Ⅳ果蝇，一半有常额的染色体，如图中所示。

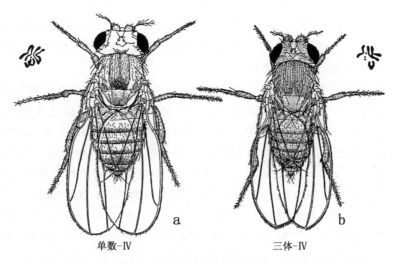

图 32　示黑腹果蝇的单数-Ⅳ型和三体-Ⅳ型。果蝇的左上角和
右上角示各种类型的染色体群

取三体第四染色体型果蝇,回交无眼果蝇(原种),预计应得野生型和无眼型的比例为5∶1(图33下半部),而不是普通杂合个体回交其隐性型情况下的1∶1。图33示生殖细胞的重新结合,预期野生型和无眼型的比例为5∶1。实际得到的无眼果蝇,接近预测的数字。

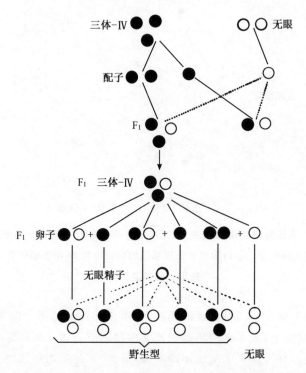

图33　示正常眼的三体-Ⅳ型果蝇,同纯粹无眼的正常二倍体果蝇杂交。图中下半部示子代的三体-Ⅳ型果蝇(子代卵子代表它的配子)同二倍体无眼果蝇(圆圈代表"无眼精子")杂交,产生五种果蝇,其中野生型与无眼型的比例为5∶1

这些实验和其他同样的实验,证明遗传学研究结果和我们所知道的第四染色体的历史,处处符合。凡是熟悉这项证据的人们,对于第四染色体上有某种东西同所观察的结果有关这一点,决不能有丝毫的怀疑。

另有证据,表示性染色体也是某些基因的携带者。果蝇里在遗传上被认为是性连锁的性状,共计有200种之多。性连锁的意义只是指各项性状由性染色体携带,而不是说这些性状只限于雄体或者只限于雌体。因为雄蝇的两条性染色体(X和Y)彼此不同,所以凡是基因在X染色体上的性状,在遗传上是同其他性状颇不相同的。已经证明了,果蝇的Y染色体上还没有一个基因,能够抑制X染色体上隐性基因的表现的。所以我们认为Y染色体在精子细胞减数分裂时作为X染色体的配偶以外,是无他用的。果蝇中连锁性状的遗传方法,已经在第1章谈过了(图11、12、13、14)。图38示性染色体的传递方法。就这一图加以推敲,可以看到以上性状是随着这一条染色体的分布而分布的。

性染色体有时有过"错误行动",使我们有机会来研究性连锁遗传上发生了的一些变化。最普通的错乱,是在某一次成熟分裂中卵子的两条X染色体没有分离开来。这种作用称为不分离。这样的卵子保留了两条X染色体和其他各类染色体各一条。这种卵子如果同一条 Y 精子受精(图 34),会得出一个具有两条 X 和一条 Y 的个体。当 XXY 雌蝇的卵子成熟时,也就是当染色体进行减数分裂时,两条 X 和一条 Y 分布很不规则,两条 X 或者互相接合(同趋一极),而 Y 则单独趋向另一极;或者一条 X 同 Y 接合,而另一条 X 则自由行动。三条染色体又可能集合一起,然后分离,其中有两条走入成熟分裂中纺锤体的一极,而另一条则走入相反的一极。在任一种情况下,实际结果都是一致的。预计可以得出四种卵子,如图 35 所示。

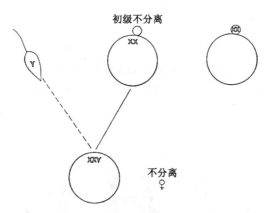

图 34　示 XX 卵子同 Y 精子受精,产生了一个不分离的 XXY 雌体

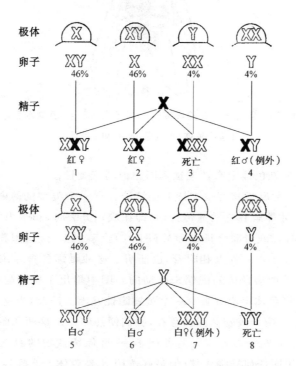

图 35　XXY 卵子的 X 染色体上有一个白眼基因。本图示白眼雌蝇的卵子同红眼雄蝇的精子受精。图的上半部,示雄蝇的红眼 X 染色体的精子,同四种可能有的卵子受精;下半部,示同样的四种卵子,同雄蝇的具有 Y 染色体的精子受精

雌蝇或雄蝇的 X 染色体上必须有一个或多个隐性基因,便于侦察遗传上的各种变化。例如:如果雌蝇的两条 X 上各有一个白眼基因,雄蝇的 X 上有一个红眼的等位基因,用白色空心字表示白眼 X,用黑色实心字表示红眼 X(图 35),结果会产生图解中(图 35)所示的几种组合。预计可得八种个体,其中 YY 一种,没有一条 X,预料不能存活。事实上,这一类个体从未出现过。第四和第八两种个体在普通白眼(XX)雌蝇同红眼雄蝇受精的情况下,绝对不会发生,但在这里两者却同时出现,同根据 XXY 白眼雌蝇所预测的结果符合。两者经过了遗传学证据方面的鉴定,发现它们具有相当于图中所示的染色体公式。其次,白眼 XXY 雌蝇经过了细胞学上的检查,也证明了在它的细胞里面有两条 X 和一条 Y。

此外,预计还有一种含三条 X 染色体的雌蝇,图内指明这种是不能存活的,在大多数情况下确是如此;但也有一二侥幸不死的。该蝇具有某些特征,所以容易被鉴别出来。它行动迟钝,两翅短小,往往不很整齐(图 36),无生殖能力。在显微镜检查下,发现细胞内有三条 X 染色体。

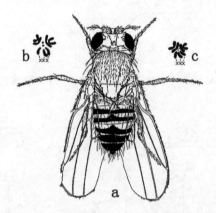

图 36　含有三条 X 的雌蝇(a)。X 染色体三条,其他染色体

(常染色体)各两条(如 b 和 c 所示)

这项证据指出 X 染色体上有性连锁基因一说的正确性。

X 染色体的另一种反常状态也支持上述结论。有一个类型的雌蝇,只有假定其两条 X 染色体互相附着,才能解释它的遗传行动,即在成熟分裂时,卵子内的两条 X 染色体联合行动;或者同留卵内,或者联合排出卵外(图 37)。事实上,经过显微镜下的检查,证明了这种雌蝇的两条 X 各以一端互相附着,也证明了这种雌蝇各含一条 Y 染色体,我们推测这条 Y 是作为附着两染色体的配偶来行动的。图中指出了这种雌蝇受精后应有的结果。附着的两条 X 染色体上幸好各有一个黄翅隐性基因。因此,当这种雌蝇同野生型灰翅雄蝇交配时,根据这两个黄翅基因的存在,我们便能够踪迹这两条附着 X 的遗传经过。譬如,图中(图 37)示成熟分裂后应得两种卵子:一种保留黄翅的双 X,一种保留 Y 染色体。如果这两种卵子同任何雄蝇受精(但最好选用 X 染色体上有隐性基因的雄蝇),都应该产生四种子蝇,其中两种不能存活。在存活的两种中,一种是黄翅的双 X 雌蝇,和母蝇相同;一种是 XY 雄蝇,因为这条 X 是从父蝇得来的,所以性连锁性状同父蝇一样。

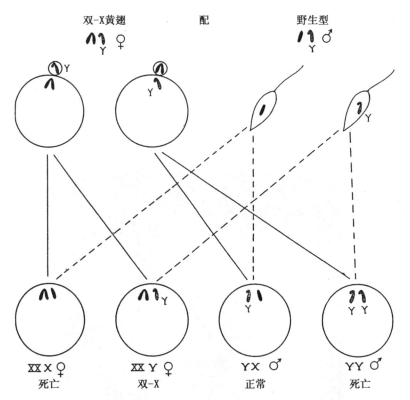

图 37　示相互附着的 XX 型黄翅雌蝇(双 X 染色体全涂黑),它的两种卵子同野生型雄蝇
受精。双 X 雌蝇有一条 Y 染色体(着横线表示,雄蝇的 Y 染色体也用同样符号)。减数
分裂后产生两种卵子(见左上图)。两种卵子同正常(野生型)雄蝇的两种精子
(见右上图)受精,产生图下行的四种个体

　　如果用含隐性基因的正常雌蝇同另一种雄蝇受精,其结果将与上述结果恰恰相反,
这种表面上的矛盾,在两条 X 彼此附着的假说下,立即得到解释。每次检查双 X 雌蝇的
细胞,都证明了两条 X 是互相附着的。

约 1919 年，摩尔根在哥伦比亚大学的实验里研究果蝇

第 5 章

突变性状的起源

• The Origin of Mutant Characters •

进化一定要通过基因上的变化，才能进行。但是这不是说，这些进化性变化和我们所看到的由突变而来的变化是同一个东西。很可能野生型基因自有其不同的起源。事实上，人们默认这项观点，有时还热烈地主张过它。因此，要找出究竟有没有证据支持这一观点，是有重大意义的。

现代遗传研究,已经同新性状的起源,密切联系起来。事实上,只是在有成对的相对性状能被追踪的时候,才可能研究孟德尔式遗传。孟德尔在他所采用的商品豌豆里找到了高和矮、黄和绿、圆和皱这一类的相对性状。以后的研究也广泛地采用了这种材料,但有些最好的材料,却是谱系培养中起源比较确定的新型性状。

这些新性状大都突然发生,完整无缺,并且像它的原型性状一样的恒定。例如果蝇的白眼突变体,在培养中出现时,只有一只雄蝇。该蝇同普通红眼雌蝇交尾,子代全为红眼(图 38)。子代自交,下一代有红眼和白眼两种个体。所有的白眼个体都是雄蝇。

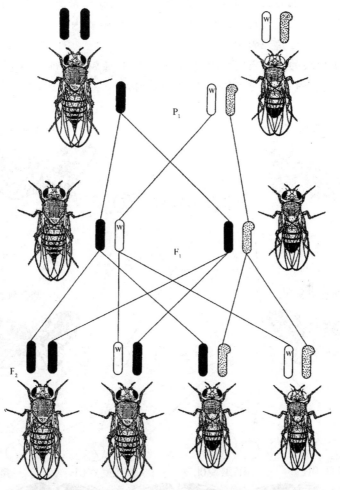

图 38 黑腹果蝇白眼的性连锁遗传。白眼雄蝇同红眼雌蝇交配。载有红眼基因的 X 染色体,用黑棒代表;载有白眼基因的 X 染色体,用白棒代表;染色体上的白眼基因则用白字代表;Y 染色体上着细点

◀ 哥伦比亚大学 Butler 图书馆。1904—1927 年,摩尔根在此校任教并创建了著名的"蝇室"。

孙代白眼雄蝇,与同一世代里的红眼雌蝇交配,其中有些产生同样数目的白眼果蝇和红眼果蝇,每种雌雄各半。这些白眼果蝇自交,便产生纯粹的白眼原种。

我们按照孟德尔第一定律解释以上实验结果,假设生殖质内有产生红眼和产生白眼的两种要素(或基因)。两者表现了一对相对要素的行动,在杂种的卵子和精子成熟时互相分离。

必须注意,这项学说并不认为白眼基因单独产生白眼。它仅仅是说由于这一个变化,于是整个物质才产生了一种不同的最后产物。事实上,这项变化不仅影响了蝇眼,而且也同样影响了身体上的其他部分。红眼果蝇的精巢膜原带绿色,在白眼果蝇里则变为无色。白眼果蝇比红眼果蝇行动迟钝,寿命较短。生殖质内某一部分发生了变化,身体上的许多部分也大半会受到影响。

在自然界中出现的浅色或白色的 *Abraxas* 蛾,一般属于雌性。浅色突变型雌蛾同黑色野生型雄蛾交配(图 39)其子代与黑色野生型相同。

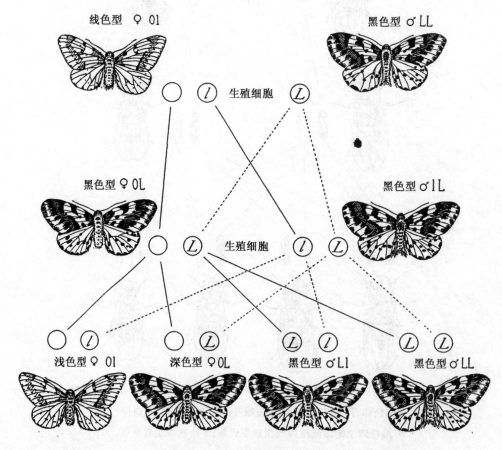

图 39 示 *Abraxas* 浅色型(lacticolor)同普通黑色型(grossulariata)的杂交。有 L 的
圆圈,表示载有黑色基因的性染色体;有 l 的圆圈,表示载有浅色基
因的染色体;无字的圆圈,表示雌蛾所独有的 W-染色体

以上两种突变性状,对野生型的相应性状呈隐性作用,但也有其他突变性状呈显性作用的。例如 Lobe² 眼的特征,在于眼的特殊形状和大小(图 40)。原来只出现了一只果蝇。其子代的一半,显出同样的性状。在突变型的父体或母体内,有一条第二染色体上的一个基因一定发生了变化。含有这个基因的生殖细胞,在受精中,同含有正常基因的生殖细胞会合,于是发生了第一个突变体。因此,第一个个体是一个杂种或杂合子,并且如上所述,在同正常果蝇交配时,产生 Lobe² 眼和正常眼两种后代,为数各半。这些杂合的 Lobe² 眼果蝇交配,得出纯粹的 Lobe² 眼

图 40 黑腹果蝇的突变性状 Lobe² 眼。眼小而突出

果蝇。纯种(纯合的 Lobe² 眼)同杂合型相似,不过往往眼小一些,可能缺少一只或两只眼。

奇怪的是许多显性突变体在纯合的状态时是致命的。例如显性性状卷翅(图 41)在纯合状态时几乎总是死去。但偶尔有一只存活的。鼷鼠的黄毛突变体作为双重显性时,是致命的,鼷鼠的黑眼白毛突变基因也是如此。所有这种类型都不能育成纯粹的原种(除非用另一个致死基因同这个显性"平衡")。它们所产生的每一代个体,都是一半像它们自己,一半属于另一类型(正常等位基因)。

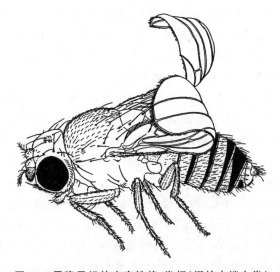

图 41 黑腹果蝇的突变性状:卷翅(翅的末端上卷)

人们的短指型是一种突出的显性性状,大家都知道它的遗传情况。不容怀疑,短指型作为一个显性突变体出现,并在某些家族里固定下去。

所有果蝇的原种都是作为突变体出现的。在我们列举的例子里,突变体初次出现时都是一个个体,但在其他例子里,也有几个新突变型同时出现。这种突变一定是在种系中很早便发生了,因而有几个卵子或几个精细胞带有这个突变了的要素。

有时,一对果蝇的子代里有四分之一为突变体。这些突变体都是隐性,而且根据证据,这种突变早已在某一祖先体内发生了,但因为是隐性,所以如果不是含有该突变基因的

两个体会合，便不能显露出来。这样，它们的子代中预计应有四分之一表现隐性性状。

　　近亲繁殖纯种比远亲繁殖纯种更应该产生这种结果。如果是远亲繁殖，则在这样的两个体偶然会合以前，这个隐性基因也许已经分布到很多个体当中去了。

　　人们有某些缺陷性状，其重现次数比根据突变独立发生所应有的多，很可能是人们的生殖质内隐藏着许多隐性基因。追查一下他们的家谱，往往发现他们有些亲戚或祖先，具有同样的突变性状。白化人也许是这类例子中最好的一个。许多白化人都是由含有这个隐性基因的两个纯种产生的，但新的白化基因也往往可能是由突变产生的。即使如此，除非与另一相同的基因会合，否则新基因仍然不能表现出来。

　　大多数驯化的动物和植物都有许多性状，同起源已经确定的突变性状一样地遗传下去。毫无疑问，这些性状，尤其是在从近亲繁殖而来的驯化类型中，有许多是由骤然的突变发生的。

　　我们不应该从上述例证断定：只有驯化品种才能产生突变体，因为事实并不是如此。我们有充分证据证明：在大自然中，也发生诸如此类的突变。但由于大多数突变体比野生型衰弱或者适应性更差，所以在被认出之前便消灭了。相反，在培养条件下，保护周密，弱型却有机会生存下来。其次，驯化生物，特别是供遗传研究的生物，经过了严密的检查，又是我们所熟悉的，所以能发现许多新型。

　　从果蝇原种中发生突变的研究，揭露了一件奇怪的意外事实。突变仅仅发生在一对基因中的一个基因里，而不是同时发生在两个基因里。究竟是什么环境的影响能够引起一个细胞内某一基因的变化，而不引起另一个相同基因的变化，这是难以想象的。因此，变化的原因，似乎是内在的，而不是外在的。关于这个问题，以后还会进一步讨论。

　　另一事实也由于研究突变作用而引起了注意。同一种突变可以一再发生。下表表示在果蝇中反复出现的突变。同一突变体一再出现，足见我们所看到的是一个特殊的井然有序的过程。突变重复出现一事使我们回忆到高尔登著名的多面体的比喻。多面体的每一个变化相当于基因的一个新的稳定位置（这里或者用在化学意义上）。

　　突变型中引用最多或者用做遗传学资料的，一般是相当激烈的改变或畸形。于是使人们感觉到突变和原型之间有着很大的距离。达尔文曾经谈到飞跃（一种激烈的突变），他认为躯体上一部分的巨大改变，很可能使机体对于已经适应了的环境不能调和，因此不承认它们是进化的材料。现在，我们一方面充分认识达尔文论点在导致畸形的那些激烈变化上的正确性，但另一方面，也认识到轻微变化，像巨大变化一样，也是突变的一种特征。事实上，已经多次证明：使一部分稍大或稍小的轻微变化，也可以起源于生殖质内的某些基因。既然只有由基因而来的差异才能够遗传，那么，结论似乎是：进化一定要通过基因上的变化，才能进行。但是这不是说，这些进化性变化和我们所看到的由突变而来的变化是同一个东西。很可能野生型基因自有其不同的起源。事实上，人们默认这项观点，有时还热烈地主张过它。因此，要找出究竟有没有证据支持这一观点，是有重大意义的。在德弗里斯著名的突变论较早的陈述中，表面看来，似乎暗示新基因的创造。

　　突变论开宗明义即谓"机体的性质概由断然不同的单元所组成。这些单元结合成群，并且在同属异种中，相同的单元和单元群重复出现。在单元与单元之间，正像化学家的分子与分子之间一样，看不到动物和植物外形上所表现的那种过渡阶段"。

重现的突变和等位因子系

基　因　点	重现总数	鲜明的突变型	基　因　点	重现总数	鲜明的突变型
无　　　翅	3	1	致　死-a	2	1
无　盾　片	4±	1	致　死-b	2	1
细　　　眼	2	2	致　死-c	2	1
弯　　　翅	2	2	致　死-o	4	1
二　裂　脉	3	1	叶　状　眼	6	3
双　　　胸	3	2	菱　　　眼	10	5
黑　　　身	3+	1	栗　色　眼	4	1
短　　　毛	6+	1	细　　　翅	7	1
褐　　　眼	2	2	缺　　　翅	25±	3
宽　　　翅	6	4	桃　色　眼	11+	5
辰砂眼色	4	3	紫　　　眼	6	2
翅末膨大	2	2	缩　　　小	2	2
缺　横　脉	2	1	粗糙状眼	2	2
曲　　　翅	2	2	粗　糙　眼	2	2
截　　　翅	16+	5+	红玉色眼	2	2
短　　　肢	2	2	退　化　翅	14+	5+
短　大　体	2	1	暗　褐　体	3	2
三角形脉	2	2	猩红色眼	2	1
△　状　脉	2	1	楯　　　片	4	1
二　　　毛	3	3	乌贼色眼	4	1
微　黑　翅	6+	3	焦　　　毛	5	3
黑　檀　体	10	5	星　形　眼	2	1
无　　　眼	2	2	黄　褐　体	3	2
肥　　　胖	2	2	四　倍　性	3	1
叉　　　毛	9	4	三　倍　性	15±	1
翅　　　缕	2	1	截　　　翅	8±	5
沟　形　眼	2	2	朱　　　眼	12±	2
合　　　脉	2	2	痕　迹　翅	6	4
石榴石色眼	5	3	白　　　眼	25±	11
单　数-Ⅳ	35±	1	黄　　　身	15±	2
胀　　　大	2	1			

"物种之间并没有连续的联系，而是各自起源于突然的变化或阶级，每一个新单元加入原有单元中，由此构成一级，使新型成为一个独立种，从原物种分离开来。新物种是那里的一个突然变化。它的发生，看不出有什么准备，也没有过渡。"

从以上的提法看来，似乎是一个突变便会产生了一个新的初级物种，而这一突变又起源于一个新要素即新基因的突然出现或其创造。另一种说法：我们从突变中看到了一个新基因的诞生，至少看到了这个基因的活动。世界上活动的基因在数目上增加了一个。

德弗里斯在其《突变论》的最后几章和以后《物种与变种》的讲演中,进一步发表了他对于突变的见解。他承认有两种作用:一种为增加一个新基因,由此产生一个新物种;另一种为原有的一个基因失去活动。目前我们只注意第二种见解,因为措辞虽然不同,但实质上却是现在主张培养中的新型起源于一个基因的损失的那种见解。事实上,德弗里斯本人把普通看到的一切损失突变,不论是显性或隐性,一概纳入这一范畴,不过因为各该基因失去活动,所以一概默认为隐性。德弗里斯认为孟德尔式结果,因为有成对的相对基因——活动基因和其不活动的配偶,所以都属于第二范畴。每对的两个基因彼此分离,于是产生了孟德尔式遗传所特有的两种配子。

德弗里斯认为这样的作用代表进化中倒退一步。不是进步,而是退步,并且产生了一个"退化变种"。像我已经讲过的,这种解释,同今日主张突变起源于一个基因的损失一说,极为相近,原则上两种见解都是一样的。

因此,检查一下那些促成德弗里斯发展他的突变论的证据,是不无意义的。

德弗里斯在荷兰首都阿姆斯特丹附近某荒原中发现一簇拉马克待霄草(*Oenothera Lamarkiana*)(图42),其中有几株与普通型略有不同。德弗里斯把几株移植在自己的花圃里,发现它们大半能够产生自己类型的子代。德弗里斯又繁殖拉马克种亲型。每代都产生了少数的同样的新型。当时总共鉴别出了九种,都是崭新的突变型。

现在知道,在这些新型中有一型是由染色体加倍所致,是为巨型(图42)。有一型为三倍型,称为半巨型。另有几种是由于增加了一条额外染色体,称为 lata 型和 semi-lata型。至少有一种 *brevistylis*,像果蝇的隐性突变一样属于基点突变。那么,德弗里斯所能援引的,一定是 *O. brevistylis* 和隐性突变型的剩余[①]。现在看来,这种剩余(即隐性突变体)同果蝇的突变型大多是符合的,不过这种剩余几乎在每代中重现,这同果蝇及其他动植物中的突变情况完全不同。一个可能的解释是:有致死基因,同这些隐性突变基因密切连锁。只有当这些隐性基因通过交换作用脱离附近的致死基因时,才能使各该隐性得到表现的机会。在果蝇里,已经有可能造出含有隐性基因的平衡致死纯种,与待霄草极相似。只有当交换发生时,各该隐性始能重现,其重现频率决定于致死基因与隐性基因间的距离。

图 42　拉马克待霄草 *Oenothera Lamarkiana*(左侧)与
巨型待霄草 *O. gigas*(右侧)(仿 Castle, Davis 提供)

---

① 　德弗里斯和 Stomps 两人认为巨型待霄草的某些特征都起源于染色体数目以外的其他因素。

现在已经发现：野生待霄草的其他物种也表现出像拉马克待霄草一样的行为，由此可知，拉马克种遗传上的特性，与其杂种起源无关（像有时所推想的那样），而是大体上由于有隐性基因同致死基因连锁所致。突变型的出现，不代表产生突变基因的那种突变过程，而是代表各个基因脱离它的致死连锁[①]的解放过程。

因此，拉马克待霄草的突变过程，同我们在其他动植物熟悉的过程，似乎没有本质上的区别。换句话说，除了拉马克待霄草的一些隐性突变基因由于同致死基因连锁，不能表现以外，没有丝毫根据把拉马克待霄草的突变过程，解释为同其他动植物的突变有什么本质上的区别。

根据以上的考虑，我认为即使当待霄草中出现一种新型或进步型时，也没有必要来假设一个新基因的增加。德弗里斯心目中的那种进步型，也许由于在正常染色体以外另增加了一整条染色体。这一问题将在第 12 章讨论。目前只需要指出：认为新物种往往通过这种途径而产生的这项主张，是很少根据的。

---

① Shull 已经根据致死连锁假说解释拉马克待霄草中出现若干隐性型的现象。S. H. Emorson 最近指出：Shull 所发表过的证据虽不完全有力，但却可能是合理的。德弗里斯本人在近来的著述中似乎并不反对采用致死假说来解释他要放在"中央染色体"里的某些屡次出现的隐性突变型。

摩尔根坐在哥伦比亚大学的实验里

第 6 章

突变型隐性基因的发生是否由于基因的损失？

• Are Mutant Recessive Genes Produced by Losses of Genes? •

应该回想一下，隐性基因和显性基因的区别大都是勉强划分的。经验证明，性状决不总是隐性，也不总是显性，相反，在大多数例子里，一种性状既不完全是显性，也不完全是隐性。换句话说，含有一个显性和一个隐性的杂种型，大概介于两种类型之间，即两种基因对于发生出来的性状都有一些影响。认清了这种关系，那么，主张隐性基因是一种缺失的理论便站不住脚了。

孟德尔未曾考虑基因的起源和性质问题。在他的公式里,他用大写字母代表显性基因,小写字母代表隐性基因。纯显性为 AA,纯隐性为 aa,杂种或子$_1$ 为 Aa。在他实验用的豌豆里,黄和绿、高和矮、圆和皱等等性状早已存在,所以起源不成为问题。直到以后考虑突变型和野生种的关系时,突变型的起源才引起注意。现在有一个特殊例子,即家鸡中的玫瑰冠和豆状冠,对于把隐性基因说成是损失或缺失的想法似乎有些关系。

某个品种的家鸡具有玫瑰冠(图 43),并繁殖玫瑰冠的后代。另一品种具有豆状冠,也繁殖豆状冠的后代。两个品种杂交,杂交一代具有新型的胡桃冠。再让子代胡桃冠家鸡互配,孙代中得胡桃冠 9、玫瑰冠 3、豆状冠 3 和单片冠 1。上述数字结果证明:这里有两对基因,即玫瑰状与非玫瑰状,豆状和非豆状。单片冠为非玫瑰状和非豆状,当时把这两者解释为玫瑰状基因与豆状基因的缺失。然而豆状基因的缺失和玫瑰状基因的缺失,并不一定证明这两个基因的等位性也不存在。这两种等位性也许只是不能产生豆状冠和不能产生玫瑰冠的两个别的基因。

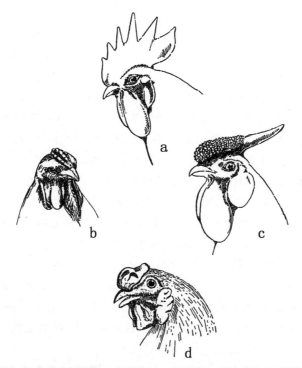

图 43　家鸡的冠型:a.单片冠, b.豆状冠, c.玫瑰冠, d.胡桃冠
(豆状型同玫瑰状冠杂交所生的杂种或子$_1$)

以上结果可以从另一方面来谈,更能说明其中的情节。据说家鸡是从野生原鸡变化

◀伍兹霍尔海洋生物实验室外景图。伍兹霍尔是马萨诸塞州东南部的一个海滨村庄,这里的海洋生物资源非常丰富,1885 年,美国生物学家以那不勒斯动物研究所为榜样,在此建立了海洋生物实验室。摩尔根在哥伦比亚大学期间,每年夏天放暑假时都要到此来进行研究工作。

出来的。假设原鸡具有单片冠，又假设在某一个时期内，某一原鸡发生了一个显性突变，于是长出了豆状冠；在另一个时期内，另一原鸡发生了另一种显性突变，于是长出了玫瑰冠。按理推测，上述杂交中，孙代的单式冠会是原来两个野生型基因存在的结果。这样，豆状冠族（PP）会含有野生型基因（rr），由于这种基因的突变便发生了玫瑰冠。同样，玫瑰冠族（RR）会含有野生型基因（pp），由于这种基因的突变便发生了豆状冠。因此，豆状冠族的公式为 PPrr，而玫瑰冠族的公式为 RRpp。两族的生殖细胞分别为 Pr 和 Rp，因此子₁应该为 PpRr。从这两个显性，得出了一个新型冠即胡桃冠。子代既有两对基因，所以孙代势必有 16 种组合。其中一种为 pprr 即单式冠。这样，单式冠的发生是参加杂交的野生型隐性基因重新组合的结果。

隐性性状与基因的缺失

无疑，在存缺理论下，潜伏着这样的一种观念，即许多隐性性状都是原型所固有的某些性状的真正损失，由此又推论到各该性状的基因也缺失了。这种观念是魏斯曼关于定子与性状的关系这个理论的残余思想。

现在就表面上似乎是拥护上述的若干证据，深入检查，是会有些裨益的。

人们可以把白兔、白大鼠或白豚鼠说成是失去了原型所特有的色素。在某种意义上，谁也不否定两型之间的关系，可以这样表示出来，不过顺便可以注意一下，在许多白豚鼠的脚上或趾上，还有少数的有色毛。如果产生色素的那个基因真不存在，又如果毛的颜色有赖于该基因的存在，那么，有色毛的存在，便不容易解释了。

有一个突变族的果蝇只有翅的痕迹，所以称为痕迹翅型（图 10）。但是，如果该型幼虫在 31℃ 左右进行发育，则两翅生长颇长，最长者几乎和野生型翅长相等。如果产生长翅的那个基因真不存在，则高温又如何能促其重生呢？

另有一族精选的果蝇，其中大多数无眼，少数具有小眼（图 30）。培养愈久，则有眼蝇愈多，眼的平均体积愈大。基因多不会随着培养时间而变化，如果开始孵出的无眼果蝇缺少该种基因，则长期培养势不能恢复这个失去了的基因。退一步说，即使假定其可以恢复，培养较久的果蝇应该有更多的后代，有眼或者有比该族平均更大的眼。然而这样的事却没有发生过。

更有其他隐性突变型，其中性状的损失本身绝不明确。黑兔和灰色野兔对比，黑为隐性。事实上，黑兔比灰兔有着更多的色素。

又有产生纯白色个体的显性基因。白色来亨鸡就是由于这样的因子所引起的。这里所持的论调正好相反，据说野生型原鸡有一个抑制白羽的基因，失去那个抑制基因，便能发生白羽。这种论证虽然似乎言之成理，但是主张原鸡含有这一类基因的假设，似乎总有些勉强，并且从其他显性性状方面来看，这项论点实无可取，只是一种不惜一切代价来挽救该项理论的勉强企图而已。

应该回想一下，隐性基因和显性基因的区别大都是勉强划分的。经验证明，性状决不总是隐性，也不总是显性，相反，在大多数例子里，一种性状既不完全是显性，也不完全是隐性。换句话说,含有一个显性和一个隐性的杂种型,大概介于两种类型之间,即两种基因对于发生出来的性状都有一些影响。认清了这种关系,那么,主张隐性基因是一种缺失的理论便站不住脚了。诚然,在这样的例子里,也许有一些理由,认为杂种之所以有中间性,是由于一个显性基因的效应比两个显性基因的弱些,不过这种说法又会增加一个新的因素。这并不一定意味着,这个效应真正起源于一个缺失。要把它迎合这个假设,也许是能够做到的,但却不是一个必要的推论。

如果承认以上论证是合理的,那么,就可以不必考虑从字面上来解释隐性基因的意义了。不过近年来,已经出现了另一种对全部基因的效应同性状之间关系的解释,使反驳存缺理论更加困难。例如,假设染色体确实失去一个基因,又假设当这样的两条染色体会合时,个体上某种性状即有改变,甚至缺失。这种改变或缺失或者可以说成是所有其他基因联合产生的效应。决定结果的不是缺失本身,而是某两个基因缺失时,其他基因所产生的效果。这样的解释避免了关于每个基因单独代表个体上一种性状的那种相当幼稚的假设。

在讨论这项见解以前,应该指出:在某些方面,这项见解同大家所熟悉的关于基因和性状两者间关系的另一项解释相类似,事实上前说从后说而来。例如,如果把突变作用说成是基因组织内的一种变化,那么,当两个隐性突变基因存在时,新的性状并不起源于新基因的单独活动,而是全体基因(包括新基因在内)共同活动的最后产物,这同原有性状之起源于原有基因(即发生突变的那个基因)和其他基因,意义是一样的。

简短地说,第一种解释认为一对基因缺失时,所有其他基因产生了突变性状;第二种解释则认为当一个基因的组织改变时,新基因连同其他基因所产生的最后结果,才是突变性状。

近来获得了不少证据,虽然还不能说是对任何一种解释提供了一个决定性的答案,但对于争论中的问题却也有一些关系。由于这些证据揭露了一向没有讨论过的关于突变的某些可能性,所以这些论证本身也有被考虑的价值。

果蝇中有几个突变型原种,其翅端有一个或多个缺刻,第三翅脉加粗(图 44),所以统名为缺翅。只出现了具备这些特征的雌蝇。凡具有缺翅因子的雄蝇一概死亡。缺翅因

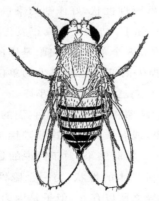

图 44　果蝇的缺翅是一个显性的性连锁性状,
又是一个隐性的致死性状

子位于 X 染色体上。缺翅雌蝇的一条 X 染色体上有缺翅因子,另一条 X 上具有正常的等位基因(图 45)。缺翅雌蝇的成熟卵子,半数含一条 X,另一半含另一条 X。该型雌蝇同正常雄蝇受精时,含 X 的精子同含正常 X 的卵子结合,发育成正常雌蝇;含 X 的精子同含缺翅的 X 的卵子结合,发育成缺翅雌蝇。含 Y 的精子同含正常 X 的卵子结合,发育成正常雄蝇;含 Y 的精子同含缺翅的 X 的卵子结合,所得出的那种结合死亡。结果杂交一代的雌蝇对雄蝇为 2∶1。

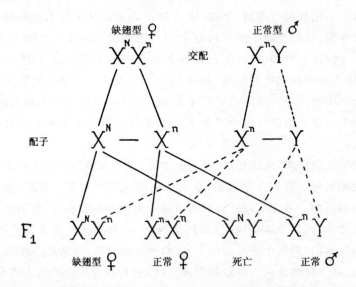

图 45 示缺翅雌蝇 $X^N X^n$ 同正常雄蝇 $X^n Y$ 杂交。X^N 代表含缺翅的
X 染色体;X^n 代表含正常等位基因的另一条 X 染色体

只就这一项证据来说,也许可以把缺翅当做一个隐性致死基因,在杂种体内起着一个显性的翅形修饰因子的作用。但以后 Metz 和 Bridges(1917)以及 Mohr(1923)先后证明:X 染色体上缺翅突变所涉及的部分,比普通"基点突变"所影响的部分要大些;因为在一条 X 染色体上相当于缺翅的部分,如果有一些隐性基因,而在另一条 X 染色体上有缺翅,那么,这种个体便会表现这些隐性性状,好像缺翅染色体上的某一段已经缺失或者至少是不能存活似的(图 46a)。实际上,结果正像真正发生缺失的时候一样的。在一些缺翅突变体里,"损失"的部分长约 3.8 个单位(从白眼基因的左侧到不整齐基因的右侧,参考图 19);在其他缺翅个体中,损失的部分包括较少的单位。在任何一种情况下,测验结果似乎意味着染色体在某种意义上已经失去了一小段。

前面提到,若干隐性基因和缺翅相对时便产生它们的隐性性状。把这些隐性当做缺失,而由所有其他基因产生效果,或者认为有了这些隐性基因,再加上所有其他基因联合产生效果,任一见解都符合事实。实验结果,对于两说的是非,无法决定。

但是这一区域内两个隐性所产生的性状,与一个隐性同缺翅缺失所产生的性状,其间存在着轻微的差异。这种差异之所以存在,似乎是因为一个真正的缺失(缺翅)加上一个隐性并不等于两个隐性。不过进一步考虑,证明:在所遗失的缺翅一段里面,缺少了某些基因,而在双隐性型里面,却有这些基因,两例结果上的轻微差异,也许是由于这些基

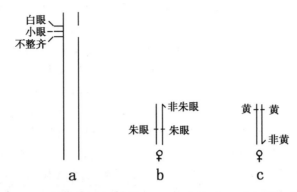

图 46　a. 示缺翅染色体上基因的位置，右侧染色体上的断裂部分代表缺翅，
左侧一条染色体上示白眼、小眼、不整齐三种隐性基因的位置，与缺翅相对；
b. 示染色体的一段易位到另一条染色体上，两条 X 染色体都含朱眼
基因，其中一条同朱眼的正常等位基因（即非朱眼）一段连接一起；
c. 有两条含黄翅基因的 X 染色体，其中一条同黄翅的正常
等位基因（即非黄翅）一段连接在一起

因存缺所引起的。

　　在以上的例子里，关于缺翅突变体的 X 染色体缺少一段，只是单纯根据遗传学的证据推论出来的，还不可能从细胞学方面证明。下面的一个例子却证实了一个真正的缺失。

　　果蝇有时缺少一条第四染色体（单数-Ⅳ，见图 29）。在某些突变原种里，第四染色体上有几个隐性基因。我们可以造出这样一种个体，在它的唯一的第四染色体上只有一个像无眼的隐性基因。这样的个体表现无眼原种的特征，但是作为一个类型来看，却比两个无眼基因存在时，更趋极端。这种差异可以归之于所失去的一条染色体上面其他基因的缺失。

　　在 Bridges 和摩尔根（1923）所称为易位的例子里，出现了另一种不同的关系。所谓易位（根据遗传学方面的证据），就是说染色体的一段脱离该染色体，而重新连接在另一条染色体上。该段继续存在，并且因为带有一些基因，所以增加了遗传结果的复杂性。例如，正常染色体上相当于朱眼基因点的一段，移接在另一条 X 染色体上（图 46）。一只雌蝇的两条 X 染色体上各有一个朱眼基因，其中一条 X 染色体同易位的一段连接。这样的雌蝇虽然在那一段上有了朱眼的正常等位基因，但眼色仍然是朱色的。初看时，如果把朱眼基因当做缺失，则两个缺失对一个存在来说，似乎不能成为显性。但是进一步分析，却可能作出另一解释。因为朱眼色如果是由于朱眼基因缺失时所有其他基因的联合作用，那么，虽然有一个显性正常等位基因，也可以发生同样的结果。这种情况，不能同一条染色体上有一个朱眼基因、另一条染色体上有其正常等位基因的情况，等同起来。

　　这里所提到的关于两个隐性基因同移接段上一个显性基因的关系，并不是每次都能引起隐性性状的发育的。例如 L. V. 摩尔根所报道的另一个移位例子。X 染色体上相当于黄翅楯片两突变基因区域的一段，移接到另一条 X 染色体的右端。如果有一只雌蝇，在它的两条染色体上各有黄翅和楯片基因，其中一条 X 并且和移位的一段连接，则该雌

蝇会表现野生型性状。在这里，移接段上的显性等位基因抵消了两个隐性基因的效果。这就是说，所有其他基因，加上移接段上的种种基因，联合作用，扭转了不利于显性型的发育的形势。不论从以上任一个学说来看，这都是应有的现象。

在玉蜀黍的三倍型胚乳和一种三倍型动物里，也研究过两个隐性基因同一个显性基因的关系。玉蜀黍种子胚乳的细胞核由一个花粉核（含单倍染色体）和两个胚囊核（各为单倍）联合组成。结果，得出一个三倍型核（图47），以后经过分裂，产生了胚乳细胞的三倍型核。粉质玉蜀黍的胚乳由轻柔的淀粉组成，石质玉蜀黍的胚乳则含大量的角质淀粉。设用粉质玉蜀黍为母方（胚珠），用石质玉蜀黍为父方（花粉），则子代植物的种子都有粉质胚乳。由此可见两个粉质基因对一个石质基因，呈显性作用（图48a）。若配合方式相反，用石质为母方，同粉质花粉杂交，则子代种子的胚乳都是石质（图48a′）。这里，两个石质基因对一个粉质基因，呈显性作用。两种基因中，究竟把哪一种当做另一种的缺失，这是由你任意选择的。如果损失的是粉质基因，则在第一个例子里，两个缺失对于一个存在来说是显性，而在第二个例子里，两个存在对于一个缺失来说却是显性。

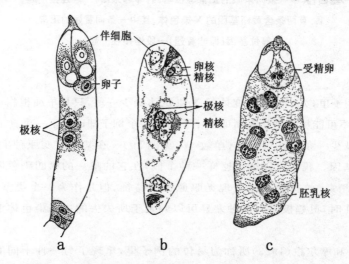

图47　a.植物胚囊内卵核受精的三个时期；b.示母方的两个
单倍型核同父方的一个单倍型精核；c.示三核联合，产生三倍型胚乳，

（仿 Strasburger 与 Guinard，Wilson 提供）

图48　示玉蜀黍的三倍型胚乳。

a.示两个粉质基因和一个石质基因存在时，产生粉质胚乳；

a′.示两个石质基因和一个粉质基因存在时，产生石质胚乳如果仅从字义来解释两个缺失比一个存在占有优势，这种说法是毫无意义的。然而如上所述，如果一个基因缺失时其他基因共同决定粉质性状，这种说法还是可能解释得通的。又如粉质基因存在（由石质基因突变而成），该基因联合其他基因，产生效果：这一个提法也当然同样解释得通。因此，从三倍型胚乳得来的证据，正像一段染色体移接时增加第三者的移位例子一样，也不能决定隐性究竟是某一基因的缺失，或者另有其基因的存在。

玉蜀黍中有几个例子，其中两个隐性要素对一个显性，并不占优势。不过这些例子对于当前问题没有关系。

如果三倍型雌果蝇的两条 X 染色体上，各有一个朱眼基因，另一条 X 染色体上有一个红眼基因，便会得出红色眼。这里，一个显性基因对两个隐性基因占优势。这种结果，与重复段上的一个野生型显性基因同两个朱红基因对立时所产生的结果，互相背驰。不过三倍型几乎增加了一整条 X 染色体，而重复型只增加了一小段 X 染色体，所以两种情况并不完全相同。额外 X 染色体上的基因过剩，可以说明两例之间的差异，不论是把隐性基因解释为真正的不存在，或者解释为一个突变了的基因，都是言之有理的。

回原突变（返祖性）在解释突变过程中的重要性

如果隐性基因起源于基因的损失，则隐性纯种中势必没有再度产生原有基因的希望，否则高度特化的某物竟能无中生有，这是说不通的。另一方面，如果突变起源于基因结构内的一种变化，则突变基因有时恢复原态，似乎是不难想象的。也许我们对于基因了解得太少，以致对这样一个论证，还不能给以很高的估价；但是后一种见解，对于返祖突变体的发生，似乎解释得比较合理。关于这方面的证据，不幸还不完全满意。的确，有几个果蝇的例子，在其突变型隐性原种里，出现了具有原来性状或野生性状的个体。但是除非在控制情况下，否则这类事件还不能被认为是证据充足，因为隐性原种中沾染一个野生型个体的机会，是不可以忽视的。只有在一个突变原种具有几种突变性状作为标记，其中仅有一种性状复原，而且当时附近又没有这些突变体的其他组合的情形下，这种回原变化才能提供注意的证据。在我们培养的原种里，有少数记录的例子，满足了上述条件，就证据所能涉及的范围来说，也表明了回原现象可以发生。也须提防另一种可能性。有一些突变原种，经过若干时间以后，似乎或多或少的失去了该原种的特征，但在杂交以后，却又完全恢复了那个突变性状。例如第四染色体上的弯翅性状（图30），原来变化不定，并且容易接受外界影响，如果不加选择，外貌上即有重返野生型的趋势。这种外貌上返祖的果蝇如果同野生型杂交，所得子代再进行自交，则在所预期的弯翅一类的孙代中，会有许多个体显出弯翅性状。在另一种称为楯片的突变原种里，也发现了同样的结果。楯片原种的特征是：胸部缺少某些刚毛。在某些楯片原种里，出现了一些具有这种"失去"了的刚毛的个体。表面上，这种突变体似乎回到野生型，但如果让这种果蝇同野生型原种交配，却证明并没有这回事。在杂交二代中，楯片果蝇重复出现。研究这个例子，证明楯片之所以还原为正常性状，是由于出现了一个隐性基因，该隐性基因在楯片原种的纯合状态下,促使所失去的刚毛再度发育。除了这个结果对正在讨论中的问题有关系以外,一个新隐性突变使原有突变性状回到原型,这件事本身也是一个饶有兴趣的重大事件。

最后,还有细眼还原为正常眼的奇异现象。细眼[图 49a、b]为显性或半显性性状。若干年来,根据 May 和 Zeleny 二人的观察,已知细眼可以还原为正常眼,并且有人引用它作为回原突变的证据。回原突变的频率随不同的原种而异,估计每 1600 次中约发生 1 次。以后,Sturtevant 和摩尔根发现,当细眼回原时,细眼基因的附近便发生交换。Sturtevant 在判明所发生的变化的性质方面已经取得了决定性的证据。

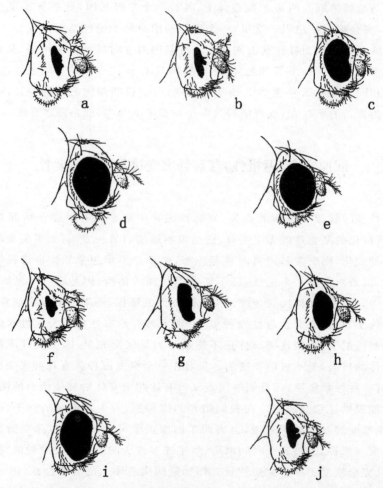

图 49 果蝇细眼的各种类型:a.纯合的细眼雌蝇;b.细眼雄蝇;c.细眼对圆眼的雌蝇;

d.由回原作用得来的纯合圆眼雌蝇;e.由回原作用得来的雄蝇,含有一个圆眼基因;

f.双细眼雄蝇;g.纯合的次细雌蝇;h.次细眼的雄蝇;i.次细眼对圆眼的雌蝇;

j.双次细眼的雌蝇

证实每次回原都有交换作用的方法如下:有一个称为叉毛的基因,紧贴在细眼基因的左侧(1/5 单位);另一个称为合脉的基因,位于细眼右侧的附近(2.5 单位)。一只雌蝇有下列组合：一条 X 染色体上含上述三个基因，细眼位于叉毛与合脉之间，另一条 X 染色体上除含细眼外还有叉毛、合脉两者的野生型等位基因（图 50）。这只雌蝇同叉毛、细眼、合脉的雄蝇交配，其子代的普通雄蝇从母方接受一条含叉毛、细眼、合脉的 X 染色体，或者接受另一条含非叉毛、细眼、非合脉的 X 染色体，所以表现出的性状或者是叉毛、细眼、合脉三者，或者只是细眼。当回原突变发生时（很少发生），即当一只圆眼雌蝇出现时，可以看到在叉毛和合脉之间发生了交换。例如，回原的雄蝇或者具有合脉，或者表现叉毛，但从来没有兼具合脉、叉毛或者兼具非叉毛、非合脉的。所以在母体染色体上，叉毛和合脉之间一定发生过交换。总计叉毛与合脉间的交换，不到百分之三，但已经包括所有回原突变在内。

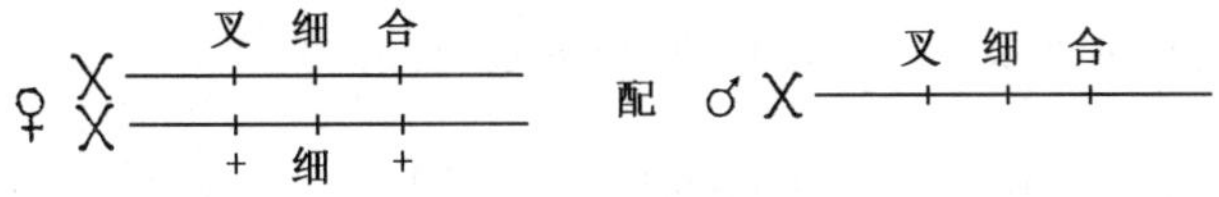

图 50　一只细眼雌蝇在叉毛和合脉上为杂合子。该雌蝇与一只叉毛、
细眼、合脉的雄蝇杂交［"＋"代表野生型基因——译者注］

为了简化情节起见，上文仅提出回原型雄蝇。当然，回原型染色体也可以窜入一个卵子内，发育成为雌蝇。我们可以设计这样的一项实验，以便在回原型雌蝇体内探求交换作用的证据。子代普通雌蝇尽是纯合的细眼［图 49a］。子代回原型雌蝇则为杂合的细眼，或者加上叉毛，或者加上合脉，没有一只是兼有叉毛和合脉的，也没有一只是兼有非叉毛和非合脉的。

引起还原为圆眼的这种交换作用，一定不只是使一条 X 染色体失去一个细眼基因，而且也必然会把这个基因移放在另一条细眼染色体之上［图 51（a）］。含两个细眼基因（双细眼）的雄蝇，同含一个细眼基因的雄蝇，外形上相似，不过前者的眼比较小，小眼的数目也比较少。这型称为双细眼［图 51（b）］。同一直线序列上有两个等位基因，这是在任何其他突变中从未见过的非常事件。我们可以这样去描画：即只有设想在交换前原来是对立的两个细眼基因，在进行交换时却稍微移动了一下位置，结果，双细染色体上至少延长了一个细眼基因，反之，另一条染色体上却随着一个细眼基因的缺失而相应缩短了。

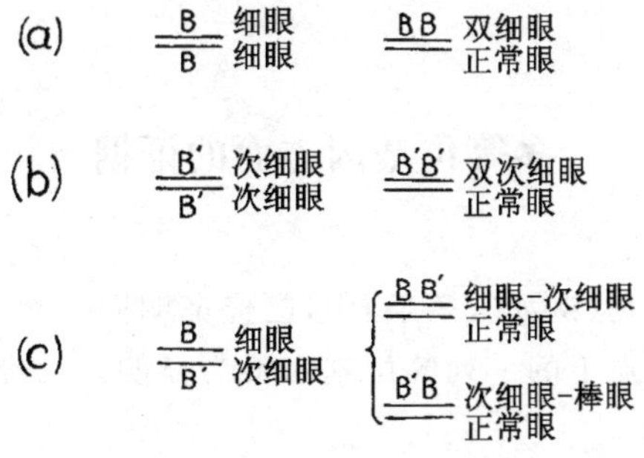

图 51　示细眼、次细眼与细眼-次细眼三者的突变［B 代表细眼基因，
B′代表次细眼基因——译者注］

Sturtevant 对于回原理论进行过一些决定性测验。细眼的一个等位基因（由细眼突变而出），名为次细眼[图 49g、h]，在两眼的大小和小眼的数目上都同细眼型略有差异。次细眼原种内也发生回原现象[图 51(b)]，产生同野生型极相类似的完全圆眼型以及一个称为双次细眼的新型[图 49j]。

一只雌蝇在一条染色体上有细眼基因，在另一条染色体上有次细基因[图 51(c)]。当回原变化发生时，该雌蝇将产生完全圆眼型以及细眼-次细眼型或次细眼-细眼型[图 51(c)]。

Sturtevant 也利用了细眼-次细眼型和次细眼-细眼型，来证实下列事实：如图所示，如果突变基因都位于同一染色体之上，则当细眼-次细眼与正常型之间发生交换时[图 52 (a)]结果会产生叉毛-细眼型或次细眼-合脉型；如果交换发生在次细眼-细眼型与正常型之间[图 52(b)]则结果或为叉毛-次细眼，或为细眼-合脉。

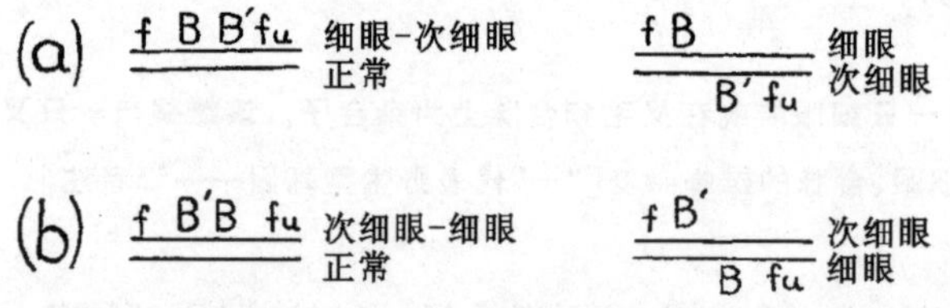

图 52　(a) 示叉毛-细眼与次细眼-合脉之间的突变；(b) 示叉毛-次细眼与
细眼-合脉之间的突变[f 代表叉毛基因，fu 代表合脉基因，B 代表细眼
基因，B' 代表次细眼基因——译者注]

由此可见，两型中的各个基因不仅保存各该基因的特性，而且也维持基因互相间的顺序。从 fBB'fu 和 fB'Bfu 的构成方式，可以知道这些基因之间的顺序。事实上，在所有的例子里，B 与 B' 之间的断裂，都同原先决定了的顺序相符合。

这些结果，对于细眼由于交换而回原一说提供了有利的决定性证据。目前，这是独一无二的例子。似乎在 X 染色体上的细眼基因点上有某种特殊情况，能使等位基因之间发生交换。Sturtevant 把这种交换称为不等交换[①]。

上述结果提出另一问题：即一切突变是否都由交换所致？在果蝇里，显然证明了交换作用不能普遍解释一切突变的由来，因为我们熟悉，雌雄果蝇都可以发生突变，而雄蝇却没有交换作用。

多等位基因方面的证据

在果蝇和其他少数生物（例如玉蜀黍）中，已经证明同一个基因点内可以发生多个突变。其中以果蝇白眼基因点上的一列等位基因最为显明。已经记录过的眼色，除野生型

---

① 这些关系，涉及与细眼基因点有关的几个奇怪的问题。例如，细眼交换时，在细眼基因点上究竟留下了什么？是细眼基因缺失了吗？原来的细眼基因是由于野生型的基因突变而生，或者有另一个新基因的生成呢？这些问题仍在研究中。

红眼外，不下 11 种，由白而红，呈一渐次加深的等级：如白色、生丝色、浅色、革色、象牙色、曙红、杏红、樱桃、血红、红珊瑚以及酒红等。白色是该基因点上最先发现的突变，但其他眼色却没有按照上述程序依次出现。根据各种眼色的起源和各种眼色相互之间的关系，可以清楚看出，这些眼色并不是从邻近的一串基因突变而来的。譬如，如果白眼起源于野生型某一基因点上的突变，而樱桃眼起源于另一邻近基因点上的突变，根据这个假设，白眼应该含有樱桃眼的野生型等位基因，樱桃眼也应该含有白眼的野生型等位基因，这样，当白眼型同樱桃眼型杂交时，子代雌性就应该都是红眼。但杂交的真正结果并不如此，子代雌蝇都具有中间眼色。子代雌蝇又产生孙代白眼和樱桃眼两种雄蝇，各占半数。所有其他等位基因之间也保持着同样关系，任何两个基因都能在任一只雌蝇内同时存在。

如果照字面上的意义来理解存缺理论，则每一个基因的缺失势不能多于一个。在所确实知道的多等位基因各由野生型独立变化而成的一切例子里，这种形式下的存缺理论都是不能成立的[1]；不过还可以把缺失另作解释，使其与多等位基因的事实不致矛盾。譬如，假设每一种突变型在某一基因点上损失的物质多少不同。损失某一分量，便为白眼；损失另一分量，便为樱桃眼，依此类推。这项结果似乎和事实不相抵触，不过我们应该注意，这个假设需要对基因这个单元另作稍微不同的解释。由两个这样的等位基因同时存在所形成的"综合物"，或者不能希望其产生野生型，但可能产生别的东西。然而如果承认这一点，则存缺观念便改变到和这里关于突变起源于基因内的某种变化的见解，实质上相同了。我看不出坚持这种变化一定是基因内一部分的损失的说法（所谓基因即指某一基因点上一定量的某物而言），有什么好处。这种臆说在解释这些结果上是不必要的。自然，基因可以整个损失，也可以损失一部分，但在理论上，基因也可能循其他方法变化。在我们还没有确知所发生的变化是什么以前，把变化局限于一种过程，是没有裨益的。

结　　论

分析现有的证据，可见主张原来类型中某一种性状的损失必须解释为生殖质内也发生过相应的损失这一见解，是没有理由的。

如今把存缺观念的字义推而广之，把所假设的关于性状损失和基因损失的关系，说成是其他基因所产生的效果，这种缺失假设同主张突变起源于基因内某种变化的另一说对比，也没有什么优越性。其次，逆向突变的发生（细眼回原一例除外）虽然还不够确定，但是也同下一见解比较符合，即基因可以由于其组织内的一种变化而发生突变，而不必有整个基因的损失。最后，多等位基因方面的证据，同主张每一个等位基因起源于同一

---

[1]　多等位基因如果辗转发生，则每一个等位基因当然可能具有以前的一个突变基因。如果真是这样，则当两者杂交时势不能产生野生型。但是，如果像在果蝇里，每个等位基因各从野生型独立突变来，那么，像书中所说明的那样，情况便不同了。

基因内的一种变化这个见解,看来是更相符合的。

这里所表述的基因论,把野生型基因看成是染色体上长时间内相对稳定的特定要素。新基因的产生,除了由于旧基因组织内的变化以外,目前还没有证明有其他方法。总的说来,基因总数长期不变;但基因数量也可以借着整组染色体的加倍或其他类似方法而改变。这种变化的效果,将于以后几章内讨论。

第 7 章

同属异种中基因的位置

• The Location of Genes in Related Species •

从果蝇方面的证据，可以看到亲缘极近的物种，其同一染色体上的基因可以有不同次序的排列。类似的染色体群，有时可能含有不同组合的基因。既然重要的是基因，而不是染色体本身，所以遗传组成的最后分析，一定决定于遗传学，而不决定于细胞学。

德弗里斯的突变论,除了第 5 章讨论过的特殊解释以外,又假设"初级"物种是由大量相同的基因组成;并认为初级物种之间的差异,是由于这些基因以不同方式重新组合所致。近来研究同一属的各种相互杂交,已经获得了有关这项理论的一些证据。

研究这个问题的最容易的方法应该是让不同的物种杂交,并在可能范围内决定其是否皆由同样多的同型基因所组成,但是这里却碰到了几种困难。许多物种不能杂交,能够杂交的物种中又有一些产生不孕性杂种。不过也有少数物种可以互相杂交,并且产生可孕性的杂种。这里又发生另一种困难,即如何鉴定两个物种中互为孟德尔式成对的性状,因为两个物种所借以区别的各种差异,都有赖于很多个因子。换句话说,在断然不同的两物种之间,很少看到任何一个差异是起源于一个分化基因的。因此必须采用一个或两个物种中新出现的突变型差异,来提供必要的证据。

已经有几个植物例子,至少也有两个动物例子,其突变型物种同另一物种杂交,产生了可孕性后代。这些后代自交或者回交,结果在决定不同物种之间基因的等位关系上,提供了唯一的决定性的证据。

East 把两种烟草(*Nicotiana Langsdorffii* 同 *N. alata*)进行杂交(图 53)。一种开白花,为突变型。杂交二代里虽然有许多性状变化很大,但该代有四分之一的植株仍然开白花。由此可知一个物种的突变基因,对于另一物种的基因,像对于同物种的正常等位基因一样,采取同样的行动。

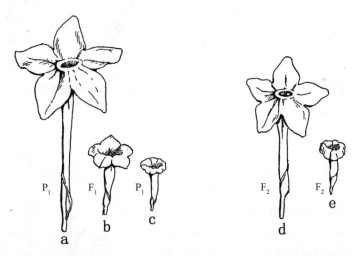

图 53　*Nicotiana Longsdorffii* 同 *N. alata* 两种烟草杂交(仿 East):
a 和 c. 示两种原型花;**b.** 示杂种型花;**d 和 e.** 示孙代两类回原型花

Correns 用 *Mirabilis Jalapa* 和 *M. longiflora* 两种紫茉莉杂交。选用了 *Jalapa* (chlorina)的一个隐性突变体。第二代约有四分之一的植株重显这种性状。

◄20 世纪早期的那不勒斯动物研究所外景图。那不勒斯是意大利中南部一个海滨城市,该动物研究所由德国动物学家 Anton Dohrn 1872 年创立,是世界生物学家向往的圣地。

Baur 使 *Antirrhium majus* 同 **A.** *molle* 两种金鱼草杂交（图 54）。至少选用了 **A.** *majus* 的五种突变型，各该性状都依照预计数字在第二代里重现（图 55、56）。

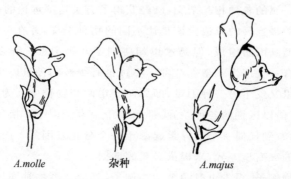

A.*molle*　　　　　杂种　　　　　A.*majus*

图 54　*Antirrhinum molle* 和 **A.** *majus* 两种金鱼草及其杂种型（仿 Baur）

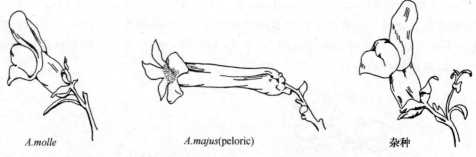

A.*molle*　　　　　A.*majus*(peloric)　　　　　杂种

图 55　**A.** *molle* 的两侧对称的花朵同 **A.** *majus* 的 peloric 型杂交后，
产生右边的野生型杂种（仿 Baur）

Detlefsen 用 *Cavia porcellus* 同 *C. rufescens* 两种豚鼠杂交。雄性杂种无生殖力。使雌性杂种同 *C. porcellus* 突变型雄豚鼠交配，突变型性状共计七种。突变性状的遗传和在 *C. porcellus* 里的遗传方式一样。这项结果又表明了两个物种含有一些相同的基因点。不过因为还没有研究过和 *porcellus* 突变性状相类似的突变体，所以这些结果并不能证明两物种中存在着相同的突变体。

Lang 在 *Helix hortensis* 同 *H. nemoralis* 两种野生螺杂交实验中（图 57），描述了一个极其明确的例子，其中一个物种的性状对另一物种的性状所表现的显隐关系，是和同一物种内同一对性状的显隐关系一样的。

图 56　图 55 中杂交第二代的花朵类型（仿 Baur）

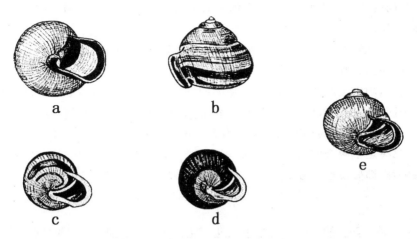

图 57　a. 蜗牛 *Helix nemoralis*，00000，黄色，Zurich 型；b. 同上，

00345，带红色，Aarburger 型；c. 典型的 *H. hortensis*，

12345；d. 同上；e. 杂种 00000（仿 Lang）

有两种果蝇，外形极相类似，以致一度被认为同种。一种现在称为黑腹果蝇（*Drosophila melanogaster*），另一种名为 *Drosophila simulans*（图 58）。仔细检查，发现两种之间，有许多不同之点。两种不易杂交，所生的杂种完全不孕。

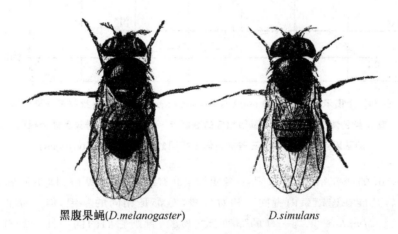

黑腹果蝇(*D.melanogaster*)　　　　　*D.simulans*

图 58　左侧为黑腹果蝇（*Drosophila melanogaster*），

右侧为 *D. simulans*；两者都是雄蝇

在 *Drosophila simulans* 里已经找到了 42 种突变型，分属于 3 个连锁群。

Simulans 种的隐性突变基因中，有 23 种，在杂种体内，仍为隐性，黑腹果蝇的 65 种隐性突变基因，在杂种体内，也已经证明是隐性。由此可见，每一个物种都含有另一个物种内各个隐性基因的标准型基因或野生型基因。

又测验过 16 种显性基因。除了一种以外，其余的基因，在杂种中，同在本物种中，产生了似乎相同的效果。由此可见，一个物种的 16 种正常基因，对于另一物种的显性突变基因，呈隐性作用。

Simulans 的突变型同黑腹果蝇交配。在所检验的 20 个例子里，已经证实了两个物种的突变性状是相同的。

这个结果，确定了两个物种的突变基因的同一性，也使人们能够发现这两型突变基因是否位于同一个连锁系内，以及是否在各个系内占着同样的相对位置。图 59 用虚线表示 Sturtevant 所找到的相同的突变基因点。在第一号染色体上，非常一致。在第二号染色体上，只决定了两个相同的基因点。在第三号染色体上，还不十分一致，这可能用下一假设来解释，即假设第三号染色体上有一大段倒置，于是相应的基因点的次序便颠倒起来了。

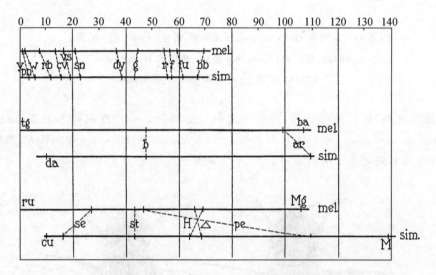

图 59　上图示黑腹果蝇(*Drosophila melanogaster*)和 *simulans* 果蝇第一染色体
或 X 染色体上相同的突变基因相应的基因点[1]；中图示第二号染色体上相同
的基因点[2]；下图示第三号染色体上相同的基因点[3]（仿 Sturtevant）

Sturtevant 的研究结果，不仅是本身重要，也有助于以下见解：即不同物种的相似的突变基因，凡能在连锁系内占同一相对位置的，都是相同的基因，但是除非它们受到同黑腹果蝇与 *simulans* 果蝇一样的那种杂交检验，否则它们的同一性总是有一些疑问的，因为已经发现了有过相似而不相同的突变型，并且它们有时在同一连锁群内还相距很近[4]。

---

① y＝黄体　pn＝梅子色眼　w＝白眼　rb＝红玉色眼　cv＝缺横脉　vs＝翅膨大，脉屈曲　sn＝焦毛　dy＝微黑翅　g＝石榴石色眼　r＝退化翅　f＝叉毛　fu＝合脉　bb＝短毛——译者注
② da＝小眼错乱　b＝黑体　ar＝腹扭转　ba＝气球状翅——译者注
③ ru＝粗糙状眼　cu＝卷翅　se＝乌贼色眼　st＝猩红色眼　H＝无毛　△＝三角形脉　Mg＝小刚毛-g
mel.＝黑腹果蝇　sim.＝*simulans* 果蝇——译者注
④ 我们考虑到每个基因不只产生一种效应，这些效验使基因更有可能被鉴别出来。

　　另有两种果蝇的研究已经达到这样的程度，使两者间的比较至少也是非常有趣的。Metz 和 Weinstein 在 *Drosophila virilis* 中决定了几个突变基因的位置，Metz 把 *D. virilis* 的基因系的次序同黑腹型的比较。图 60 表示 *virilis* 种的性染色体上有黄身（y）、缺横翅（c）、焦毛（si）、细翅（m）、叉毛（f）五个显然相似的突变基因，像在黑腹果蝇一样的次序，排列起来。

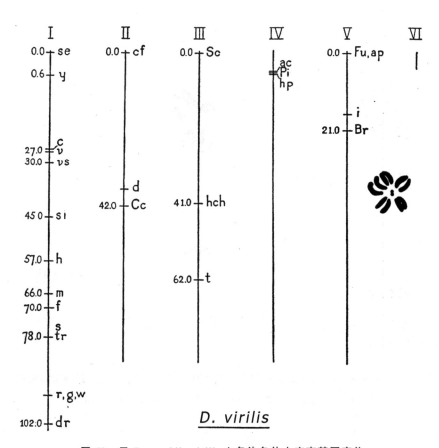

图 60　示 *Drosophila virilis* 六条染色体上突变基因定位

（仿 Metz 和 Weinstein）

　　另一种果蝇 *Drosophila obscura* 的性染色体，根据遗传学资料，比黑腹果蝇的性染色体长一倍（图 61）。这一点很重要：这条较长的性染色体中段的黄身，白眼，楯板和缺刻四个突变型基因，同黑腹果蝇较短的性染色体一端所有的同样的突变性状，是相同的。关于这种关系的解释仍在 Lancefield 的慎重研究中。

　　由于上述种种结果和其他论证，单凭染色体群方面的观察来作出系统发生的结论，是应该非常审慎的，因为从果蝇方面的证据，可以看到亲缘极近的物种，其同一染色体上的基因可以有不同次序的排列。类似的染色体群，有时可能含有不同组合的基因。既然重要的是基因，而不是染色体本身，所以遗传组成的最后分析，一定决定于遗传学，而不决定于细胞学。

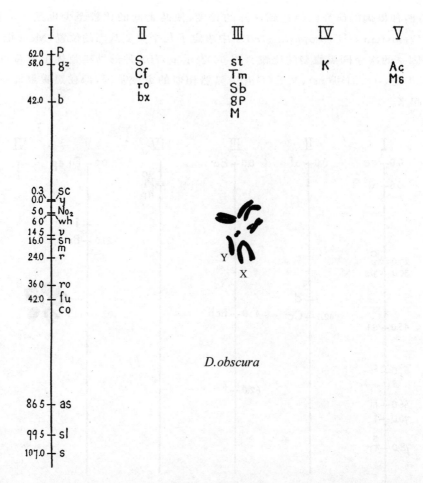

图 61 示 *Drosophila obscura* 染色体上突变基因的定位。其基因点同黑腹果蝇相符合的，有 sc＝楯片，y＝黄体，No₂＝缺翅，w＝白眼（仿 Lancefiold）

第 8 章

四倍体或四倍型

• The Tetraploids or Fourfold Type •

另一说法似乎更为可能，即正在分裂中的细胞，其胞质分裂受到抑制，于是染色体数目加倍，结果产生了四倍体。这样的四倍型细胞或者形成幼小植株的全体，或者形成其中心柱，或者形成其他任何部分。

　　计算过染色体数目的有一千多种动物,或者也有同样多或者更多的植物。其中两三个物种只有一对染色体。在另一极端,也有物种含一百多条染色体的。不管染色体多少,每一物种的染色体数目是恒定的。

　　染色体有时确是不规则的分布。其中,大多数通常借某种方法自行矫正。也确有一两个例子,其染色体数目略有变化。例如 *Metapodius* 可能有一条或多条额外的小染色体,有时是几条 Y 染色体,有时是另一条称为 M 的染色体(图 62)。正如 Wilson 所指明的,这些染色体在个体性状上,既然没有引起相应的变异,所以不妨把它们当做无关轻重的、不活动性物种看待。

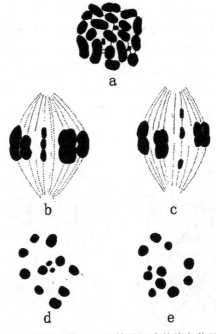

图 62　示 *Metapodius* 的染色体。a. 示精原细胞的染色体群,有三条 m 染色体;
b 和 c 示精母细胞的侧面观;d 和 e 示三条 m 染色体接合,两条趋入一极,
一条趋入另一极(c 的末期赤道板)(仿 Wilson)

　　其次,我们知道,几条染色体可以彼此连接,从而减少一条或多条染色体,一条染色体又可以裂断,从而暂时增加一条[1],在任一种情况下,全部基因仍然被保存下来。最后,

　　① 　Hance 描写过待霄草的染色体有时断裂成片。在灯蛾(*Phragmatobia*)和其他蛾类中,Seiler 也描写过几个例子,其中某些染色体原来在精子和卵细胞内连接一起的,在胚胎细胞内却彼此分开。在蜂类的所有体细胞内,每一条染色体都被假定是断裂成两段的。在蝇类及其他动物的一些体细胞中,染色体可以分裂而细胞不分裂,从而使染色体的数目增加到二倍或四倍。

有些物种,雌者比雄者多一条染色体,另有一些物种,情形刚刚相反。所有这一切情况都经过了广泛的研究,而且是每一位研究细胞的学者所熟悉的。这类例子的存在并不使每一物种各有其特殊数目的染色体,而且染色体数目恒定不变①这个一般论点,归于无效。

我们也知道:在某些组织里,由于只有染色体分裂而无细胞分裂,或者由于染色体断裂为一定数目的部分,可以把染色体增加到二倍或四倍的数目。这些都是特殊的例子,不足以影响一般情况。

有一些个体突然出现,其染色体数目为该物种特有数目的两倍,这种例子,在近年来愈来愈多。这便是四倍体。又发现了其他多倍型,有的自然发生出来,有的起源于四倍体。我们总称之为多倍体。其中以四倍在许多方面最引人关注。

确实知道的四倍体动物,只有三个例子。寄生在马体内的线虫,即马蛔虫,共有两型,一型含两条染色体,另一型含四条。这两个变种彼此相似,甚至细胞的大小也相仿佛。蛔虫的染色体可以看成是一种复合体,是由许多较小的染色体(有时称之为染色粒)联合组成。在应该形成体细胞的胚胎细胞内,各染色体断裂成它的组成部分(图 63a、b和 c)。成分的数目恒定,或接近一个常数,二价型成分的数目约为单价型的两倍。这支持了这样的一种看法,认为二价型比单价型多一倍,而不是二价型由单价型染色体的分裂而来。

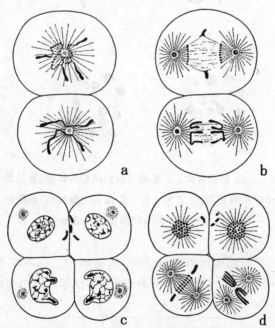

图 63　单价型蛔虫的卵子含两条染色体,图示其最初两次分裂。a 和 b 示染色体
在一个细胞内的断裂作用;d 示三个细胞的染色体已经断裂,第四个细胞
的染色体依然完整,后者产生生殖细胞(仿 Boveri)

---

① 近几年来,Della Valle 和 Hovasse 不承认在不同的组织细胞里染色体的恒定数目。这项结论是以两栖类身体细胞方面的研究为根据,但两栖类的染色体数目繁多,不容易精密辨别,所以他们的研究结果不足以推翻其他生物(甚至包括一些两栖类在内)方面的绝大多数的观察,在这些生物里,染色体的数目是能够精密决定的。

根据 Artom 报道,海虾 Artemia 有两族的四倍体,一族有 48 条染色体,另一族有 84 条(图 64)。后一族借单性生殖法繁殖。在这些情况下,不难想象,四倍体起源于原来是单性生殖的一族,因为,如果卵细胞保留一个极体,以致染色体数目加倍,或者由于在胞核第一次分裂后,染色体未能分离开来,以致数目增加一倍;这种双倍状态都是可能继续存在的。

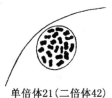

单倍体21(二倍体42)　　　　二倍体84

图 64　*Artemia salina* 二倍体(减数)与四倍体两族的染色体(仿 Artom)

最早出现的植物四倍体中,有一种被德弗里斯发现,名叫巨型待霄草 *Oenothera gigas*(图 42)。最初并不知道巨型是四倍体,但德弗里斯看出它比杂种(拉马克待霄草)植株强壮,在其他许多细微特征上也有差异。巨型的染色体数目后来才弄明白。

拉马克待霄草(*Oenothera Lamarkiana*)有 14 条染色体(单倍数 7)。巨型待霄草(*Oenothera gigas*)有 28 条染色体(单倍数 14)。图 65 表示上述两种植物的染色体群。

Gates 测量过各种组织的细胞。巨型药囊的表皮细胞几乎为普通型体积的四倍,柱头的表皮细胞为三倍,花瓣表皮细胞为两倍,花粉母细胞比普通型约长一倍半。花粉母细胞的胞核为普通型体积的两倍。两型的细胞

图 65　a. 拉马克待霄草的 14 条二倍染色体;
b. 巨型待霄草的 28 条二倍染色体

在外形上也有时有显著的差别。各种待霄草大多产生三叶的盘状花粉,而巨型的一些花粉则为四叶状。

Gates、Davis、Cleland 和 Boedijn 研究过花粉母细胞的成熟过程。据 Gates 报道,拉马克待霄草的巨型通常有 14 对二价染色体(gemini),在第一次成熟分裂时,每条二价染色的两半分别走入一个子细胞。在第二次成熟分裂时,每一条染色体纵裂为两条,于是花粉粒各得 14 条染色体。据推想,在胚珠成熟中也发生了同样过程。Davis 讲到当拉马克待霄草的染色体从联会混乱状态中出现时,染色体参差不齐地互相集结,而不是严格平行联合。随后,染色体分别趋入一极,完成了减数分裂。Cleland 近来也讲过另一个二倍型物种 *Oenothera franciscana* 的染色体,在进入成熟纺锤体时,相互间端与端相连(图 66)。在 Davis 早期发表的图内,有一些也略有端与端相连合的情况。

近年来在其他雌雄同株的显花植物中,也找到了一些四倍体。因为这类植株同时产生卵子和花粉,所以显然应该比雌雄异株的植物形成更多的四倍体。因此,如果植株一开始便是四倍体,那么,它会产生有着二倍数目的染色体的卵细胞和花粉细胞。经过自

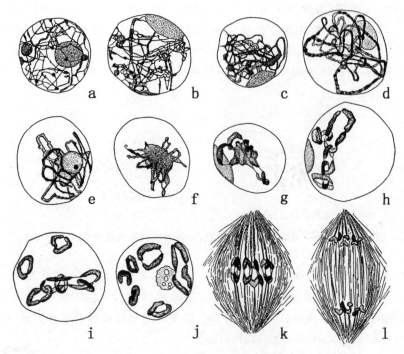

图 66　*Oenothera franciscana* 花粉母细胞的成熟过程(仿 Cleland)

体受精,势必产生四倍体。相反,在雌雄异株的动物和植物中,一个个体的卵子必须同另一个体的精子受精。如果发生了一个雌性四倍体,其成熟卵子有二倍数目的染色体,卵子一般会同普通雄体的单倍型精子受精,结果只能产生三倍体。要从三倍体恢复到四倍体,机会是很少的。

　　谱系培养中所产生的四倍体,在说明四倍体的起源上,比偶然发现的四倍体,提供了更精确的知识。事实上,四倍体在人工控制下发生的例子,已经有了一些记录。Gregory发现了两种巨型的报春花 *primula sinensis*:一种出现在两株二倍体植株的杂交里。因为亲株含有已知的遗传因子,所以 Gregory 能够研究四倍体中各种性状的遗传过程。根据他的研究结果,他无法决定:在四条相似的染色体中,某一条染色体究竟是同其他三条中的另一条特殊染色体联合,或者是同其中任何一条染色体联合。Muller 分析同一数据,指出后一结论更为可能。

　　Winkler 通过嫁接的媒介作用,得到一株巨型龙葵,*Solanum nigrum* 和一株巨型番茄(*Solanum lycopersicum*)。就我们所知道的,嫁接作用本身对于四倍体的产生是没有直接关系的。

　　产生龙葵四倍体的方法如下。取番茄幼株的一段,嫁接在龙葵的幼茎上面,摘除龙葵所有的腋芽。10天后,沿嫁接平面横切(图67)。从切面的愈伤组织中,长出了一些不定芽。由此长成的植株中,有一株是嵌合体,也就是一部分组织为龙葵,一部分组织为番茄的植株。把嵌合体取下,并让其繁殖。新植株的腋芽中,有些由番茄的表皮和龙葵的中心柱组成。把这些枝条取下,另行栽培。这些幼小植株同其他确是二倍体的嵌合体有

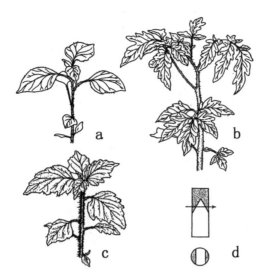

图 67　a.龙葵的苗；b.番茄的苗；c.*Solanum tubingense*.
的嫁接杂种；d.嫁接方法（仿 Winkler）

所区别,使人怀疑这种新型也许有一个四倍型的中心柱。检查结果,证实了这一点。截除嵌合体的顶梢,并且摘除下半部的腋芽。从愈伤组织的不定芽里,得到了全身都是四倍型的幼株。图 68 右侧示巨型龙葵,左侧为普通型（二倍体）或亲型。图 69 的右上示巨型的花,左侧为亲型的花。同图的左上示巨型和新型的苗木。

图 68　左侧为亲型龙葵的普通二倍体；右侧为四倍体（仿 Winkler）

图 69 下半部示若干组织细胞的差异。左侧示巨型叶和亲型叶的栅状细胞；右侧示两型气孔的保护细胞；其下则是两型的毛；巨型的髓细胞也比普通型大些。图下半部的中央左边为亲型花粉粒,右边为巨型花粉粒。

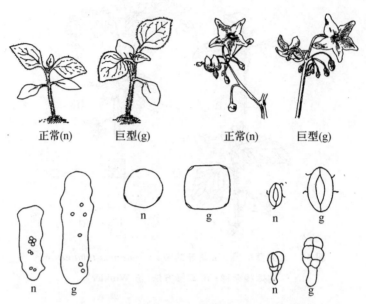

图 69 上部示龙葵的二倍体和四倍体的苗木和花,下部示
它们的组织。左上,苗木;右上,花;左下,栅状细胞;
中,花粉粒;右下,上为气孔,下为毛(仿 Winkler)

用以下方法也得到了一株四倍体番茄。取番茄幼株的一段,按照常用的方法嫁接在龙葵砧木的上面(图 67)。待其完全联合以后,横切两种植物联合的部分,并且摘除砧木上的腋芽。从愈伤组织里长出了幼芽。移植这些幼芽。其中有一株由龙葵的细胞构成表皮,由番茄的细胞构成中心柱,进一步检查,发现表皮细胞为二倍体,中心柱细胞则为四倍体。为了从嵌合体造出全身都是四倍体的植株,于是横切嵌合体的茎,并摘除切面以下的腋芽。切面上发生新的不定芽,芽体内外大部分由番茄组织构成。巨型番茄植株和其亲型植株间的差异,同巨型和亲型龙葵间的差异,是一样的。

二倍体龙葵含 24 条染色体,其单倍数为 12;四倍体含 48 条染色体,其单倍数为 24。二倍体番茄含 72 条染色体(单倍数为 36);四倍体含 144 条染色体(单倍数为 72)。图 70 和图 71 表示各型染色体。

像上面所提到的,直到现在我们还不知道嫁接对于愈伤组织内发生四倍型细胞,有什么明显的关系。这些细胞究竟怎样发生,也不明确,也可能像 Winkler 一度相信的那样,是由于愈伤组织中两个细胞的融合,但另一说法似乎更为可能,即正在分裂中的细胞,其胞质分裂受到抑制,于是染色体数目加倍,结果产生了四倍体。这样的四倍型细胞或者形成幼小植株的全体,或者形成其中心柱,或者形成其他任何部分。

Blakeslee、Belling 和 Farham 在常见的曼陀罗(*Datura stramonium*)里发现了一种四倍体(图 72 下部)。就外形看来,它被描述为在几个方面同二倍型有差别。图 73 示二倍体(第二行)和四倍体(第四行)的蒴果、花以及雄蕊方面的区别。

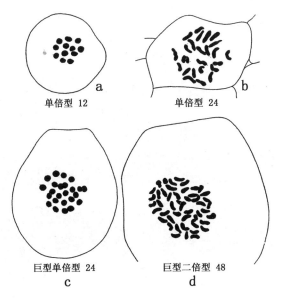

图 70　a 和 b 示龙葵的单倍型和二倍型细胞及染色体, c 和 d 示四倍体
龙葵的单倍型和二倍型细胞及染色体(仿 Winkler)

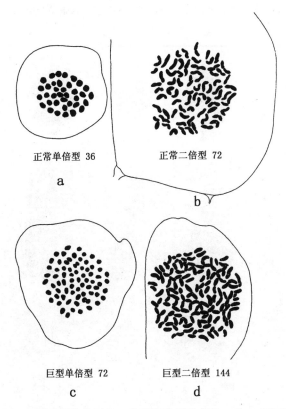

图 71　a 和 b 示番茄的单倍型和二倍型细胞及染色体, c 和 d 示四倍体番茄的
单倍型和二倍型细胞及染色体(仿 Winkler)

图 72　上行示曼陀罗的二倍体植株；下行示其四倍体(仿 Blakeslee)

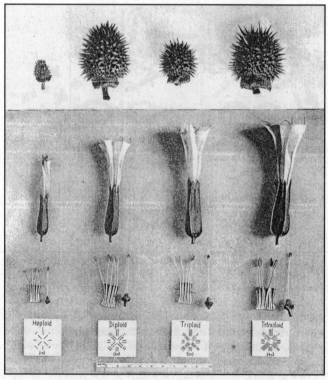

图 73　曼陀罗单倍体、二倍体、三倍体和四倍体巨型的蒴果、
花和雄蕊(仿 Blakeslee，载在《遗传学》杂志上)

二倍体植株含 12 对染色体(24 条染色体),按照 Belling 和 Blakeslee 的意见,这些染色体依体积大小可以安排为六型(图 74),即大号(Ll)、中号(Mm)、小号(Ss)或 2(L+4l+3M+2m+S+s)。单倍染色体群的方程式为 L+4l+3M+2m+S+s。当这些染色体将进行第一次成熟分裂时(前期),它们形成一对一对的环状结构,或者以一端相连接(图 75 第二列)。以后在每一对中,一条接合体走到一极,另一条则趋向另一极。到第二次成熟分裂之前,每条染色体中缢,从而产生了图 74a[①]所示的形式。一半中缢后的染色体进入纺锤体的一极,另一半则进入另一极。每个子细胞各得 12 条染色体。

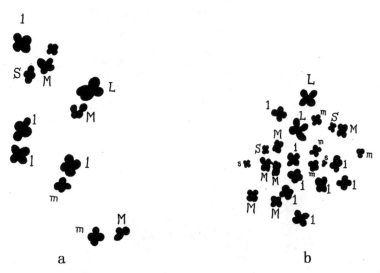

图 74 a.曼陀罗二倍染色体群的第二次成熟分裂中期; b.曼陀罗四倍体
(含 24 条染色体)相应的染色体群(仿 Belling 和 Blakeslee)

四倍体有 24 对或 48 条染色体。在它们进入第一次成熟分裂纺锤体以前,它们每四条集合一起(图 76 和图 75)。从两图中可以看到四价群内染色体联合的各种不同方式。染色体大致在这种状态下进入第一次成熟纺锤体。在第一次成熟分裂时,每个四价染色体的二条染色体趋入一极,另两条趋入另一极(图 75)。每颗花粉粒有 24 条染色体。不过偶尔也可能有三条染色体同入一极,另两条趋入另一极(图 75)。每颗花粉粒有 24 条染色体。不过偶尔也可能有三条染色体同入一极,另一条则趋入另一极。

图 75 示第二次成熟分裂时四倍体的 24 条染色体。这些染色体和同一时期中二倍体的染色体相仿佛。每条的一半趋入一极,另一半则趋入对极。据 Belling 记载,有规则地分布的,即每极各得 24 条染色体(24+24)的,占 68%;一极 23 条,另一极 25 条的(23+25),占 30%;一极 22 条,另一极 26 条的,占 2%。分布为 21—27 的,有一个例子。以上结果表示,在四倍体曼陀罗中,染色体不规则的分布,并不是少见的。这一点可用四倍体自体受精来进一步检验。让这样产生的子代生长成熟,并且计算其生殖细胞内染色体

---

① 原文为图 74b,但根据作者的叙述,应该是图 74a,译文中已予修正。——译者注

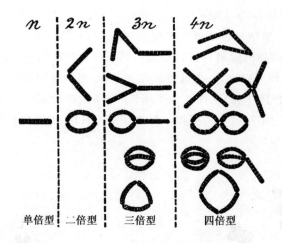

图 75　曼陀罗二倍体、三倍体、四倍体各型染色体的接合方法
（仿 Belling 和 Blakeslee）

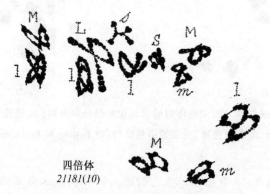

图 76　曼陀罗四倍体的染色体互相接合,四条相同的
染色体联合组成一个群(仿 Belling 和 Blakeslee)

的数目。有 55 株植物,各含 48 条染色体,5 株各含 49 条,一株含 47 条,另一株含 48 条（?）。如果染色体在卵细胞内像在花粉细胞内一样分布,结果含 24 条染色体的生殖细胞最可能生存下来,并且有作用。含 48 条以上的染色体的一些植株,由于增加了额外染色体,也许会产生染色体分布更不规则的新型。

　　De Mol 发表了一种四倍体水仙（*Narcissus*）。其二倍体物种有 14 条染色体（七对）,另有栽培的两个变种则各有 28 条染色体。De Mol 指出,直到 1885 年为止,主要栽培的是矮小的二倍体变种。以后才出现了较大的三倍体;最后,约在 1899 年,又得到了第一株四倍体。

　　据 Longley 报道:墨西哥大刍草中,多年生 *teosinte* 所含染色体,为一年生 *teosinte* 染色体的两倍。多年生型有 40 条染色体（$n=20$）（图 77a）。一年生型有 20 条（$n=10$）（图

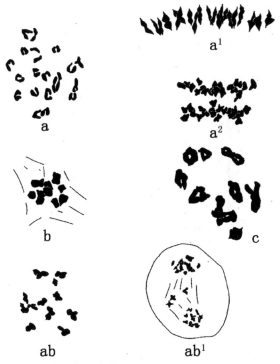

图 77　a. 多年生墨西哥大刍草(*Euchlaena*)第一次成熟分裂前期;有 19 条二价
染色体和 2 条单染色体;a¹. 第一次分裂中期;a². 第一次分裂后期。b. 玉蜀黍第一次
成熟分裂前期,有 10 条二价染色体;c. 墨西哥 *Euchlaena mexicana* 第一次成熟分裂前期,
有 10 条染色体;ab. 多年生 *Euchlaena* 同玉蜀黍所生的杂交一代的杂种,第一次成熟分裂
前期,有 3 条三价染色体,8 条二价染色体和 5 条单染色体;ab¹,同上,
第一次成熟分裂后期的晚期(仿 Longley)

77c)。Longley 把两种 *teosintes* 同含 20 条染色体($n=10$)的玉蜀黍(图 77b)分别杂交。
一年生 *teosinte* 和玉蜀黍所生的杂种有 20 条染色体。新种的花粉母细胞成熟时,有 10
条二价染色体,二价染色体各自分裂,分别趋入两极,没有停滞在中途的。这意味着从
teosinte 得来的 10 条染色体,同从玉蜀黍得来的 10 条染色体,互相接合了。又多年生
teosinte 同玉蜀黍杂交的杂种有 30 条染色体。杂种花粉母细胞成熟时,其染色体互相接
合,有两条一起的,有三条一起的;也有孤立无偶的(图 77ab)。由此引起了后来分裂中的
错乱情况(图 77ab)。

　　当雌雄同株的植物性别决定问题不涉及分化性的性染色体时,它的四倍体可说是又
平衡、又稳定。所谓平衡,就是说:它的基因之间的数字关系,同二倍体或普通型基因的
数字关系,是一样的。所谓稳定,就是说:成熟机制能够使该型一旦建立以后会继续
存在[1]。

---

　　[1]　Blakeslee 对于这些词汇有不同的解释。

早在 1907 年，Élie 和 Émile Marchal 便已用人工方法产生了四倍体藓类。每株藓有两个世代：一个是产生卵子和精子的单倍型原丝体时期（配子体），和一个产生无性孢子的二倍体时期（孢子体）（图 78）。

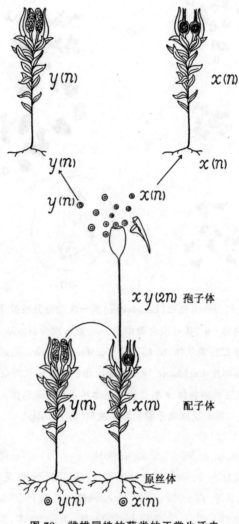

图78　雌雄同株的藓类的正常生活史

孢子体的一段在潮湿情况下，会产生由二倍型细胞组成的细丝。细丝发育成真正的原丝体，后者迟早会产生二倍型卵子和二倍型精细胞。两种生殖细胞联合，于是形成了四倍型孢子体（图 79）。这里，正常单倍型被二倍型原丝体和藓的植株重复一次；二倍型孢子体又被四倍型孢子体重复一次。

两位 Marchals 对普通型和四倍体两者的细胞体积，作了比较测量。正常花被细胞的体积与四倍体同样细胞的体积有三种比例：1：2.3，1：1.8 和 1：2。两型的精子器细胞体积比为 1：1.8，胞核体积比为 1：2。卵细胞体积比为 1：1.9。测量精子器（内藏精子）和颈卵器（内藏卵子），也表示在所有例子里，四倍体比正常型长些、宽些。显然，四倍

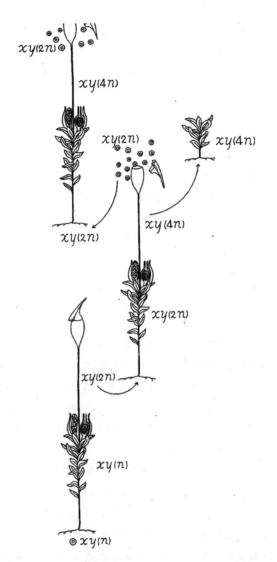

图 79　正常雌雄异株的藓类，一段 2n 的孢子体再生，形成二倍型
原丝体（2n），2n 配子体通过自交，产生了四倍体或 4n 孢子体，
四倍体再生，产生了四倍型配子体（仿 Winkler）

体体积之所以增大，是由于有了较大的细胞，细胞之所以增大，又由于有了较大的胞核，而且像其他证据所已经证明过的，四倍体大核内的染色体又为正常型的二倍。这自然是在意料中的，因为四倍体是由正常孢子体再生出来的。

在孢子体世代中，2n 孢子母细胞同 4n 孢子母细胞两者的体积比约为 1∶2。

藓类的两次成熟分裂，即紧接着染色体接合后的两次分裂，发生在孢子体内孢子形成的时候，每个孢子母细胞产生四个孢子，藓类的染色体上如果带有基因，预料四倍体所有的加倍的染色体将会产生不同于正常型的比率。虽然 Wettstein 在几种藓类杂交中找到过遗传的显明证据，Allen 在亲缘相近的几群藓类中也得到了配子体两种性状的遗传学证据，但是这方面的研究仍然是很少的。

在雌雄异体的藓类以及在某些苔类里，Marchals、Allen、Schmidt 和 Wettstein 已经分别证明：在孢子形成的时候，与性别决定有关的要素分离开来。他们的观察和实验将于性别一章中讨论。

有许多涉及四倍体细胞体积方面的重要问题，是胚胎学上的问题，而不是遗传学上的问题。四倍体的细胞一般较大，往往大到两倍，不过组织不同，细胞大小也颇悬殊。

四倍体整个植株的大小以及其他一些特性，似乎都是由于细胞增大的缘故。如果这种解释是对的，这便意味着，这些特性属于发育范畴，而不属于遗传范畴。四倍体发生的方法，已经有了一些讨论。以上所提出的关于四倍体细胞内如何增加胞质的方法，尚有待于进一步的研究。

假设同一物种的两个细胞彼此融合，两个胞核也迟早联合，也许由此会产生四倍型细胞。假设四倍型细胞在生长期内，继续维持其两倍大的体积，预料会得出比正常型体积大两倍的卵子。大型胚胎的细胞同正常胚胎特有的细胞，在数目上预料是一样多的。

另一个可能的解释，即四倍型生殖细胞的体积，在二倍型母株的生殖细胞内，或者不能增加到两倍。这样，卵子也将不会大于正常卵子，但却带有两倍多的染色体。从这种卵子发育而成的胚胎，在达到能够从外界获得食物的胚后期或幼虫期以前，也许不能摄取足够的营养来增加它的细胞体积。至于在这样晚的时期，每个细胞内的双组染色体是否会扩大各该细胞的胞质，还是不确定的。不过下一代的卵子在母体内开始发育时，便有了四倍染色体，在这种情况下，卵子在分裂前增加到两倍的体积，也是可以想象的。

如果说在受精以后成熟卵子中，随着染色体数目的加倍，胞质也会立刻增加起来，这或者是不可期望的。在动物胚胎开始形成器官以前，它经历了相当一定次数的细胞分裂。如果胚胎一开始便是一个体积正常而染色体加倍的卵子，如果由于染色体的双倍数目以致卵裂时期比正常卵子提早结束，从而开始了器官形成，那么，这样的四倍体胚胎的细胞将会比正常胚胎的细胞大两倍，但数目却只有一半。

在显花植物里，胚囊空阔，并富于养料，也许为卵子发生大量的胞质提供了更有利的机会。

四倍型是物种增加基因数目的一种方法

从进化观点看来，与四倍体有关的最有趣的问题之一，就是四倍体似乎提供了增加新基因数目的机会。如果通过染色体数目加倍而发生了稳定的新型，又如果在加倍以后，四条相同的染色体，随着时间的进展，发生了差异，以致有两条更相类似，另两条也彼此更相类似，在这种情况下，除了许多基因仍然没有变化以外，在遗传学方面四倍体势必和二倍体相类似。每一组的四条染色体上，会有许多相同的基因，如果某一个体只有一对基因是杂合的，则孙代应该是孟德尔式比例的 15 比 1，而不是 3 比 1。事实上已经发现了这种比例（小麦和荞），但四倍性是否能解释上述结果，或者还有其他方法使染色体加倍，仍然有待于研究。

总的说来，在我们能够更多的了解新基因发生（如果现在还在发生的话）的方法以前，想利用四倍性来说明基因数目的增加，似乎是多少有点冒险的。在雌雄同株的植物中，新型确实可以这样发生，但在雌雄异体的动物里，除了单性生殖的物种外，四倍型是多半不能这样建立起来的，因为像上面所指出的，当四倍体同普通二倍型个体杂交时，四倍性便会失去，而且以后也不容易恢复。

1949 年斯特蒂文特在加州理工学院的实验中研究果蝇

第 9 章

三倍体

• *Triploids* •

　　三倍型胚胎既然保持了基因间的平衡状态,所以预料它的发育是会正常的。唯一的不协调的因素,是三组的染色体和遗传下来的胞质分量两者间的关系。我们还不十分明了,这里发生了多少自动调剂作用,但不妨想象,至少在植物里,三倍体的细胞比正常型的细胞会更大一些。

together two tail ends ⬭ (anns)
of different worms then after they
have grown together I shall cut
one ~~small~~ piece off & let it
regenerate
will it regenerate a new head? ⬭ (ann)
It needs one & yet it would
be against its direction of polarisation
⬭ ← head?
It would be very important I
think if such a thing did occur.

I am also closely collecting different
cases of adaptation & trying
to arrange them in categories
Sometimes I shall send you a
preliminary scheme that you
may pull all to pieces for
my profit.
your results on counting the
cells of partial larvae have
greatly excited me & there
are many things I have to say

在近来的著作中也有了许多三倍体的记录,其中有些起源于已知的二倍体,有些出现在栽培植物里,另一些则发生在野生状态下。

Gates 和 Anne Lutz 描述过待霄草(半-巨型)的三倍体植株,有 21 条染色体。以后德弗里斯、van Overeem 和其他学者也描述过待霄草的三倍体。据说,这些三倍体是由二倍型生殖细胞同单倍型生殖细胞融合产生的。

Gates、Geerts 和 van Overeem 分别研究了三倍型染色体在成熟时期内的分布情况。他们看到:虽然在一些例子里,染色体在减数分裂中的分布颇有规则,但是在另一些例子里,若干染色体却被扔掉了、退化了。Lutz 女士确实看到三倍体的后代有悬殊。据 Gates 记载。在有 21 条染色体的植株中,第一次成熟分裂后的两个细胞"几乎始终"是 10 条对 11 条染色体,只是偶尔才有 9 条对 12 条。Geerts 发现了更多的错乱情况。他谈到有七条染色体经常分别趋入每一极,其余不成对的七条则不规则地分到两极。这项记载很符合于主张七条同七条接合,其余七条孤立无偶的见解。van Overeem 谈到在待霄草里,如果用三倍体为母株,结果证明大多数胚珠都有作用,不管无偶的染色体是如何分布的,换句话说,细胞虽有各种不同的染色体组合,但全部或者大多数卵子都能生存,并且可以受精。其结果便是出现了具有许多不同染色体组合的各种各样的植株。另一方面,如果用三倍型待霄草的花粉,结果证明只有含 7 条或 14 条染色体的花粉才能发生作用。含中间数目的花粉粒大都无效。

De Mol 在栽培的风信子 Hyacinth 里发现过三倍体。他说:由于被选用为商品的缘故,三倍体的风信子正在代替旧型。三倍体的一些后代含有三倍左右的染色体,它们构成了现代栽培类型的重要部分。风信子一般用球茎繁殖,所以任何特殊品种都能够继续绵延。De Mol 研究了正常型和三倍体风信子生殖细胞的成熟分裂(图 80)。正常二倍型

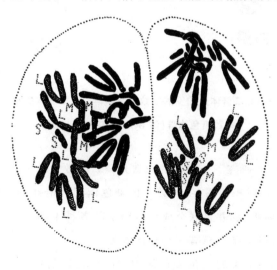

图 80　风信子花粉母细胞的三倍染色体群(仿 Belling)

◀1897 年 1 月 5 日摩尔根致德里希(Hans Driesch)的几页手稿,摩尔根在此叙述了有关蚯蚓再生的情况。

的染色体有 8 条长的、4 条中等的和 4 条短的。单倍型生殖细胞的染色体却是 4 条长的、2 条中等的和 2 条短的。De Mol 和 Belling 都指出了"正常"型减数分裂后的染色体既然每种大小都有两条,所以"正常"型也许已经是一种四倍体。如果真是这样,则所谓三倍体也可能是一种双倍的三倍体,因为它有 12 条长的、6 条中等的和 6 条小的。

Belling 又研究了美人蕉 Canna 的一个三倍体变种的成熟分裂。各种大小的染色体都是三条接合在一起。当染色体分离时,在每个三条接合染色体当中,一般是两条趋入一极,另一条则趋入另一极,但由于不同类型的染色体之间都是独立分布的,所以分裂后的姊妹细胞中只有极少数才是二倍型和单倍型。

Blakeslee、Belling 和 Farham 报道了一种三倍体曼陀罗。这植株是由四倍体同正常型受精后产生的。正常二倍型有 24 条染色体($n=12$)(图 81a)。三倍型有 36 条染色体(图 81b)。单倍染色体群中有一条特大号(L),4 条大号(l),3 条大中号(M),2 小中号(m),1 条小号(S)和 1 条特小号(s)。所以二倍型染色体群为 2(L+4l+3M+2m+1S+1s),而三倍型群则每类各有三倍。

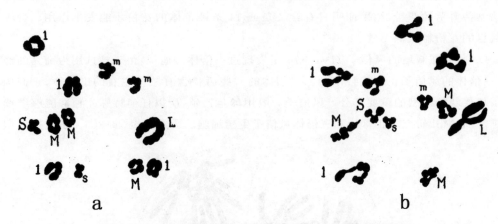

图 81　a.二倍体曼陀罗的减数染色体群；b.三倍体曼陀罗的
减数染色体群(仿 Belling 和 Blakeslee)

Belling 和 Blakeslee 研究了三倍体的成熟分裂。减数染色体群分为 12 类,各由三条联合而成,如图 81b。在体积关系上,各类三价染色体同二倍体的二价染色体是一样的,即只能由相同的染色体组成,并且联合成图中所示的各种不同方式。两条染色体可能借它们的两端互相连接,第三条则只有一端相连等等。

在第一次分裂时,每一类的三价染色体中有两条走到纺锤体的一极,另一条则走到相反的一极(图 75 第三列),不同类的三价染色体之间既然是自由组合,所以得出了几种不同的染色体组合。下表表示三倍体曼陀罗 84 个花粉母细胞所含染色体的数字,结果很符合于根据自由组合所推测的数字。

在三倍体曼陀罗 84 个花粉母细胞内染色体的组合，19729(1)

染色体的组合	第二次分裂中期						
	12+24	13+23	14+22	15+21	16+20	17+19	18+18
两群的实际数目	1	1	6	13	17	26	20
根据三价染色体任意分布所推算的数字	0.04	0.5	2.7	9.0	20.3	32.5	19.0

　　三倍体的第一次成熟分裂，偶尔不能进行。短时间的低温处理是有利于这种变化的。在第二次分裂时，染色体进行均等分裂①，结果产生了两个巨型细胞，各有 36 条染色体。

　　三倍体一般产生很少的有作用的花粉粒，但是有作用的卵细胞似乎比较常见。例如，三倍体从正常植株受精，其正常型后代(2n)的数目远远超过根据卵子内染色体自由组合假设所预料的数字。

　　三倍体果蝇是 Bridges 发现的(图 82)。三倍体有三条 X 染色体，同各类的三条常染色体平衡，所以是雌性。正常这种平衡，产生了正常雌蝇。我们既然知道所有染色体上面的遗传因子，因此有可能利用后代里的性状分布情况，来研究染色体在成熟时期内的行动，也有可能研究交换，以及决定染色体是否是以三条为单位互相配对。

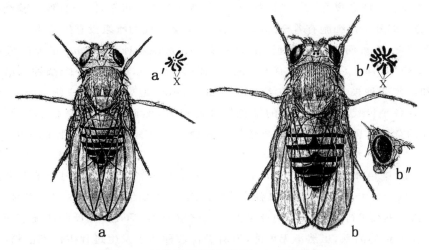

图 82　a. 正常雌果蝇(二倍体)；b. 三倍体果蝇

　　真正的三倍体果蝇有三组普通染色体，又有三条 X 染色体。反之，如果只有两条 X 染色体，则该个体为性中型②。如果只有一条 X，则该个体为超雄性。这些关系如下：

$$3a+3X=三倍体雌蝇$$

$$3a+2X=性中型$$

$$3a+1X=超雄性$$

---

　　①　均等分裂(oquational division)指一条染色体纵裂为两条，与减数分裂中互相接合的两条染色体的分离不同。——译者注

　　②　性中型(intersex)也称中间性。——译者注

在雌雄异体的动物里,发现了一种胚胎时期中的三倍体。据报道:蛔虫的二价型雌虫产生含两条染色体的成熟卵子,各个成熟卵子同含一条染色体的单价型精子受精。受精卵发育成胚胎,每个胚胎细胞各有三条染色体。因为在生殖细胞尚未成熟时,胚胎便已从母体逸出,所以没有看到染色体行动上一个最重要的特点,即染色体在接合时期内的联合,一直也没有发现过三倍型的蛔虫成虫。

另一种产生三倍体的方法就是把两个二倍体物种杂交,再把杂种(因为没有接合和减数分裂,所以产生三倍型生殖细胞)回交一个亲型原种。Federley 用三种蛾类做过这类的实验,三个物种的染色体数字如下表所示:

	二倍数	单倍数
Pygaera anachoreta	60	30
Pygaera curtula	58	29
Pygaera pigra	46	23

头两种杂种有 59 条染色体(30＋29)。当杂种的生殖细胞达到成熟时期,染色体之间没有互相接合。在第一次成熟分裂时,59 条染色体各分为两条子染色体。每个子细胞各得 59。在第二次成熟分裂时,出现了许多不规则的性状。每条染色体再度分裂成两条,但两条往往不能分离开来。虽然如此,雄虫仍然有部分可孕性,而且像实验结果所证明的,它的一部分生殖细胞有着全部的染色体。杂交一代的雌蛾没有生殖力。

如果把 F_1 雌蛾回交一个亲型,例如回交 *anachoreta* 种,*anachoreta* 种的成熟卵子有 30 条染色体,那么,孙代杂种有 89 条染色体(59＋30),因而是一个杂种三倍体。孙代杂种和子代杂种极相类似。前者有两组 anachoreta 型染色体和一组 curtula 型染色体。虽然在各个世代中只有半数的染色体彼此接合,然而在某种意义上,它们却是一种永久性的杂种。譬如当含 89 条染色体的杂种生殖细胞成熟时,两组 anachoreta 型染色体(30＋30)彼此接合,29 条 curtula 型染色体则依然孤立。在第一次分裂中,接合中的 anachoreta 染色体彼此分离,curtula 染色体则各自分裂开来,于是每个子细胞各得 59 条。在第二次分裂中,59 条染色体又各自分裂。因此,生殖细胞各得 59 条染色体,成为二倍型。只需要继续进行回交,便有可能来产生三倍型个体。不过,在控制情况下利用回交来维持一个三倍体品系,虽然不无可能,但由于在杂种精子发生过程中的紊乱情况,杂种的后代没有生殖力,所以要在自然条件下建立一族永久性的三倍体,一般是做不到的[①]。

三倍型胚胎既然保持了基因间的平衡状态,所以预料它的发育是会正常的。唯一的不协调的因素,是三组的染色体和遗传下来的胞质分量两者间的关系。我们还不十分明了,这里发生了多少自动调剂作用,但不妨想象,至少在植物里,三倍体的细胞比正常型的细胞会更大一些。

其他通过两个野生物种(其中一种有二倍于另一种的染色体)杂交所发生或者产生的三倍体,将于后面一章另作说明。

---

① 我把这里的叙述有意地简化一点。在 F_1 杂种体内,一条或多条染色体有时似乎接合起来。这时染色体或者会发生减数分裂,从而使 F_2 杂种的生殖细胞增减一条或多条染色体。

第 10 章

单倍体

• *Haploids* •

遗传学证据指明：至少要有一整组的染色体，才能进行正常的发育。胚胎学证据也证明：一组染色体为发育所必需。但不能由此断言，就所涉及的发育条件来说，单倍染色体能够直接代替二倍染色体而不发生严重的后果。

遗传学证据证明：至少要有一整组的染色体，才能进行正常的发育。含一组染色体的细胞可以称为 haploid（单倍型）。由这种细胞所组成的个体有时称为 haplond（单倍体）或者引申一下，常常称为 haploid（单倍体或单倍型）。胚胎学证据也证明：一组染色体为发育所必需。但不能由此断言，就所涉及的发育条件来说，单倍染色体能够直接代替二倍染色体而不发生严重的后果。

卵子经过人工刺激后可以发育成胚胎，这种胚胎细胞只有一组染色体，但由于卵子在开始发育前，胞质的分裂受到抑制，以致染色体增加到两倍的，也不在少数，而且比单倍体生活得更好一些。

切一片海胆卵子，使其同一条精子受精，便能够得到一个含有父方单组染色体的胚胎。Spemann 和以后的 Baltzer 在蝾螈（*Triton*）卵子受精后，立刻中缢卵子，有时能够分离出一片只含一个精核的卵子胞质（图 83），其中有一个被 Baltzer 培养到变态时期。

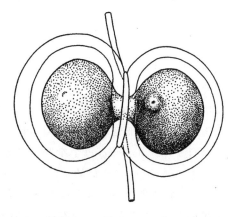

图 83　蝾螈卵子在受精后立刻中缢为二，右半边示极体（仿 Spemann）

用 X 射线或镭射线在足够的时间内照射蛙卵，损伤或破坏其染色体，然后，像 Oscar Hertwig 和 Gunther Hertwig 所证明的，使之受精，这些受精卵也可以发育成含半组染色体的细胞所组成的胚胎。反之，蛙精子在照射后虽然可以进入卵子，但对于发育不能再有作用。在这些情况下，卵子只有卵核的单组染色体，可以进行染色体的分裂而无胞质的分裂，从而在发育开始以前恢复了染色体的总数。这些卵子经过胚胎时期，发育成为正常的蝌蚪。

用以上各种方法所产生的人工单倍体，大多数都是衰弱的。在大多数例子里，它们在未达成年时早已夭折。其原因不明，但可以考虑几种可能性。如果用人工方法，刺激含有单倍型胞核的整个卵子，使之进行单性发育，又如果在开始分化（器官形成）前，该卵分裂次数和正常卵的相等，那么，就细胞体积对于所含的染色体数目之间的比例来说，它的每一个细胞的体积势必是正常细胞的两倍。细胞既然依靠它的基因来进行发育，因

◀ 曼陀罗的花和果实。

此，也可能由于基因物质欠缺，以致对于两倍大的胞质不能产生正常的效应。

另一方面，这种卵子如果在开始分化以前，比正常卵多分裂一次，那么，染色体数目（即胞核体积）与其细胞体积，便会维持正常的比例——整个胚胎便会比正常胚胎有两倍多的细胞，也有两倍多的胞核。胚胎作为一个整体说来，会含有和正常胚胎同样多的染色体总数。至于该例中较小的细胞体积，对于发育过程，究竟有多大影响，目前还不明了。根据单倍体上细胞体积方面的观察，似乎表明细胞体积如常，胞核却只有正常核的一半。看来，胚胎还没有像刚才谈的那样校正它的胞核-胞质关系。

人工单倍体的衰弱是否由于细胞体积正常而基因欠缺这个问题，或者可能从另一方面来决定。含一个精核的半个卵子，如果经过了正常卵子那样多的分裂次数，则胚胎细胞和其胞核之间，将会维持正常的体积比例。事实上，这一类的海胆胚胎早已知道了。它们变成看来是正常的长腕幼虫，但是还没有一个超过了这个阶段，因为由于某种原因，甚至正常胚胎在人工条件下也难培养到这个阶段以后，因此，这些单倍体的生活力是否和正常胚胎一样，还不明确。Boveri 和其他学者广泛地研究了海胆卵子的断片，大多数断片也许小于半个卵子。Boveri 断定：在原肠形成时期以前或者紧接原肠形成时期之后，大多数单倍体都夭折了。这些断片可能始终没有从手术中完全恢复过来，或者它们没有包含胞质所有的重要成分。

这些胚胎如果同正常二倍型卵子的裂球隔离后所形成的胚胎比较一下，便有若干有兴趣之点。当海胆卵子分裂为二细胞，四细胞或八细胞时，可以用无钙海水处理，把这些裂球各个分离开来。这里并没有手术上的损伤，每个细胞都有双组的染色体。然而有许多 1/2 裂球发育不正常，1/4 裂球中能发育成长腕幼虫的更少，至于 1/2 裂球能超过原肠形成时期的，也许一个也没有。这个证据表明：除染色体数目和胞核-胞质比例以外，小体积本身也有不利的影响。我们不明白这究竟意味着什么，但表面和体积之间的关系，随着细胞的大小而异，这也可能是上述结果中的一个因素。

根据这些实验看来，在已经适应于二倍体状态的物种中，要用人工方法减少卵子胞质来取得正常的生活茁壮的单倍体，是没有多大希望的。不过在自然条件下，存在着几个例子的单倍体；有一个例子，其二倍体物种的单倍体还存活到了成年。

Blakeslee 在栽培的曼陀罗里发现了一株单倍体（图 84）。他细心保护这株植物，并且把它嫁接到二倍体植物上面，维持达数年之久。除了产生极少数单倍型花粉以外，这株植物在所有主要性状上，都和正常植株相似。所产生的花粉粒都是在拼命渡过成熟时期以后才得到了一组染色体的。

根据 Clausen 和 Mann（1924）的报导：在烟草 *Nicotiana Tabacum* 和 *Nicotiana sylvestris* 杂交中，出现了两株单倍型烟草，各有 24 条染色体，为 *Tabacum* 种的单倍数目。有一株单倍体等于亲型 *Tabacum* "变种"的"缩小复制品"，不过性状表现得稍为夸大一些。该株高约为亲型的 3/4，叶小，枝细，花也显然小一些。它没有亲型那么健壮，花朵茂密，但不结种子。花粉完全残缺。另一株单倍体对于它的 *Tabacum* 亲型变种，表现了同样的关系。这两株单倍体的花粉母细胞经历了不规则的第一次成熟分裂，少数或多数染色体走到两极，剩下的则滞留在纺锤体的赤道上。第二次成熟分裂比较规则一些，但落后的染色体仍未能到达任何一极。

图 84　一株单倍体的曼陀罗（仿 Blakeslee，载在《遗传学》杂志里）

　　在父母任一方为二倍体的两物种里，自然似乎已经成功地产生了少数的单倍体。蜜蜂、黄蜂和蚁类的雄虫都是单倍体。后蜂的卵子有 16 条染色体[①]，在接合后形成八条二价染色体（图 85）。两次成熟分裂发生后，染色体减为八条。卵子如果受精，即发育成雌性（后蜂或职蜂），有二倍数目的染色体；卵子如果不受精，则以半数的染色体进行单性发育。

　　取雌雄两种蜜蜂的各种组织，检查其胞核体积与细胞体积（Boverr、Mehling、Nachtsheim），证明了二倍体与单倍体之间的差别，一般是不恒定的。不过，在雌蜂和雄蜂的早期胚胎时期里，有一种特别现象，使情况稍为复杂。在雌雄胚胎细胞内，每一条染色体似乎是分开成为两个部分，染色体增加到开始时的两倍。在雌性胚胎细胞中也发生了同样的过程，而且染色体甚至再度重复，以致看起来也有了 32 条染色体。这项证据似乎指示了染色体实际上并未增多，只是各自"断裂"而已。如果这是一个正确的解释，则基因数目也没有一点增加。雌蜂的染色体仍然是雄蜂的两倍。这种断裂作用对于胞核大小，究竟有什么关系（如果有的话），目前还不明了。

---

　　①　根据 Nachtsheim 的观察和解释：未成熟的蜂卵原有 32 条染色体，但由于染色体两两密切接合，所以看来只有 16 条。实际上，每一条都是"双染色体"或二价染色体。在成熟分裂开始以前，16 条二价染色体又两两接合成 8 条"四价染色体"。经过减数分裂，成熟卵子各得 8 条二价染色体，实际上是 16 条单价染色体。精母细胞原有 16 条单价染色体，因为没有减数分裂，所以成熟精子仍然各得 16 条单价染色体。雄蜂由卵子单性发育而成，所以只有 16 条单价染色体（单倍体）。后蜂和职蜂各由受精卵发育而成，所以有 32 条染色体。

　　图 85 中，染色体数字 8^2，在第一次分裂时指八条四价染色体而言，在第二次分裂时则指八条二价染色体而言。——译者注

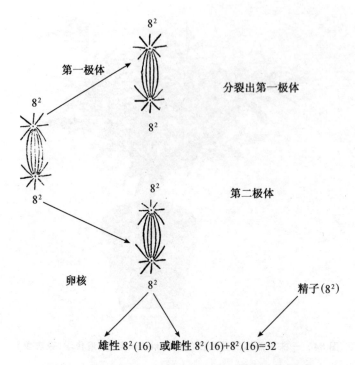

第一极体

8^2

第一极体

8^2

8^2

分裂出第一极体

8^2

8^2

第二极体

卵核

8^2

精子(8^2)

雄性 8^2(16) 或雌性 8^2(16)+8^2(16)=32

图85 示蜜蜂卵子的两次成熟分裂。图下部示卵子同
精子受精以后,染色体各分裂为二,使数目加倍

在雌雄两者的 germ-track 内,似乎没有发生断裂作用,如果发生了的话,这些断片在成熟时期前早已重新联合了。

细胞在成熟时期中的行动,是最好的证据,用来说明雄蜜蜂是一个单倍体,或者至少它的生殖细胞是单倍型。第一次成熟分裂流产了(图86a、b)。一个不完的纺锤体形成起来,上面有八条染色体。一部分胞质分离出来,其中没有染色质。第二纺锤体发生了,染色体各自分裂(图86d~g),料想是借着纵裂进行的,半数的子染色体走到各极。从较大的细胞里分出一个小细胞来。大细胞变成有作用的精子,含有单倍数目的染色体。

据说,锥轮虫 *Hydatina senta* 的雄虫为单倍体(图87c),雌虫为二倍体。在营养条件恶劣的情况下,或者用原生动物 *Polytoma* 饲养时,只出现雌轮虫。雌虫为二倍体,它的卵子最初也是二倍型。每个卵子只分出一个极体——每条染色体分裂成相同的两半。因此,借单性发育成为雌虫的卵子,仍然保留了全部的染色体。如果用别种食物(例如眼虫),便会出现一种新型的雌虫。如果当该虫从卵壳孵出时即从一个雄虫受精,则所产生的卵子都是有性的,每个卵子放出两个极体,保留了单倍数目的染色体。已经进入卵内的精核,同卵核联合,形成二倍体雌虫,雌虫重新开始一个单性繁殖的谱系。但是,上述的特种雌虫如果不受精,便会产生较小的卵子;卵子放出两个极体,多份保留了半数的染色体,以后经过单性发育,形成雄性单倍体。雄虫在孵出后数小时便已成熟,不再生长,几日内死去。

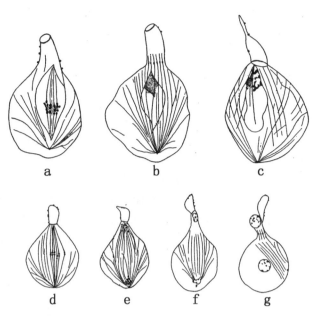

图 86 雄蜜蜂生殖细胞的两次成熟分裂(仿 Meves)

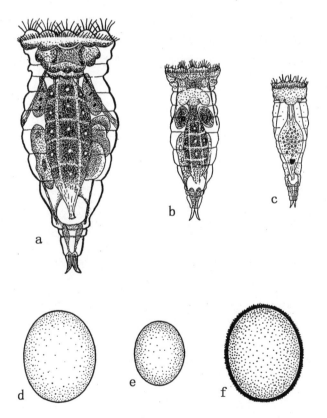

图 87 a. 锥轮虫 *Hydatina senta* 的单性繁殖的雌虫；b. 同样的幼年雌虫；c. 同样的雄虫；
d. 单性繁殖的卵子；e. 发育成雄虫的卵子；f. 冬季卵(仿 Whitney)

　　Schrader 证明雄性白"蝇"*Trialeurodes vaporariorum* 是单倍体。A. W. Morrill 发现：在美国，该蝇未经交尾的雌虫，只能产生雄性后代，Morrill 和 Back 在同科的另一种中，也看到了同一现象。另一方面，Hargreaves 和 Williams 先后报导，在英国，同种雌性白蝇未交尾时只产生雌虫。1920 年，Schrader 研究美国种的染色体：雌虫有 22 条，雄虫有 11 条。成熟卵子原有 11 条二价染色体。两极体被放出后，卵内只留下 11 条单价染色体。卵子受精，另添精核的 11 条染色体。未受精的卵子则进行单性发育，其胚胎细胞各有 11 条染色体。当雄虫的生殖细胞成熟时，看不出一点减数分裂的痕迹（甚至像蜜蜂那样的微弱过程也没有），它的均等分裂同精原细胞的分裂没有区别。

　　如 Hindle 的繁育实验所启示的，有些证据表明，未受精的虱卵发育成为雄虱。有一种恙虫 *Tetranychus bimaculatus*，其未受精的卵子发育成雄虫，受精的卵子发育成雌虫（依据几个观察者的报导）。Schrader（1923）证明过雄虫为单倍体，只有三条染色体；雌虫为二倍体，有六条染色体。卵巢内的卵子最初有六条染色体，以后，染色体两两接合，形成三条二价染色体。卵子受精时，增加了三条染色体，结果造成雌虫的六条染色体。未受精的卵子则直接发育成为雄虫，其细胞内各有三条染色体。

　　A. F. Shull 研究过一种蓟马 *Anthothrips verbasci* 的雌虫，在未交尾时，未受精的卵子只能发育为雄虫。雄虫多半是单倍体。

　　藓类和苔类的原丝体以及藓类的植株世代（即配子体）都是单倍体。Wettstein 用人工方法使原丝体细胞得出二倍型原丝体和二倍型藓类植株。这个结果证实了这个世代和孢子体世代两者间的差异，不是由各世代所有的染色体的数目所造成的，而是在这样意义上的一种发育现象，就是孢子必须经过配子体状态才能达到孢子体世代。

第 11 章

多倍系

· *Polyploid Series* ·

这点也许是重要点：即多倍系发生在几个被认为是多形的群里，因为这些群相互间既有变异，又相近似，而且在许多例子里不能从种子繁殖同一类型，所以分类学者感到惘然。但这一切都是和细胞学上的观察结果相符合的。只就这些染色体群都是平衡的这一点来说，遗传学上可以预料到，这些植株应该互相类似；例外的，只是细胞体积的扩大，可以引起一些影响各该植物结构的物理因素，以及基因数目的增加，可以在胞质里引起一些化学效应。

根据近年来的报道,有愈来愈多的亲缘很近的野生类型的驯化类型,它们的染色体数目都是一个基本单倍数值的一些倍数。多倍系成群地发生,这启示了在同一系内,染色体倍数较大的,是由染色体倍数较小的递增而来。至于分类学者是不是把这种类型当做稳定的物种,应该由他们来决定。

这点也许是重要点:即多倍系发生在几个被认为是多形的群里,因为这些群相互间既有变异,又相近似,而且在许多例子里不能从种子繁殖同一类型,使分类学者感到惘然。但这一切都是和细胞学上的观察结果相符合的。只就这些染色体群都是平衡的这一点来说,遗传学上可以预料到,这些植株应该互相类似;例外的,只是细胞体积的扩大,可以引起基因数目的增加,还可以在胞质里引起一些化学效应。

多倍体小麦

谷类如小麦、燕麦、黑麦和大麦,都有一些多倍染色体群。以小麦一系研究最为广泛,其杂交后的少数杂种类型也已经检查过了。单粒小麦($Triticum\ monococcum$)的染色体最少,共 14 条($n=7$)。单粒小麦属于单粒($Einkorn$)群,Percival(1921)把它的根源追溯到新石器时代的欧洲。另一型为爱美尔小麦群,有 28 条染色体,生长在史前时代的欧洲以及早在公元前 5400 年的埃及,直到希腊—罗马时代,才被含 28 条染色体的小麦和软粒小麦群中一种含 42 条染色体的类型(图 88)所代替。爱美尔小麦群内变种最多,但软粒小麦群却有更多的不同"类型"[原文为 forms]。

有几个人研究各种小麦的染色体,最近的有坂村彻(1920)、木原均(1919,1924)和 Sax(1922)的研究。以下大部分取材于木原均的专著,一部分引用了 Sax 的论文。下表表示观察到的二倍染色体数目以及观察或估计到的单倍数目。

	单倍数	二倍数
单粒群(Einkorn),单粒小麦(*T. monococcum*)	7	14
爱美尔群(Emmer),双粒小麦(*T. dioccum*)	14	28
爱美尔群(Emmer),波洛尼卡小麦(*T. poloricum*)	14	28
爱美尔群(Emmer),双粒小麦(*T. durum*)	14	28
爱美尔群(Emmer),双粒小麦(*T. turgidum*)	14	28
软粒群(vulgare),斯拍尔达小麦(*T. Spelta*)	21	42
软粒群(vulgare),密质小麦(*T. compacta*)	21	42
软粒群(vulgare),软粒小麦(*T. vulgare*)	21	42

◀ 常见的多倍体植物。

图 88a(单粒小麦)，图 88c(坚粒小麦)以及图 88h(软粒小麦)各代表单倍型群。图 89
从 Sax 处获得，表示上述各群的正常成熟分裂。单粒小麦(*Einkorn*)有七条二价染色体

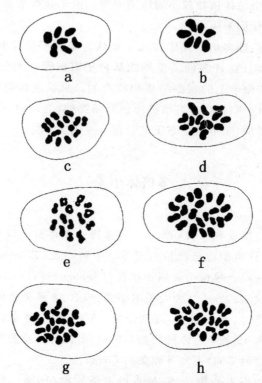

图 88　二倍体、四倍体和六倍体小麦减数分裂后的染色体数目(仿 木原均)

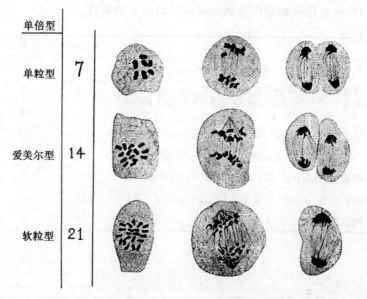

图 89　二倍体、四倍体和六倍体小麦第一次成熟分裂即减数分裂(仿 Sax)

（即接合染色体），在第一次成熟分裂时，二价染色体各分为二，每极得七条染色体。没有一条逗留中途的。子细胞进行第二次分裂，七条染色体各自纵裂为两半，每极得七条。爱美尔小麦型有 14 条二价染色体，在第一次成熟分裂中，二价染色体各分裂为二，每极得 14 条。在第二次成熟分裂时，染色体各自纵裂，每极得 14 条染色体。软粒小麦 Vulgare 型有 21 条二价染色体，在第一次成熟分裂中，二价染色体各分裂为二，每一极得 21 条。在第二次成熟分裂时，染色体纵裂，每极得 21 条。

这一系类型可以解释为二倍体、四倍体和六倍体。每一类型都是平衡的，每一类型都是稳定的。

在上述各种不同染色体数目的类型中，有几个类型进行过杂交，产生了各种不同组合的杂种，其中有一些稍具生殖能力，有一些完全不孕。有几种组合的父母两方，各有不同的染色体数目；从这些染色体的行动中，揭露出来一些重要关系。现在用几个例子说明于下。

木原均研究了爱美尔型和软粒型杂交的杂种，爱美尔型有 28 条染色体（$n=14$），软粒型有 42 条（$n=21$），而杂种却有 35 条，所以是一个五倍体杂种。当成熟时（图 90a～d），有 14 条二价染色体和七条单染色体。二价染色体各自分裂，每极得 14 条；单染色体则零乱分布于纺锤体上，并且在"减数"染色体分别走到两极以后，仍然滞留在那里（图 90d）。随后，这些单染色体各自纵裂，子染色体分别走向两极，但不十分整齐。当染色体平均分布时，每极会得到 21 条染色体。

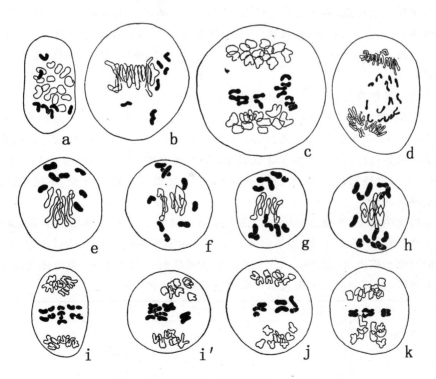

图90 杂种小麦的减数分裂（仿 木原均）

这里应该附带提到 Sax 研究三倍体小麦的结果,这时七条单染色体并不分裂,而是不平均的分布到两极,最常见的比例是 3∶4(图 91)。

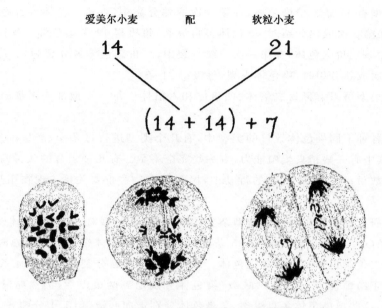

图 91　爱美尔小麦和软粒小麦的杂种,示减数分裂(仿 Sax)

根据木原均的记载,在第二次分裂时,出现了 14 条正在纵裂中的染色体和七条不分裂的染色体。前者分裂开来,每极得 14 条;其余七条单染色体则零乱地分布,最多见的是三条到一极,四条到另一极。Sax 认为七条单染色体以及 14 条减数后的染色体都在第二次分裂时为二。

不论哪一种解释适用于单染色体(在别的生物中两种解释都有先例可援),一个明显的重要事实是:只有 14 条染色体,才互相接合。至于究竟是爱美尔小麦的 14 条染色体与软粒小麦的 14 条染色体互相接合,或者是爱美尔小麦的 14 条联合成七条接合体,而余下七条单染色,这一点从细胞学证据看来,是不明确的。在这些组合或其他类似组合(这一种产生可育性杂种)方面的遗传学研究,也可能提供决定性证据,不过目前这方面研究还是缺乏的。

木原均又用有 14 条染色体($n=7$)的单粒小麦同有 28 条染色体($n=14$)的爱美尔小麦杂交。杂种有 21 条染色体,为三倍体。当杂种生殖细胞(花粉母细胞)成熟时,其染色体分布情况比上例更乱(图 90e~k)。接合染色体的数目多少不一,染色体之间的联合,如果发生的话,也不完全。下表表示二价染色体数目上的变化。

体细胞染色体数目	二价染色体数目	单染色体数目
21	7	7(图 90e)
21	6	9(图 90b)
21	5	11(图 90g)
21	4	13(图 90h)

第一次分裂时,二价染色体分裂为二分,每半走到一极。单染色体在未达到一极或另一极时,不是每次都有分裂;有些未经分裂,便达到两极,另一些先行分裂,每半各趋一极。七条单染色体滞留在两极染色体群之间的中央平面上,也并不少见(图 90i)。下表表示三次测定的数字。

上极	两极之间	下极
8	6	7(图 90i)
9	4	8(图 90j)
9	3	9(图 90k)

第二次分裂时一般有 11 或 12 条染色体:有些是二价染色体(纵裂),其他为单染色体。前者分裂正常,子染色体走入一极或另一极;单染色体却以不分裂状态,分布到此极或彼极。

从这项证据说来,在杂种里,不可能决定究竟是什么染色体在接合。二价染色体既未超过 7 条,说它是爱美尔小麦的 14 条染色体彼此接合也可以。

从爱美尔小麦同软粒小麦杂交中得到了可孕性杂种。木原均研究过在 F_3、F_4 和以后世代中一些杂种进行成熟分裂时的染色体。各植株的染色体数目多少不一,在成熟分裂中某些染色体的分布也不规则,从而引起更多的紊乱,或者重新建立像在一个亲型那样的稳定类型,等等。这些结果虽然在研究杂种遗传上是重要的,不过太复杂了一些,不适合我们目前的目的。

木原均研究了软粒小麦和一种黑麦的杂种,软粒小麦有 42 条染色体($n=21$),黑麦有 14 条染色体($n=7$)。杂种(有 28 条染色体)可以称为四倍体。按照很早的观察,这个从极不相同的两个物种杂交所生的杂种,是不孕的,但另一些观察者却认为是可孕的。

当生殖细胞成熟时,看到的接合染色体很少甚至没有,如下表所示:

双染色体	单染色体
0	28
1	26
2	24
3	22

第一次分裂中,染色体在两极上的分布,很不规则;最多只有少数染色体,在到达两极以前,分裂开来;有些单染色体则散布在细胞质内。在第二次分裂时,许多染色体纵裂,那些在第一分裂中分裂了的染色体则行动迟缓,慢慢地走到一极;落后染色体的数目比第一次分裂时的落后染色体却少多了。

小麦同黑麦杂交中最有趣的特点,是几乎完全没有接合染色体,这样会引起染色体不规则的分布,而这种不规则的分布,很有可能解释了在杂种里所常见的不孕性。另一种可能是,同一物种的全部(或大多数)染色体也可能(作为一个稀有的事件来说)走到另一极。由此可以导致有作用的花粉的形成。

多倍体蔷薇

从林奈时代以来,分类学者在许多蔷薇分类上感到踌躇。近年来,经瑞典植物学家 Täckholm、英国三位植物学家 Harrison 和其同事 Blackburn,以及蔷薇专家和遗传学家 Hurst 先后发现,若干群的蔷薇,特别是属于 *canina* 蔷薇族的蔷薇,都是多倍型。它们之间的差异不完全归之于多倍性,广泛的杂交作用也一道参加了作用。

近来 Täckholm 对这些蔷薇进行了精密的研究。首先谈谈他的计算。14 条染色体($n=7$)的物种染色体最少,可以作为基本型。另有 21 条染色体(3×7)的三倍体,28 条(4×7)的四倍体,35 条染色体(5×7)的五倍体,42 条染色体(6×7)的六倍体以及 56 条染色体(8×7)的八倍体(参考图 92)。有一些平衡的多倍体,在成熟分裂时其所有染色体互相结合成对(二价染色体);而含有奇数染色体的多倍体,甚至有些含偶数染色体(假定是杂种)的多倍体,在第一次成熟分裂时,却只有七条(或 14 条)二价染色体,其他都是单染色体。换句话说,当七类染色体各有四条、六条或八条时,每一类染色体都两两接合,好像他们是二倍体似的。不论染色体来源如何,它们绝不是四条、六条或八条接合一起的。这些多倍体的接合染色体,在第一次成熟分裂中,分离开来,每极各得一半。在第二次成熟分裂时,染色体各自分裂,每条子染色体走到一极或另一极。这样,不管是花粉或是胚珠,所有生殖细胞都含有原来染色体的半数。如果它们是有性繁殖,则该种特有的数目便可以维持不变。

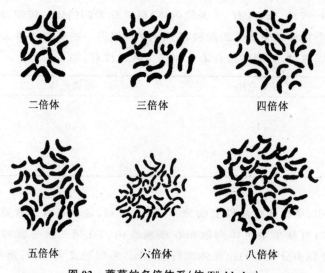

二倍体　　　　　三倍体　　　　　四倍体

五倍体　　　　　六倍体　　　　　八倍体

图 92　蔷薇的多倍体系(仿 Täckholm)

在另一群蔷薇里,生殖细胞内所发生的种种变化,表示这群蔷薇并不稳定,所以 Täckholm 把它们看成是杂种。其中有些含 21 条染色体,故为三倍体。在成熟初期,花粉母细胞有七条二价染色体和七条单染色体。二价染色体在第一次成熟分裂时分裂开来,每极各得七条;七条单染色体不分裂,零乱分布于两极之上。因此可能得出几种组合。在这方面,该型是不稳定的。当第二次成熟分裂时。所有单染色体,不论是来自以前的二价染色体或是来自单染色体,都分裂成两条。许多子细胞退化了。

另一些杂种,有 28 条染色体(4×7),但因为接合时期中的染色体行动,表示了每类染色体不够四条,所以 Täckholm 不把它们列入真正的四倍体。该型只出现七条二价色体和 14 条单染色体。第一次分裂时,七条二价染色体纵裂,14 条单染色体不分裂,分布也不规则。

另一些杂种有 35 条染色体(5×7)。成熟时出现七条二价染色体和 21 条单染色体(图 93)。两种染色体的行动与上例相同。

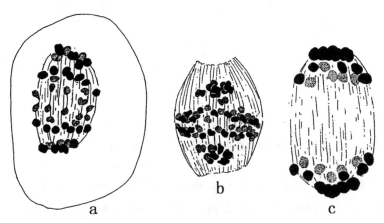

图 93　35 条染色体的蔷薇第一次成熟分裂(异型分裂)(仿 Täckholm)

第四类型的杂种有 42 条染色体(6×7)。成熟时也只有七条二价染色体,但单染色体却有 28 条。染色体在成熟时期的行动同前。

现在从花粉的形成方面,将以上四型的"杂种蔷薇"分类如下:

7 条二价染色体和 7 条单染色体:共计 21 条

7 条二价染色体和 14 条单染色体:共计 28 条

7 条二价染色体和 21 条单染色体:共计 35 条

7 条二价染色体和 28 条单染色体:共计 42 条

这些杂种的独特行动,是只有 14 条染色体接合成七对二价染色体。我们必须假定这些染色体是相同的,或者是这样的接近,以致它们接合起来。除非像 Täckholm 所提示的,其他各组的七条染色体,是从不同的野生物种杂交中得来,否则很难理解为什么各该组染色体不能互相接合。经过杂交而新添的各组染色体与原来一组染色体之间的差异以及各组之间的差异,都可以妨碍他们之间的接合。

还有两型杂种可以谈一下:两者都有 14 条二价染色体和七条单染色体。它们比以上杂种有着两倍多的接合染色体。

Canina 群中只有少数杂种,其胚囊(卵子发育所在)染色体的历史已经有过记载(图 94)。

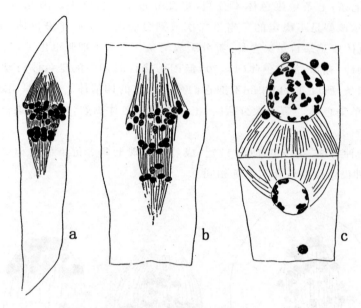

图 94　蔷薇卵细胞的成熟分裂。所有单染色体走到一极,在那里和
半数的接合染色体会合(仿 Täckholm)

在纺锤体的赤道上有七条二价染色体,而单染色体则完全在一极集中。每条二价染色体分开成两半,一半走到一极,一半走到另一极。结果,两个胞核中,有一个含七条染色体(来自二价染色体)和所有的 21 条单染色体,另一个子细胞则只有七条染色体。卵细胞由前一群胞核发育而来。如果卵细胞真由(7＋21)染色体的细胞发育而来(似乎是这样的情况),而且从一个含七条染色体的精子(假设另一种精子是不起作用的)受精,则受精卵将有 35 条染色体,即该型原来染色体数目。

这些多倍体蔷薇的生殖过程,还没有得到完全的阐明,仅从萄枝繁殖一方面来说,它们将能维持从受精中得到的任何数目的染色体。那些经过单性生殖而形成种子的杂种,也可以维持一定数目的体细胞染色体。由于花粉和卵细胞形成上的不规则,结果似乎会成立许多不同的组合。不熟悉这些类型中染色体的相互关系,势必很难阐明它们的遗传过程。即使这方面有了进展,对于这些杂种蔷薇的组成,仍然有许多须弄清楚的问题。

Hurst 在研究蔷薇属的野生种和栽培种以后,认为野生二倍体物种由五个主系组成,即 AA、BB、CC、DD、EE(图 95a~d、e~h、i~l、m~p、q~t)。从这五个主群可以分辨出许多组合。例如,一种四倍体为 BB、CC;另一种为 BB、DD;一种六倍体为 AA、BB、EE;一种八倍体为 BB、CC、DD、EE。

Hurst 说到五个主系中,每一个系至少有 50 个可以鉴别的性状。这些性状都能够在杂种组合中看到。环境条件可以交替促进一系或另一系的性状。Hurst 相信,在这些相互关系的基础之上,本属各种的分类是可能做到的。

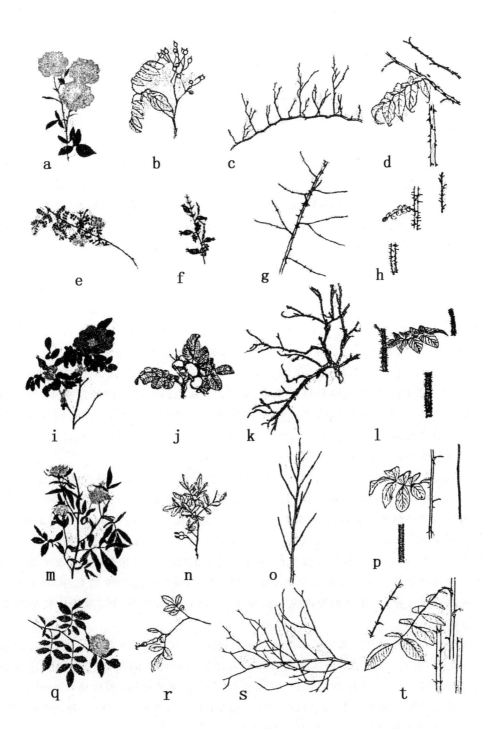

图 95　*Canina* 蔷薇的五种类型,即 a~d、e~h、i~l、m~p、q~t 各型的特征排在
同一横行上,包括花、果实、分枝情况,刺和叶的着生处(仿 Hurst)

其他多倍系

除上述各多倍型外，在另一些群里也有过有多倍染色体的变种和物种的报道。

我们知道山柳菊 *Hieracium* 属内有一些物种进行有性生殖，另一些物种虽然有时甚至有一些正常花粉粒的雄蕊，却进行着单性生殖。Rosenberg 在几种产生花粉的物种里，研究了它们的花粉的发生情况。他又研究了不同物种杂交所生的杂种。其中有含 18 条染色体（$n=9$）的 *H. auricula* 同含 36 条染色体（$n=18$）的 *H. aurantiacum* 杂交所生的杂种，Rosenberg 研究了杂种花粉细胞的成熟分裂。在第一次成熟分裂时，杂种有九条二价染色体和九条单染色体，但也有一些例外，这或者由于在亲型 *H. aurantiacum* 花粉中染色体数目反常的缘故。在第一次分裂时，每条二价染色体分为两条，大多数单染色体也分裂起来。

另两种四倍体 *H. pilosella* 和 *H. aurantiacum* 各有 36 条染色体。Rosenberg 也研究了它们的子代杂种的成熟分裂。杂种的体细胞有 38～40 条染色体。有两个例子：含 18 条二价染色体和四条单染色体，在含 36 条或 42 条染色体（$n=21$）的 *H. excellens* 和含 36 条（$n=18$）的 *H. aurantiacum* 的杂交中，有一个例子含 18 条二价染色体。所以 *H. excellans* 亲型可能有 36 条染色体。在另一个同样的杂交里，其子代花粉大都是不孕的，这里有大量的二价染色体和许多单染色体。在其他两个四倍体的杂交中，也看到同样结果。总之，从四倍体得到的结果表明，不同物种的染色体互相接合时，则各该物种即有着相同的染色体，或者至少是二价染色体的形成，由于异种中相同染色体的接合，比由于同一物种中相同染色体的联合，似乎更为可能。

Archieracium 属内有兼营有性生殖和单性生殖的物种，以单性生殖比较常见。Rosenberg 研究该种花粉的成熟作用。在单性生殖型的胚囊内，没有减数分裂，但依然保留二倍数目的染色体。花粉发育改变很大，有作用的花粉很少。在花粉母细胞内，减数分裂极不规则。Rosenberg 曾经描述了几种无配子生殖[①]的山柳菊，其中花粉几乎完全无作用（图 96）。据他解释，这些变化一部分由于他们起源于四倍体（大多数类型中出现二价染色体和单染色体），一部分也由于染色体之间的接合作用渐次消失，同时又抑制了一次成熟分裂。据说，卵母细胞内也可能发生类似的变化，从而使营单性生殖的卵子保留了全部染色体。

田原正人发现了多组系家菊。其中，10 个变种（图 97）各有 9 条染色体，不过染色体有大小之别，更重要的，是染色体的相对体积可以随变种的不同而异（图 98）。这点留在以后讨论。另一要点，即在某些物种中，染色体的总数虽然相同，胞核体积却大小不一。另一些菊的染色体为 9 的倍数（图 99）。两种有 18 条；两种，27 条；一种，36 条；两种，45 条。下表表示染色体数目和胞核体积的关系。

---

① 无配子生殖＝apogamous：配子体借营养繁殖法产生孢子体，其中没有配子的产生和受精。——译者注

名　称	染色体数目	胞核直径	半径[3]
Ch. lavanduloefolium	9	5.1	17.6
Ch. roseum	9	5.4	19.7
Ch. japonicum	9	6.0	29.0
Ch. nipponicum	9	6.0	27.0
Ch. coronarium	9	7.0	43.1
Ch. carinatum	9	7.0	43.1
Ch. Leucanthemum	18	7.3	50.7
Ch. morifolium	21	7.8	57.3
Ch. Decaisneanum	36	8.8	85.4
Ch. articum	45	9.9	125.0

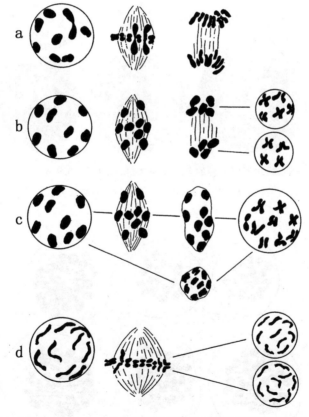

图 96　山柳菊 *Hieracium* 属内几个无配子生殖的物种的花粉所具有的

成熟分裂阶段(仿 Rosenberg)

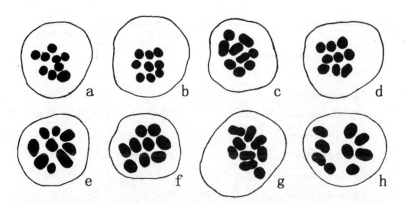

图 97　家菊八个变种的染色体类型,各含减数后的九条染色体(仿 田原正人)

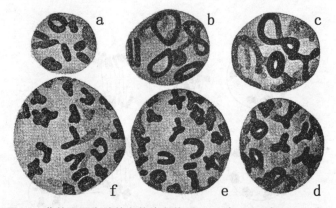

图 98　菊的不同变种的多倍染色体群;a.9 条;b.9 条;c.18 条;

d.21 条;e.36 条;f.45 条(仿 田原正人)

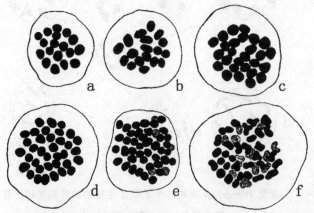

图 99　几个家菊变种的终变期胞核:a 和 b 有 18 条染色体;c 有 27 条;

d 有 36 条;e 有 45 条;f 有 45 条(仿 田原正人)

　　大泽一卫报道了桑树的三倍体变种。在他所研究过的 85 个变种中,40 个为三倍体。两倍体的染色体数目为 28($n=14$),三倍体的染色体数目为 42(3×14)。二倍体植株有生殖能力,在三倍体内,成熟分裂表现紊乱情况(单价染色体),花粉粒和胚囊都不能成熟。当三倍体的花粉和大孢子母细胞进行第一次成熟分裂时,二价染色体有 28 条,单价体有 14 条。单价体任意走到一极,并在第二次分裂时各自分裂为二。

　　槭属(*Acer*)植物中,似乎也有多倍体的可能。据 Taylor 报道,有两种含 26 条染色体($n=13$);有两种含 52 条($n=26$);其他约含 144 条($n=72$),108 条($n=54$)或 72 条($n=36$)。也发现过含不同数目的其他物种。

　　Tischler 在甘蔗中看到:有些品种的单倍数为 8 条、16 条和 24 条(二价)染色体。Bremer 报道另外两个变种,一种约有 40 条单倍染色体,另一种 56 条,也有其他数字的报道。在这些组合中,有些或者由杂交得来,但在所观察到的染色体数目上的差异中,究竟有多少是来自杂交,目前还不知道。Bremer 也研究过少数杂交的成熟分裂过程。

　　Heilborn 谓,薹属 *Carex* 各物种的染色体数目,差别很大,却没有显明的多倍系。"现在重要的,是要给多倍体这个名词下一个比较明晰的定义。从第二章中染色体数目表看来,似乎有些数目以三为基数成为多倍系(9、15、24、27、33、36 和 42),有些以四为基数自成一系(16、24、28、32、36、40 和 56),其他以七为基数(28、35、42、56),以此类推,但作者认为仅仅这些数字关系,还不能看做多倍的例子。多倍系的染色体群必须包括一定组数的单倍染色体,而且必须由这种组数相加而成。可是,我们知道,例如 *C. pululifera* 的九条染色体不是三个组而是三条大号、四条中号和两条小号染色体所组成;又如 *C. ericetorum* 也没有这样的五组,而是一条中号和 14 条小号染色体,因此,两物种的染色体群的起源不是由于一组一组的染色体的增加,而是通过其他途径。"在酸模、罂粟、桔梗、堇菜、风铃草和莴苣属里也报道过一些问题较多的多倍系。在以下各种内发现两种染色体数目,一种为另一种的二倍或三倍:如车前(6 和 12),滨藜属 *Atriplex*(9 和 18),茅膏菜(10 和 20),长距兰(21 和 63)。我们知道山楂和覆盆子是复杂的多形的物种。据 Longley 近来的报道,两种表现着广泛的多倍性。

蔷薇

第 12 章

异倍体

• *Heteroploids* •

　　就我所理解的异倍体来说，其最重要的一点是，它们可以用来解释在细胞分裂和成熟机制偶然反常时所发生的奇特有趣的遗传情况。不稳定类型产生了，并且只要这些类型能够维持下去，它们总是不稳定的，也就是说，多一条额外染色体。在这方面，它们显然不同于正常的类型和物种。其次，大多数证据指明：这些异倍体的生活力，比它们亲本的平衡型要弱一些，因而很少能在一个不同的环境下代替原种。

　　某群染色体有时由于不规则的分裂和分离,增加了一条或者减少了一条。凡是由于增减一条或多条染色体所造成的新数目的染色体群,都被称为异倍型。仅仅某一类的染色体有三条的染色体群,又被称为三体型(同每类染色体各有三条的三倍体相区别),三体这个词也可以同该类染色体的号数联写,例如果蝇的三体-Ⅳ。这样的一条额外染色体,以前被称为超数染色体或 m 染色体。某一对的染色体中损失一条时,可用单体这个词加上该条染色体的名号来命名,例如果蝇的单体-Ⅳ型。

　　已经发现了某些待霄草的突变型同增加一条第 15 号染色体有关。

　　拉马克待霄草正常有 14 条染色体。lata 突变型和 semi-lata 突变型却有 15 条染色体,即增加了一条染色体(图 100)。lata 型和拉马克待霄草之间的差异大都轻微,以致只有专家才能辨别,但是这些差异在许多细节上都是存在着的。据 Gates 报道,某一种 lata 突变体的雄体几乎完全不孕,种子的产量大为降低。在 semi-lata 型中一个突变体产生了一些良好的种子。

图 100　*Oenothera lata*(仿 Anne Lutz)

◀月见草(又称待霄草)。

据 Gates 研究,lata 型的出现频率,随着不同的后代而异,约为 0.1％～1.8％。

在成熟时期,15 条染色体突变体的花粉有 8 条染色体:7 条为成对染色体,1 条为单染色体。在第一次成熟分裂时,接合中的两条染色体分离开来,分别走向两极。单染色体并不分裂,整条走到一极。在成熟期内,也有一些其他不规则的例子,虽然 Gates 认为三体-Ⅳ型个体的不规则情况比正常个体更多一些,但是否是额外染色体引起的,却不知道。

从 15 条染色体型预期可得出两种生殖细胞:一种有 8 条染色体,一种有 7 条。现已经证明了两种都有。从遗传学观点来看,lata 型同正常型杂交,应该产生同样多的 lata 型(8＋7)和正常型(7＋7)的后代。实际结果与此大致符合。

三体型中最有趣的问题,在于究竟是哪一条染色体成为超染色体。既然染色体只分七类,可以预测任何类的染色体都能出现为三体型。据德弗里斯提示,待霄草有七种三体型,相当于七类可能的超数染色体。

也应该注意,含有两条超数染色体(同类或异类)的四体型,可能不像三体型那样容易生存。我们知道,这样的四体型是有的。譬如三体型的精子和卵子如果各含八条染色体,两者受精,所成的个体似乎有多得两条同类染色体的良好机会,这样便会产生该类染色体的四体型。就生殖细胞各含八对染色体方面来说,这种四体型应该是稳定的,不过它可能比只含一条额外染色体的三体型,更不平衡。也有过 16 条染色体类型的记录,其中有些能由 15 条染色体三体型发生出来,因而具有同一染色体的倍数,关于它们的相对存活力,还未见有报道。

经验上,任一对染色体似乎都有可能在三体型产生四体型的过程中重复。不过,即使这样能够达到稳定性,但基因平衡这一个更重要的因素,却会使成对染色体不可能这样永远增加起来。物种含染色体愈多,则基因间的比率变化愈小,其最初阶段的不平衡状态,较之含少数染色体的物种,或者要轻微一些。

Bridges 在果蝇中发现了第四小染色体的三体型;因为小染色体上有三个遗传因子,所以不仅有可能去研究新的第四染色体增加时所影响的性状,而且也能够探究这种状态对于一般遗传学问题的关系。另一方面,也看出了含三条染色体的个体,往往死亡;含第二或第三染色体的三体型,也不能存活。

三体-Ⅳ型果蝇和普通型果蝇差别不大,所以难于辨别。和普通果蝇比较,三体-Ⅳ型果蝇体色稍深,胸部缺乏叉型结构(图 32);两眼略小,表面光滑;两翅窄而锐。这些轻微效应是由于增加了一条第四染色体,这点从细胞学证据(图 32)和遗传学检查两方面已经得到了证实。三体-Ⅳ型果蝇同无眼果蝇(第四染色体的稳性突变型)同无眼果蝇杂交时,若干子代果蝇,可根据上述性状鉴定是三体-Ⅳ型。再使这种三体-Ⅳ型果蝇反交无眼型(图 33),孙代有完全眼和无眼两种,约为 5 与 1 之比。如图 33 所示,这项结果符合于预测数字,如果一个正常基因对于两个无眼基因是显性的话。

孙代中含有两条普通第四染色体和一条无眼第四染色体的三体-IV型果蝇彼此交配，则产生完全眼和无眼两种个体，约为 26 与 1 之比。

在以上杂交里，半数卵子和半数精子各有两条第四染色体，预期可以产生一些含四条第四染色体的果蝇。如果这种四体型果蝇能够发育起来，预计所得完全眼和无眼为 35：1。实际得到的比例（26：1）与预计比例（假定四体型果蝇能够存活）不符合，这是因为四体型死亡的缘故。事实上，从未发现过四体型果蝇，这意味着第四染色体虽然微小，但当该染色体有四条存在时，便会把基因间的平衡破坏到不能发育成为成虫的程度。

和四体型相反，另一种异倍体果蝇缺少一条第四染色体，称为单数-IV型（图 29），这种类型出现过很多次。据说小染色体有时可能由于减数分裂时两条同入一极，以致一条在种系中失去。单数-IV型果蝇体色较浅，胸部的三叉纹较为显明，眼大而表面粗糙，刚毛细小，双翅略短，触角刚毛退化甚至消失。所有这些性状都和三体型的性状相反。如果第四染色体上有一些基因和其他基因一道影响蝇体上许多部分，这些差异便毫不足怪了。增加一条染色体，便加强影响；缺少一条染色体，便削弱影响。单数-IV型比正常型果蝇迟 4～5 天孵化；单数-IV型往往不孕，一般产卵很少，死亡率很高。现有大量的细胞学证据和遗传学证据，证明这些果蝇的特点，是由于少了一条染色体。

缺少两条第四染色体的果蝇还未被发现，两个单数-IV型彼此交配，其子代各型间的比例（单体-IV型 130 只，正常蝇 100 只）证明，完全没有第四染色体的果蝇（称为缺对-IV）死亡。

双倍型无眼果蝇如果同第四染色体上有正常基因的单数-IV型交配，其子代果蝇中有些无眼，而且一定属于单数-IV型。理论上，子代的一半应该无眼，但因单条第四染色体上有无眼基因，以致单倍型蝇的存活率比预计数字减低 98%，这种作用也适应于单条第四染色体上的其他隐性突变型基因（弯翅和剃毛）。根据 Bridges 的研究，弯翅使存活率降低 95%，剃毛降低 100%，也就是说单数-剃毛型的果蝇不能发育。

曼陀罗 Datura stramonium 有 24 条染色体。Blakeslee 和 Belling 发现许多栽培型有 25 条染色体（$2n+1$），多半分属于 12 个类型，各有一条不同的额外染色体。这 12 个类型所表现出的轻微而恒定的差异，涉及植物的所有部分。蒴果上便充分表现出这种差异（图 101）。其中至少有两型（三体-球型与三体-poinsettia）在额外染色体上含孟德尔式因子，经 Blakeslee、Avery、Farnham 和 Belling 证明，至少在这两型里，第 25 号染色体是彼此不同的。特别是在 poinsettia 三体型中有一条含紫茎白花基因的额外染色体，对于遗传的影响最为明显。从这里看出，含额外染色体的生殖细胞比正常型存活较少，而减少了某些预测类型的数字；事实上，这些生殖细胞（$n+1$）完全不通过花粉传递（或者仅仅传递一小部分），通过卵子的也只占卵子总数 30%。把这些关系都估计在内，那么遗传研究结果便和预测数字符合了。

Blakeslee 和 Belling 在研究三体型曼陀罗时，发现约有 12 个显然不同的类型，同属

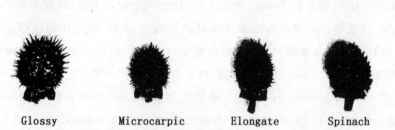

图 101　曼陀罗的正常型蒴果及其 12 种可能的三体型蒴果

（仿 Blakeslee，载在《遗传学》杂志）

于 $2n+1$ 或三体系。曼陀罗恰好有 12 对染色体，预计仅能有 12 个单纯的三体型，事实证明初级三体型也只有 12 个。其他三体型称为次级三体型，似乎各属于某一个初级三体型（图 102）。其证据由下列各方面得来：在外形类似上，在体内结构上（如 Sinnott 所证明的），在遗传方式相同上（某一标记染色体发生同样的三体型遗传），以及在同一群内一型产生另一型的交互作用上和在额外染色体的体积上（Belling）。

图 102　曼陀罗二倍体$(2n)$的蒴果与 $2n+1$、$2n+2$ 两型的蒴果比较

(仿 Blakeslee，载在《遗传学》杂志)

下表表示初级型及其次级型，皆由三倍体产生出来。

由三倍体产生的$(2n+1)$初级型与次级型

(初级型用大写字母代表，次级型用小写字母代表)

	$3n$ 自交	$3n \times 2n$	共计		$3n$ 自交	$3n \times 2n$	共计
1. GLOBE	5	46	51	8. BUCKLING	9	48	57
2. POINSETTIA	5	34	39	Strawberry	—	—	—
Wiry	—	—	—	Maple			
3. COCKLEBUR*	6	32	38	9. GLOSSY	2	30	32
Wedge	—	1	1	10. MICROCARPIC	4	46	50
4. ILEX*	4	33	37	11. ELONGATE	2	30	32
5. ECHINUS	3	15	18	Undulate	—	—	—
Mutilated	—	(2?)	(?)	12. SPINACH(?)	—	2	2
Nubbin(?)	—	—	—	共计$(2n+1)$	43	381	424
6. ROLLED		24	24	$(2n+1+1)$	11	101	112
Sugarloaf	—	—	—	$2n$	30	215	248
Polycarpic	—	—	—	$4n$	3	—	3
7. REDUCED	3	38	41	总计	87	697	784

　＊ 作者原文中数字排列错误，译文中已经改正了。——译者注

下表表示初级型与次级型的自然发生频率。其中初级型比次级型发生较多。繁育实验证明,初级型只可以偶尔产生次级型,但次级型却能产生初级型,比产生其他各群的新突变型为多。因此,poinsettia 型产生 3100 个子代植株,其中 poinsettia 约为 28%,次级型 wiry 约为 0.25%;相反,wiry 为亲株时,其子代中只有 0.75% 为初级型 poinsettia。

初级型与次级型(2n+1)突变体自然发生频率

(初级型用大写字母代表,次级型用小写字母代表)

	亲型为 2n	亲型为不同群的 2n+1	共计		亲型为 2n	亲型为不同群的 2n+1	共计
1. GLOBE	41	107	148	8. BUCKLING	27	71	98
2. POINSETTIA	28	47	75	Strawberry	1	1	2
Wiry	—	1	1	Maple	—	2	2
3. COCKLEBUR	7	17	24	9. GLOSSY	8	11	19
Wedge	—	—	—	10. MICROCARPIC	64	100	164
4. ILEX	19	27	46	11. ELONG ATE	—	2	2
5. ECHINUS	10	11	21	Undulate	—	1	1
Mutilated	2	4	6	12. SPINACH(?)	6	4	10
Nubbin(?)	1	—	1	共计(2n+1)	269	506	775
6. ROLLED	24	47	71	同群的(2n+1)型	—	22 123	22 123
Sugarloaf	3	9	12	2n	32 523	70 281	102 804
Polycarpic	3	—	3	总计	32 792	92 910	125 027
7. REDUCED	25	44	69				

Wedge 为 Cocklebur 群中的一个次级型。Wedge 型的育种实验为次级型与初级型之间的关系,提供证据如下。Poinsettia 与其次级型 wiry 在 P、p 两个色素因子的遗传上,都得出三体型比率,但在 spine 因子 A、a 遗传上却得出二体型比率,表示 Poinsettia 和 wiry 的额外染色体属于含 P、p 因子的一组,而不属于含 A、a 因子的一组。同样,Cocklebur 里的比率,也表明该初级型的额外染色体属于含 A、a 因子的一组,而不属于含 P、p 的一组。不过其次级型 wedge 在 A、a 遗传上却没有得出三体型比率。实得数值同二体型遗传比率相似,而与三体型比率不同。Wedge 型是 Cocklebur 群里的次级型,已经有了强有力的证据,所以上述比率似乎表示 wedge 的额外染色体上已经缺少了 A、a 基因点。设以 A′ 表示发生缺失后的染色体,在减数分裂时,Wedge 型 A′Aa 中的 A、a 分开各入一极,由此会产生 A+a+AA′+aA′ 四种配子,这种行动可以解释表中第 5 项的比率。如果 A′ 为 A 因子的缺失,则 aA′ 配子没有 A 因子,因此得出实际看到的 armed 和 inermis Wedge 二体型比率(表中未记载)。如果 A 同 a 有时同入一极,则配子势必分为 A′(很大可能死亡)和 Aa 两种,因而促成了 Wedge 型有时产生初级型 Cocklebur。

"次级型额外染色体上的缺失假说,从 Belling 在细胞学方面的发现,得到了有力支持。不过 Belling 的颠倒交换假说,提示了染色体上某一部分加倍、而其余部分缺失,从而完成了这一幅书图。"

四倍型曼陀罗中增加一条染色体,也有过报道,如图 103。图中示某群有五条相同的染色体;而另一群则有六条相同的染色体。

图 103 上行示四倍体蒴果,下行示 4n＋1、4n＋2、4n＋3 各型的蒴果(仿 Blakeslee,载在《遗传学》杂志上)

Belling 与 Blakeslee 研究过在曼陀罗的初级三体型和次级三体型中三条染色体的接合方式,发现某些差异,对于两型之间的关系有所启发。图 104 上行表示初级型三条染色体的各种接合方式,各式下面的数字,表示该型出现次数。其中三价 V 为最普通的联合方式(48),其次为环-棒型(33),再次为 Y(17),为直链(9),为环(1),为双环(1),以及两条成环,另一条独立(9＋)。既然假设染色体是借着相同的两端靠拢、接合起来,那么,也就有理由来假定:在上述各型里,相同的两端(A 同 A,Z 同 Z)仍然是互相接触的(参考图 104 上行)。

图 104 下行示次级型三条染色体联合的各种方式。这些类型,在联合方式上,与初级型大致相同,但发生次数则不一致。最显著的特点,是右侧的最后两型,其中一型的三条染色体联合成长环,另一型则有一环由两条染色体组成,另一小环由单条染色体组成。以上两型意味着某条染色体的一端已发生了某种变化。Belling 和 Blakeslee 曾经提出下一假设,说明在三倍体亲株或初级三价型的前一时期内,这种变化是如何发生的。譬如,假使两条染色体像图 105 所示的那样颠倒位置,相并接合,又假使两者在中央部分发生交换,即只有相同基因并列为唯一平面上交换。结果,每条染色体的两端都会相同,一条的两端为 A、A,另一条为 Z、Z。如果这样的染色体在下一代成为三价染色体中的一条,

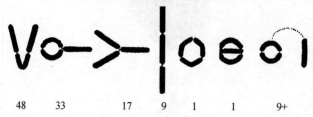

初级25条染色体类型中的10个类型

48   33   17   9   1   1   9+

次级25条染色体类型中的8个类型

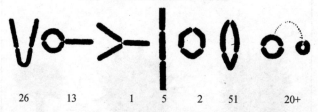

26   13   1   5   2   51   20+

图 104　三体型曼陀罗三条染色体的联合方式(仿 Belling 和 Blakeslee)

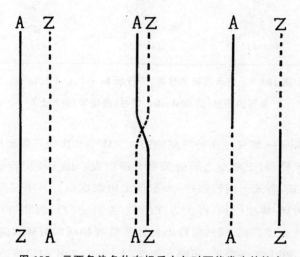

图 105　示两条染色体在相反方向时可能发生的接合

便有可能构成图 106（下行）所示的 Z—Z 染色体和两条正常染色体结合的那种联合方式，即相同的两端互相接合。

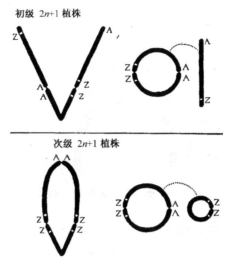

初级 2n+1 植株

次级 2n+1 植株

图 106　示三体型曼陀罗三条染色体可能有的接合类型（仿 Belling 与 Blakeslee）

如果次级型特有的环形能够照上述解释的那样，那么在三价染色体中，有一条会有半截重复，从而与其他两条不同。因此，次级的基因组合也将与初级型的基因组合不同。

据桑田义备报道，玉蜀黍（*Zea mays*）有 20 条染色体（*n*＝10），不过某些糖质玉蜀黍有 21 条、22 条，甚至 23 条、24 条之多的。桑田义备认为玉蜀黍是杂种，其新型中有一种是墨西哥 *teosinte* 种（*Euchleana*）。玉蜀黍有一对染色体，其中一条较长，一条较短，桑田义备认为长染色体由 *teosinte* 得来，短染色体则由一个无名物种传递而来。有时长染色体裂成两段，由此说明了在糖质玉蜀黍中所看到的染色体增加现象。这项解释如果得到证实（近来已经怀疑这一点），则以上 21、22、23 条染色体类型都不是严格的三体型了。

德弗里斯关于拉马克待霄草额外染色体型的结论，在说明进步性突变的起源上，也就是在说明突变同进化的关系上，有着重大的意义。在三体型性状上所经常看到的无数轻微变化，符合了以前德弗里斯关于如何构成一个初级物种，好像在瞬息间出现了两种初级物种的定义。

应该看到，就生殖物质说来，当染色体增加一条，从而产生突变效应时，其结果会牵涉遗传单元实际数目的巨大改变。这种改变绝不能同单个化学分子内的改变相比，除非把染色体看成是一个单元，这种比较才有其重大意义。但从基因观点说来，染色体的组成是很难符合这种比较的。

就我所理解的异倍体来说，其最重要的一点是，它们可以用来解释在细胞分裂和成熟机制偶然反常时所发生的奇特有趣的遗传情况。不稳定类型产生了，并且只要这些类型能够维持下去，它们总是不稳定的，也就是说，多一条额外染色体。在这方面，它们显然不同于正常的类型和物种。其次，大多数证据指明：这些异倍体的生活力，比它们亲本的平衡型要弱一些，因而很少能在一个不同的环境下代替原种。

不过,异倍体的发生必须看成是一件重大的遗传事件,了解了它们便有可能澄清许多情况,如果没有研究它们的染色体的知识,这些情况是会极其复杂费解的。

德弗里斯鉴定了六个三体突变型;此外,又鉴定了第七型,第七型同其他六型的遗传学关系,比六型相互间的遗传学关系,有着更显著的差异。德弗里斯认为以上七个类型可能相当于待霄草的七条染色体,其中六型如下表。图107表示有关的染色体群。

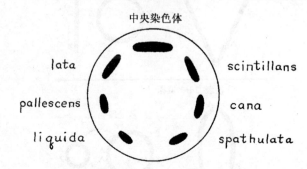

图107 示德弗里斯对于拉马克待霄草七条染色同三体突变型相互关系的看法(仿德弗里斯和 **Boedijn**)

15 条染色体突变型:

1. Lata 群
    a. Semi-lata.
    b. Sesquiplex 突变型:albida,flava,delata.
    c. Subovata,sublinearis.

2. Scintillans 群
    a. Sesquiplex 突变型:oblonga,aurita,auricula,nitens,distans.
    b. Diluta;militaris,venusta.

3. Cana 群:candicans

4. Pallescens 群:lactuca

5. Liquida

6. Spathulata

表内六个初级突变型之下各有若干次级型。初级型与次级型的相互关系,不仅表现在性状上的类似上,也表现在两者互相产生的频率上。其中,albida 和 oblongata 两型各有两种卵子和一种花粉,称为 one-and-one-half 型或 sesquiplex 突变体。另一次级型 candicans 也是一个 sesquiplex 型。在染色体群内中央染色体即最长的一条染色体上面(图107)有 volutine 的一些"因子"或有 lata 的一些"因子"。德弗里斯根据 Shull 所找到的证据,把新突变型 funifolia 和 pervirens 列入它们之中。因此,依照 Shull 的意见,拉马克待霄草其他五型[①]的突变体以及使这些因子维持平衡致死状态的若干致死因子,似乎多半属于这一群。Shull 认为这些隐性性状的出现,是由于这里被暂时鉴定为中央染色体的一对染色体之间发生了交换的缘故。

---

① 红萼芽体和它的四个等位因子;红基(加强因子)、短株、桃色锥状芽、硫色花。

第 *13* 章

种间杂交与染色体数目上的变化

• Species Crossing and Changes in Chromosome Number •

　　由于杂种生殖细胞内染色体不能结合，所以就保留了双倍数目的染色体。这个双倍数目可以通过回交继续维持下去，但是由于杂种缺乏生殖力，所以在自然条件下，就很难从这种组合产生任何永久的类型。

从不同染色体数目的物种相互杂交的结果中,揭发了一些有趣的关系。一个物种的染色体或者恰好是另一物种的二倍或三倍,在另一些例子里,数目较多的染色体群也许不是另一群的倍数。

1903—1904 年,Rosenberg 所进行的两种茅膏菜杂交实验,便是一个经典例子。

茅膏菜的长叶种(*Drosera longifolia*)有 40 条染色体(n=20)、圆叶种(*D. rotundifolia*)有 20 条(n=10)(图 108)。杂种有 30 条(20+10)。杂种生殖细胞成熟时,共有 10 条接合染色体,即通常所谓的二价染色体,和 10 条单染色体(单价染色体)。据 Rosenberg 的解释,认为这意味着长叶种的 10 条染色体同圆叶种的 10 条染色体联合,长叶种的其他 10 条染色体则没有配偶。在生殖细胞第一次分裂时,接合染色体各分为两条,分别向相反的一极进行;10 条单染色体没有分裂,不规则地分布在两个子细胞里面。可惜这样的杂种没有生殖力,不能供进一步遗传学研究之用。

图 108　圆叶茅膏菜的二倍染色体群和单倍染色体群(仿 Rosenberg)

Goodspeed 和 Clausen 广泛地研究了两种烟草(*Nicotiana Tabacum* 和 *N. sylvestris*)之间的杂交。但两者的染色体数目直到最近才确定下来。*N. Tabacum* 有 24 条(n=12),*N. sylvestris* 有 48 条(n=24)。这种染色体数目上的差异,还没有同遗传学研究结果联系起来;染色体在成熟分裂中的行动,也没有见过报告。

两种烟草杂交后的杂种,完全同 *Tabacum* 亲型类似,甚至该亲型的基因对于 *Tabacum* 种的正常因子呈纯隐性作用时(即同 *Tabacum* 型的一些变种杂交)也是这样。Goodspeed 和 Clausen 以为这是 *Tabacum* 的整群基因对于 *sylvestris* 基因呈显性作用的结果。他们这样表示说:*Tabacum* 的"反应系",在杂种的胚胎发育过程中,占优势,或者说:"两系的要素相互间一定是极其矛盾的。"

杂种有高度的不孕性,但也形成了少数有作用的胚珠。像繁育结果所证明的,这些胚珠或者完全(或大多数)属于纯粹 *sylvestris* 型,或者完全(或大多数)属于纯粹 *Tabacum* 型。看来,杂种的胚珠中只有具备任一型的整组染色体(或几乎是整组染色体)的,才能(或大多数能够)有作用。下述实验是这种见解的根据。

杂种同 *sylvestris* 花粉受精,产生了各种各样的类型。其中,很多植株的性状完全为纯粹 *sylvestris* 型。这些植株都是可孕的,产生纯 *sylvestris* 型的后代,因此必须假定它们是由含 *sylvestris* 染色体群的胚珠同 *sylvestris* 花粉受精而成。也有和 *sylvestris* 相类似的植株,却含有大致由 *Tabacum* 染色体群得来的其他要素。它们都没有生殖能力。

杂种回交 *Tabacum*,没有成功,但从田间自由传粉中出现了少数杂种,同 *Tabacum* 相似,一定是和 *Tabacum* 花粉受精而成。其中有些是可孕的。它们的后代绝不表现 *sylvestris* 性状。不论它们有什么 *Tabacum* 基因,这些基因都表现(孟德尔式的)分离现象。这里也有不孕性的植株,同 *Tabacum* 和 *sylvestris* 杂交所生的杂种相似。

◀配制饲养果蝇的培养基所需的部分原料(李凤霞提供)。

这些不平常的结果,还有另一方面的重要性。子代杂种可以用两个方法产生出来,即每一个物种都可作为胚珠的母株。由此得出结论:即使是在 *sylvestris* 的胞质里面,*Tabacum* 的一群基因也完全决定了个体的性状。鉴于这项结果是由大相悬殊的两个物种的胞质得来的,所以这就成为基因在决定个体性状上有影响的一个有力证据。

Goodspeed 和 Clausen 所提出的反应系观念虽然新颖,原则上却与基因的一般解释毫无矛盾。它仅仅意味着:当 *sylvestris* 的单组基因同 *Tabacum* 的单组基因对立时,*sylvestris* 的基因完全潜伏,没有作用。但 *sylvestris* 染色体依然保持原状。它们未被扔掉,也没有受到亏损,因为从杂种同 *sylvestris* 亲株的回交中,可以重新得到一组有作用的 *sylvestris* 染色体。

Babcock 和 Collins 用各种黄鹤菜(*Crepis*)进行了广泛的杂交。Mann 女士(1925)也研究过这些杂种的染色体。

Crepis setosa 有 8 条染色体($n=4$),*Crepis capillaris* 有 6 条染色体($n=3$)。Collins 和 Mann 用两种杂交,杂种有 7 条染色体。在成熟时,有些染色体结合成对,另一些染色体不经过分裂便分散在花粉母细胞内,形成胞核,各有 2~6 条染色体。第二次分裂时,所有的染色体,至少在为数较多的一群里的染色体,都各自分裂,子染色体分别进入相反的两极。胞质往往分裂成四个细胞;但有时也分裂成 2 粒、3 粒、4 粒或 6 粒小孢子。

这些含 7 条染色体的杂种,不产生有作用的花粉,不过有一些胚珠还是有作用的。杂种胚珠同某一亲株的花粉受精,产生了五个植株,各有 7 条到 8 条染色体。检查一株含 8 条染色体的成熟分裂,发现有 4 条二价染色体,其分裂情况正常。这一株的性状同 *C. setosa* 相似,并且有同样类型的染色体。这样便恢复了一种亲型。

另用 *Crepis biennis* 同 *C. setosa* 杂交,前者有 40 条染色体($n=20$),后者有 8 条($n=4$)。杂种有 24 条(20+4)(图 109)。当杂种生殖细胞成熟分裂时,至少有 10 条二价染色体和少数单价染色体。由此可知,既然 *setosa* 只提供了 4 条染色体,那么,*biennis* 染色体

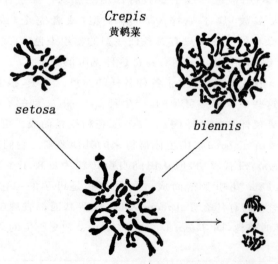

Crepis
黄鹤菜

setosa

biennis

图 109 *Crepis setosa* 和 *C. biennis* 染色体群(仿 Collins 和 Mann)

中一定有一些互相结合。以后细胞分裂,有 2 条到 4 条的染色体比其他染色体落后,但最后大都进入一个胞核。

子代杂种是可孕的。孙代(F_2)植株有 24 条或 25 条染色体。从这里似乎有产生一个稳定的新型的希望;这种新型有新的染色体数目,其中,有一对或多对染色体从染色体数目较小的物种方面得来。杂种中有 10 条二价染色体,这一事实便意味着 Crepis biennis 是一个多倍体,可能是一个八倍体。子代杂种的同类染色体联合成对。这个含有半数 biennis 染色体的杂种(F_1)是一年生植物,与二年生的 biennis 不同。染色体数目上的减半,引起了生活习性上的变化。植株成熟时间,只有二年生型的一半。

Longley 描写过两型墨西哥大刍草 teosinte:一型名为墨西哥型 mexicana,为 20 条染色体($n=10$)的一年生植物,另一型名为多年型 perennis,是多年生植物,有 40 条染色体($n=20$)。两型都有正常的减数分裂。用二倍体 teosinte($n=10$)同玉蜀黍($n=10$)杂交,杂种有 20 条染色体。在成熟时,杂种生殖细胞各有 10 条二价染色体。普通会把这种情况解释为 10 条 teosinte 染色体同 10 条玉蜀黍染色体之间的联合。

多年生 teosinte($n=20$)同玉蜀黍($n=10$)杂交,其杂种有 30 条染色体。在杂种的花粉母细胞第一次成熟分裂中,看到了一些三价染色体群,疏松地结合起来,有一些二价染色体,也有一些单染色体:三者之间的比例为 4:6:6 或 1:9:9 或 2:10:4(参考图 110b)。在第一次成熟分裂中,二价染色体各自分裂,两染色体分别进入相反的两极;三价染色体也进行分裂,两条同入一极,另一条则进入另一极;单染色体行动迟缓,零乱地分布(没有分裂)到两极上去(图 110c)。结果,分布极不平衡。

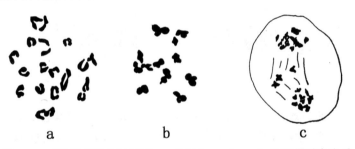

图 110　减数以后的染色体群:a.多年生 teosinte;b.同玉蜀黍杂交后的杂种;c.玉蜀黍的减数分裂(仿 Longley)

最近有一个例子,谈到染色体数目很不相同的两个物种互相杂交,产生了有生殖能力的、稳定的新型杂种。Ljungdahl(1924)用有 14 条染色体($n=7$)的罂粟 Papaver nudicaule 和有 70 条染色体($n=35$)的 P. striatocarpum 进行杂交(图 111)。杂种有 42 条染色体。杂种生殖细胞成熟时,出现了 21 条二价染色体(图 111b~e)。二价染色体分裂,每极各得 21 条染色体。这里没有一条单染色体,也没有一条逗留在纺锤体上。这些结果只能作下述解释:nudicaule 的 7 条染色体,同 striatocarpum 的 7 条染色体结合,其余 24 条 striatocarpum 染色体则两两结合,形成 14 条二价染色体。两者共得 21 条二价染色体,正是观察所得到的数字。由此自然得出下列假设:有 70 条染色体的($n=35$)striatocarpum 型多份是一种十倍体,也就是说,每一类的染色体都有 10 条。

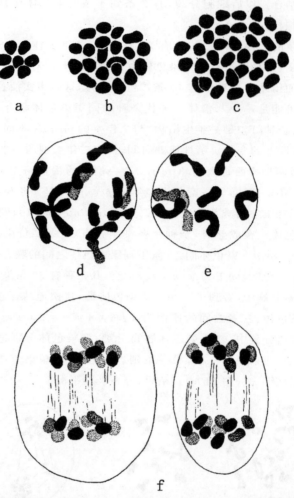

图 111　两种罂粟之间的杂交：a. *Papaver nudicaule* 有 14 条染色体($n=7$)；
b. 杂种，有 42 条染色体($n=21$)；c. *P. striatocarpum* 有 70 条染色体
($n=35$)；d～e. 杂种的胚胎母细胞；f. 杂种第一次
成熟分裂的后期(仿 Ljungdahl)

　　子代新型产生含 21 条染色体的生殖细胞。新型平衡、稳定。它也是可孕的，预期可以产生一个稳定的新型。由此又产生其他稳定的类型，在理论上也是可能的。如果子代新型回交 *nudicaule*，应该产生四倍型($21+7=28$)；回交 *striatocarpum*，应该产生八倍型($21+35=56$)。这里，通过二倍体同十倍体的杂交，可以产生以后世代中的四倍体、六倍体和八倍体，这些类型都是稳定的。

　　Federley 关于 *Pygaera* 属各蛾种的实验(参考第 9 章)，说明了一项极不相同的关系。由于杂种生殖细胞内染色体不能结合，所以就保留了双倍数目的染色体。这个双倍数目可以通过回交继续维持下去，但是由于杂种缺乏生殖力，所以在自然条件下，就很难从这种组合产生任何永久的类型。

第 14 章

性别与基因

• Sex and Genes •

目前关于性别决定机制的知识，来自两个方面。细胞学者发现了某某染色体所起的作用，而遗传学家则进一步发现了基因作用的一些重要事实。

性别决定机制的两种主要类型，也已明了。最初看上去，两型似乎刚好相反，但所涉及的原则却是一样的。

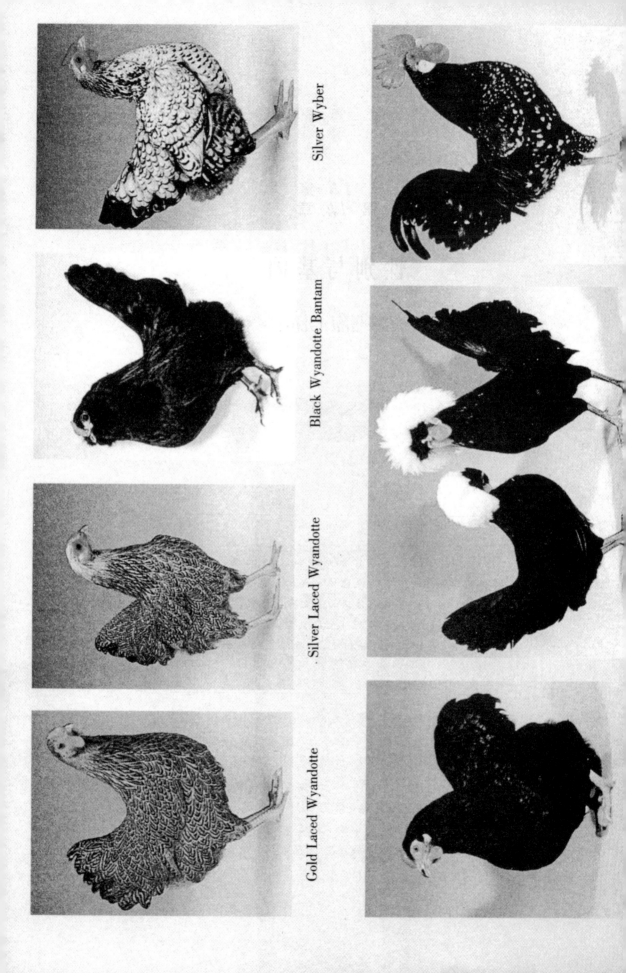

Gold Laced Wyandotte   Silver Laced Wyandotte   Black Wyandotte Bantam   Silver Wyber

目前关于性别决定机制的知识，来自两个方面。细胞学者发现了某某染色体所起的作用，而遗传学家则进一步发现了基因作用的一些重要事实。

性别决定机制的两种主要类型，也已明了。最初看上去，两型似乎刚好相反，但所涉及的原则却是一样的。

第一型可称为昆虫型，因为昆虫为这种性别决定机制提供了最好的细胞学证据和遗传学证据。第二型可称为鸟型，因为在鸟类里找得了这种机制的细胞学证据和遗传学证据。蛾类也属于这一型。

昆虫型(XX—XY)

昆虫型的雌虫有两条称为 X 染色体的性染色体。当卵子成熟时（即放出两个极体以后），染色体数目减少一半。于是每个成熟卵有一条 X 染色体，此外，还有一组普通染色体。雄虫只有一条 X 染色体(图 112)。在一些物种里，X 染色体孤立无偶；但在另一些物种里，X 染色体却有一条被称为 Y 染色体的作为配偶(图 113)。在一次成熟分裂中，X 和 Y 各趋入相反的一极(图 113)。一个子细胞得这条 X，另一个则得 Y。在另一次成熟分裂时，染色体各自分裂为子染色体。结果得到四个细胞，四个细胞以后变成了精子；其中

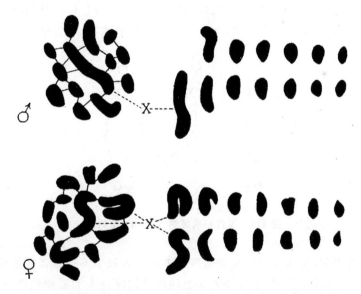

图 112　雌性和雄性的 *Protenor* 的染色体群。雄虫有一条 X 染色体，
但缺乏 Y 染色体；雌虫有两条 X 染色体(仿 Wilson)

◀通过杂交选择获得的各种类型的鸡。

两个各有一条 X 染色体；另两个各有一条 Y 染色体。

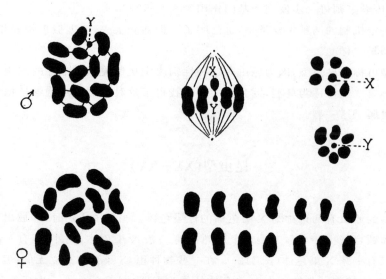

图 113　长蝽(*Lygaeus*)的雌型和雄型染色体群。雄虫有 X 和 Y；
雌虫有两条 X 染色体(仿 Wilson)

任何卵子同 X 精子受精(图 114)即成雌性，有两条 X 染色体。任何卵子同 Y 精子受精，即成雄性。两种受精的机会相等，预期一半子代为雌性，一半为雄性。

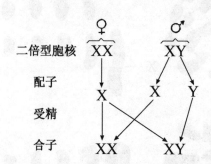

图 114　示性别决定的 XX—XY 型机制

有了这样的机制，便可以说明某些遗传中表面看去似乎不符合孟德尔式 3 与 1 的比例，但是经过严密检查，却看到了这种表面上的例外情况证实了孟德尔第一定律。例如，白眼雌果蝇同红眼雄果蝇交配时，其子代红眼蝇是雌性，白眼是雄性(图 115)。如果 X 染色体上带有红眼和白眼分化基因，则以上的解释便明白了。子代雄蝇从白眼母蝇得到一条 X；子代雌蝇也从母蝇得到一条 X，但又从红眼父蝇得到一条 X。父方基因为显性，所以子代雌蝇都有红眼。

如果用子代雌蝇同子代雄蝇交配，孙代会出现白眼的雌蝇雄蝇和红眼雌蝇雄蝇，互成 1∶1∶1∶1。这个比例是由 X 染色体的分布得来，如图 115 中行所示的。

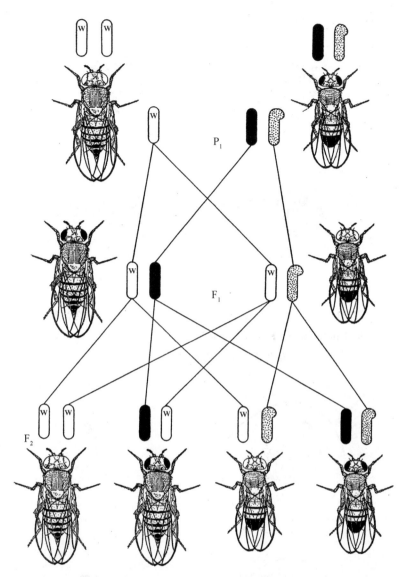

图 115　果蝇白眼性状的遗传。白棒代表有白眼基因(w)的 X 染色体，
黑棒代表"白眼基因"的等位基因即"红眼基因"的 X 染色体，
Y 染色体上着细点

　　附带不妨注意一下，细胞学和遗传学两方面的证据，特别是遗传学证据，证明人类属于 XX—XO 型或 XX—XY 型。人类染色体的数目只是到最近才相当精密地确定了。以前观察到的较小数值，已经证明是错误的，因为在浸裂细胞时染色体有互相粘连成群的倾向，据 de Winiwarter 报道：女性有 48 条($n=24$)，男性有 47 条（图 116a），这种计算已经得到 Painter 的证实，不过 Painter 最近证明：男性还有一条小染色体作为较大的 X 染色体的配偶（图 117）。Painter 认为这两条染色体便是一对 XY。这项观察如果正确的话，那么，男女各有 48 条染色体，不过男性的一对染色体大小不同。

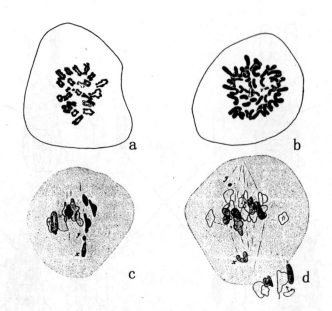

图 116   a. de Winiwarter 所描画的减数分裂后的人类染色体群；
b. Painter 所描画的人类染色体群；c 和 d. 根据 Painter 的描画，
示 X 染色体同 Y 染色体彼此分离的侧面观

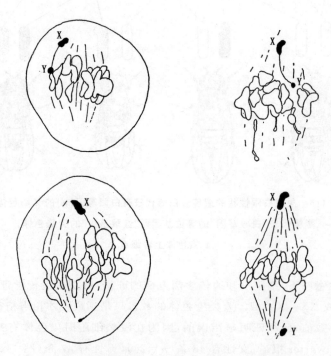

图 117   人类生殖细胞的成熟分裂，示 X 染色体与
Y 染色体在分离中(仿 Painter)

随后，Oguma 在男性里没有找到 Y 染色体，证实了 de Winiwarter 所观察到的数目。

人类性别的遗传学证据是十分明确的。例如血友病，色盲及其他两三种性状，都按照白眼果蝇同样的传递方法，遗传到后代。

以下各群动物属于 XX—XY 型或其 XX—XO 变型，O 表示缺少 Y，据报道，除人类外，尚有其他哺乳动物也具备这种机制：如马和负鼠，可能包括豚鼠在内。两栖类也多半属于这一类型，硬骨鱼也是一样。大多数昆虫属于此类；鳞翅目（蛾、蝶）是例外。膜翅类的性别另有一套决定机制（见下文），线虫和海胆也属于 XX—XO 型。

鸟型（WZ—ZZ）

图 118 示另一种性别决定机制——鸟型。雄鸟有两条相同的性染色体，后者可称为 ZZ。这两条染色体在一次成熟分裂中彼此分离，于是每一个成熟的精子有一条 Z。雌鸟有一条 Z 染色体和一条 W 染色体。卵子成熟时，每个卵子只能得到一条。所以半数的卵子有一条 Z，半数的卵子有一条 W。任何 W 卵子同 Z 精子受精，即成雌鸟（WZ）；任何 Z 卵子同 Z 精子受精，即成雄鸟（ZZ）。

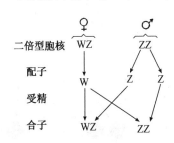

这里，我们又找到一种机制可以自动地产生同样数目的雌雄两种个体。同前例一样，从受精时所发生的染色体组合中，产生了 1∶1 的性别比率。在鸟类里，这种机制的证据来自细胞学和遗传学两个方面，不过细胞学证据还不完全满意。

图 118　示 WZ—ZZ 型的性决定机制

根据 Stevens 的研究，雄鸡似乎有两条同样大的长染色体（图 119），假定是 XX；母鸡只有一条长染色体。Shiwago 和 Hance 证实了这种关系。

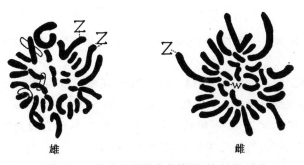

图 119　公鸡和母鸡的染色体群（仿 Shiwago）

鸟类的遗传学证据是毫无疑问的。这些证据来自性连锁遗传。如果用黑色狼山型雄鸡同花纹 *Plymouth Rock* 母鸡交尾，子代的雄鸡都有花纹，母鸡尽是黑色（图 120）。假若 Z 染色体上含有分化基因，则上述结果是意料得到的，因为子代母鸡的一条 Z 染色体是从父方来的。如果把子代母鸡和雄鸡互相交尾，会得出花纹和黑色的母鸡和雄鸡共四种，其比例为 1∶1∶1∶1。

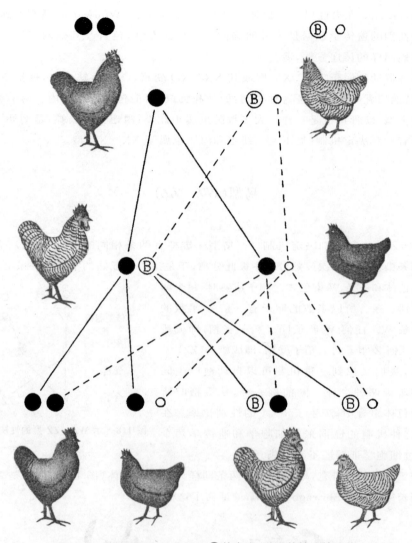

图 120　示黑鸡(●)同花纹鸡Ⓑ的杂交,说明其性连锁遗传

在蛾类也发现了同样的机制,不过它的细胞学证据比较明确。*Abraxas* 蛾的深色野生型雌蛾同浅色突变型雄蛾交配,子代的雌蛾色浅像父方一样;雄蛾色深像母方一样(图121)。雌蛾的一条 Z 从父方得来,雄蛾从父方得一条 Z,从母方得到另一条 Z。母方的 Z 上有深色基因,属于显性,所以产生了子代雄蛾的深色。

田中义麿发现蚕的透明皮肤是一种性连锁性状,好像是借 Z 染色体遗传到下代。

Fumea casta 雌蛾有 61 条染色体,雄蛾有 62 条。卵母细胞的染色体结合以后有 31 条(图 122a)。在第一次分出极体时,30 条染色体(二价染色体)各自分裂,然后分别进入两极。第 31 号染色体不分裂,向任一极进行(图 122[①]b 和 b′)。结果,半数的卵子会有 31

---

① 原文中作"图 119,b 和 b′",译文中修正为"图 122,b 和 b′"。——译者注

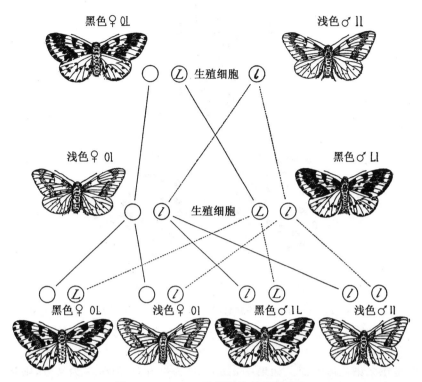

图 121　*Abraxas* 尺蠖蛾的性连锁遗传

条,另一半卵子则有 30 条。第二极体分出时,所有染色体分裂,所以各个卵子的染色体数目仍和其分裂前的数目相同(即 31 条或 30 条)。精子成熟时,染色体两两接合成 31 条二价染色体。在第一次分裂时二价染色体分成两条;在第二次分裂时所有染色体分裂,每个精子有 31 条染色体。卵子受精,得出下述各种组合:

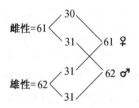

Seiler 发现 *Talaeporia tubulosa* 的雌蛾有 59 条染色体,雄蛾有 60 条。*Solenobia pineta* 的雌蛾和雄蛾以及其他几种蛾类都看不到不成对的染色体。另一方面,*Phragmatobia fuliginosa* 却有一条复染色体,其中包括性染色体。雄蛾有两条这样的染色体,雌蛾只有一条。这种关系在 W 要素和 Z 要素不是分开的染色体的其他蛾类里,也似乎不是不可能存在的。

Federley 用 *Pygaera anachoreta* 和 *P. curtula* 两种蛾杂交,也证实了蛾类的性连锁遗传。这个例子是有趣的,因为在每一物种内,雌雄幼虫互相类似。但不同物种的幼虫则表现出了种间的差异。这种在同种内没有二形的种间差异,却成为子代幼虫里性二形的根据(当杂交循"一个方向"进行时),因为,正如结果所表示的,两种幼虫之间的主要的

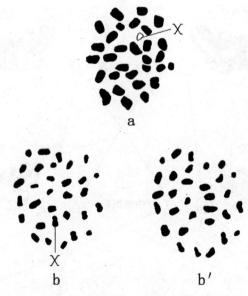

图 122　a. *Fumea casta* 卵子减数染色体群；b 和 b′卵子第一次成熟分裂
时，外极和内极的染色体群；只有一极有一条 X 染色体（仿 Seiler）

遗传区别，是在 Z 染色体上面。如果 *anachoreta* 为母方而 *curtula* 为父方，则杂种雄幼虫在第一次蜕变后，便会显然不同。杂种雄虫同母族（*anachoreta*）极相类似，而杂种雌幼虫则同父族（*curtula*）相仿佛。

如果用 *anachoreta* 为父方，*curtula* 为母方，其子代杂种都完全相似。这些结果可用下述假设来解释，即 *anachoreta* Z 染色体上有一个（或多个）基因，对于 *curtula* Z 染色体上的一个（或多个）基因，呈显性作用。这个例子之所以特别有趣，是因为在这里一个物种的基因，对于另一物种同一染色体上的等位基因，呈显性作用。这项分析，也同样适用于子代雄蛾回交任一亲型所产生的孙代中，只要考虑到后代的三倍性（参考第 9 章）。

我们没有理由来假设 XX—XY 型的性染色体同 WZ—ZZ 型的性染色体，是一样的东西。反之，我们也难于想象一个类型如何能直接变成另一个类型。不过另一个假设在理论上是没有困难的，就是尽管两个类型所牵涉的具体基因是相同的或几乎相同的，与决定雌雄有关的某种平衡中的变化，仍然可以在两个类型里独立发生。

雌雄异株显花植物中的性染色体

1923 年的惊人事件之一，是四位独立的研究者同时发表了在雌雄异株的若干植物中存在着 XX—XY 型的机制。Santos 在 *Elodea* 雄株的体细胞里发现了 48 条染色体（图 123），其中有 23 对常染色体和一对大小不同的 XY。X 和 Y 在成熟时分开。结果得两种花粒，一种有 X，一种有 Y。

另有两位细胞学家木原均和小野知夫，在酸模属 *Rumex* 雄株的体细胞内，发现了 15

条染色体,由 6 对常染色体和 3 条异染色体(m_1、m_2 和 M)组成。当生殖细胞成熟时,这三条异染色体集合成一群(图 123)。M 进入一极,两条较小的 m_1 和 m_2 则进入另一极。结果得出两种花粉粒,$6a+M$ 和 $6a+m_1+m_2$。后者决定雄性。

Winge 在 *Humulus lupulens* 和 *H. japonica* 两种植物中发现一对 XY 染色体。雄株有 9 对常染色体和一对 XY。在苦草(*Vallisneria spiralis*)的雄株里,Winge 也发现了一条不成对的 X 染色体,其公式为 $8a+X$。

Correns 根据繁育工作,断定 *Melandrium*(娄菜属)的雄株有异形配子。根据 Winge 的报道,雄性公式为 $22a+X+Y$,证实了 Correns 的推论。

Blackburn 女士也发表了,在 *Melandrium* 的雄株里,有一对长短不同的染色体。她添上了一个更重要的证据。雌株有两条同样大的性染色体,其中有一条相当于雄株的一条性染色体(图 123)。在成熟分裂时,这两条染色体彼此结合,然后进行减数分裂。

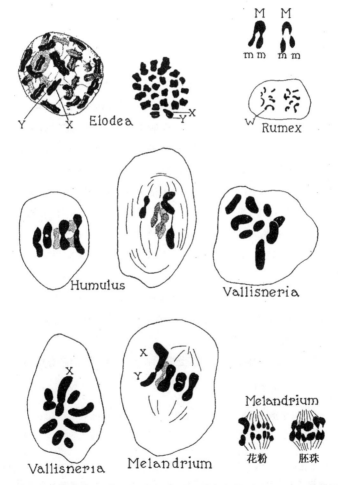

图 123　几种雌雄异株植物成熟分裂时的染色体群:*Rumex*,酸模属;
Humulus,葎草属;*Vallisneria*,苦草属;*Melandrium*,娄菜属(仿 Bělař)

我认为，我们可以有把握地从以上证据作出下一结论，即至少有若干雌雄异株的显花植物，在性别决定上，采用了许多动物所有的同一机制。

藓类的性别决定

在上述显花植物性染色体被发现的几年以前，两位 Marchals 证明：在雌雄异体的藓类植物里（配子体分雌雄两种[①]），由同一孢子母细胞所产生的四粒孢子中，有两粒发育成雌配子体，另两粒发育成雄配子体。

稍后，Allen 在亲缘关系相近的苔类植物里，（图 124）发现了单倍体的雌原叶体（配子体）有八条染色体，其中最长的一条为 X；单倍体的雄原叶体（配子体）也有八条染色体，其中最短的一条为 Y（图 124b'）。这样，每个卵子有一条 X，每条精子也有一条 Y。由受精卵发育而成的孢子体，有 16 体染色体（包括 X 和 Y 各一条）。减数分裂发生在孢子形成的过程里，X 和 Y 分开。半数的单倍型孢子各有一条 X，以后发育成雌原叶体，另一半各有一条 Y，以后发育成雄原叶体。

最近，Wettstein 用雌雄异株的藓类植物进行若干精密实验，作出了进一步的分析。他袭用 Marchals 所发现的一种方法，造成了具备雌雄两群染色体的配子体（图 125 左侧）。例如，他仿照 Marchals 的方法，截取一段载有孢子的柄部（细胞为二倍型）。由该段发育而成的配子体也是二倍体。这样获得了雌雄兼备（FM）[②]的配子体。

Wettstein 用另一种方法造成二倍体的雌藓和雄藓，成为双重雌性（FF）或双重雄性（MM）。方法如下：Wettstein 用水合氯醛和其他药剂处理原丝体，使一个个别细胞的胞质，在染色体分裂以后，受到抑制。这样，他就能够在这些雌雄异株的植物里造出二倍型的巨大细胞，各有二重的雌性要素或雄性要素，例如染色体。从这样的二倍型细胞，又造成了几种新组合：其中有些是三倍体，有些是四倍体。图 125 右侧表示最有趣的几种组合。

雌原丝体的一个二倍型细胞发育成二倍体植株（FF），后者又产生二倍型卵细胞。一个二倍型雄原丝体的细胞也同样发育成 MM 植株。一个 FF 卵子同一条 MM 精子相遇，结果产生了一株四倍型孢子体（FFMM）。

一个 FF 胚珠同一条正常雄精子（M）受精，结果产生了三倍型植株（FFM），如下表：

[配子] M　　FF　　MM
[孢子体]　FFM　　FFMM

---

① 苔藓和蕨类的单倍体世代（或称配子体世代）分为雌雄两种，其二倍体（或称孢子体）世代无雌雄之别，或者说是中性。显花植物本身相当于藓类的孢子体。其配子体世代好像是深藏在雌蕊和雄蕊里面。所以雌雄二词，用于藓类方面，则指单倍体世代而言，用于显花植物方面则指二倍体世代而言。两者的意义互相矛盾。但是这个矛盾不是二倍体和单倍体问题（因为甚至在某些动物如蜜蜂、轮虫等的同一世代里，也碰到这个矛盾），而是有性世代和无性世代同用了雌雄这两个词。不过，有了这样的理解，以后采用这种习惯法就不会发生严重困难了。

② F 代表雌性，M 代表雄性。——译者注

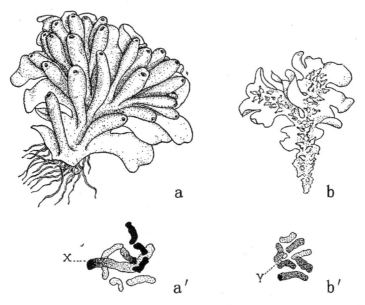

图 124　a.苔类的雌原叶体；b.雄原叶体，a′.雌性有一条大的 X 染色体；
b′.雄性有一条小的 Y 染色体(仿 Allen)

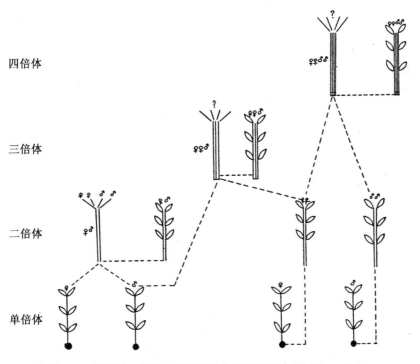

四倍体

三倍体

二倍体

单倍体

图 125　示藓类二倍体和三倍体的各种不同组合(仿 Wettstein)

从 FFM 或 FFMM 的孢子体又能够再生出配子体。这些配子体都能够发生雌雄两种要素，也都能够产生卵子和精细胞；不过雌性器官（颈卵器）和雄性器官（精子器）的多少及其出现的迟早，则表现出特殊的差别。

上面谈到两位 Marchals，在 Wettstein 所用的同一物种里，得到了二倍型的 FM 配子体，并且证明了该配子体产生雌雄两性的器官。Wettstein 证实了这个事实，并且报道雄性器官发生在雌性器官之前。

比较一下 FM、FFM、FFMM 三型，是有意义的。FM 植物的雄性器官成熟极早。开始时精子器比颈卵器多多了。颈卵器发生较晚。

像 Wettstein 所说的，FFMM 植物雄性器官的早熟性，比 FM 型植物的要强两倍。开始时只出现精子器。在这一年很晚的时候，衰老的精子器已经凋落，这时才有少数颈卵器出现；有一些植株根本不发生颈卵器。更晚一些，雌性器官才开始发育旺盛。

三倍型植物中，雌性器官首先成熟。至少是当四倍体只有雄性器官的时候（七月间），三倍体还只有雌性器官，以后（九月间）才具备雌雄两种器官。

有趣的是：这些实验表示了原来是雌雄异体的植物，经过雌雄两种要素的联合，可以成为人工的雌雄同体的植物。这些结果也表示了性器官发生的先后，决定于植物的年龄。更重要的是，两种性器官发生时间上的关系，由于遗传组合循相反方向改变而颠倒起来。

遗传学虽然是在 19 世纪末才形成并发展起来的一门新兴学科，但从古代起人们就注意到遗传和变异问题了。"种瓜得瓜，种豆得豆""好种出好苗"等来自生产经验的俗语，包含了原始的遗传学知识，古希腊哲学家对遗传问题就有很多讨论。

中世纪时画的希波克拉底肖像

被称为"医学之父"的古希腊哲学家希波克拉底（Hippocrates，前 460—前 377）曾注意到：秃顶的父亲常常有秃顶的儿子，蓝眼睛的母亲常常有蓝眼睛的子女，而脑袋长的双亲却很少会生下脑袋长的子女。他还提出了"传递学说"，认为性状应当是以某种方式从父母身体的各个器官传递给下一代的。

亚里士多德（Aristotle，前 384—前 322）也曾对人类的遗传现象进行过细致的观察，如一个白人女子嫁给一个黑人，他们子女的肤色全是白色的，但到孙子那一代，肤色有的是黑色的，有的是白色的。亚里士多德也提出了类似希波克拉底"传递学说"的思想。

诸如"传递学说"这样的理论，虽然有一定的生产或生活经验依据，但是没有可靠的科学证明，充满了思辨和臆测的成分。17 世纪后，近代科学逐渐发展起来，但遗传学仍没有从本质上超越经验加臆想的水平。直到 19 世纪之前，遗传学一直都没有实质性的进展。

19世纪后期，人们对遗传学的兴趣日益增加，一批有名望、有影响力的生物学家，如达尔文、海克尔（Ernst Haeckel，1834—1919）、德弗里斯（H.de Vries，1848—1935）、魏斯曼（August Weis-man，1834—1914）纷纷提出了各种遗传学说，但这时的生物学家主要把遗传作为进化论的一个问题来讨论。

达尔文提出的生物进化论，是生物发展史上的一个里程碑。达尔文掌握了丰富的关于生物变异的材料，但遗憾的是，他没有对遗传的机制提出一个令人信服的说法。为了弥补生物进化论在理论上的缺陷，达尔文不得不重新捡起曾被他批判过的拉马克学说，承认了"获得性遗传"在生物进化中的作用。

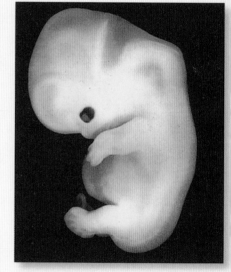

海克尔提出了著名的"重演律"学说，这在很大程度上推动了胚胎学的研究，为进化论提供了进一步的依据。"重演律"指出，人类胚胎在短短一个月内重复了动物经过数百万年、从低级到高级形式的整个进化。

8周时的人类胚胎

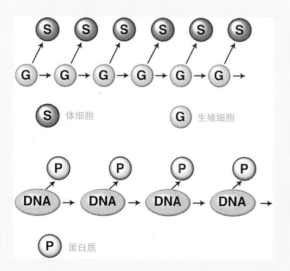

S 体细胞　　　　G 生殖细胞

P 蛋白质

魏斯曼提出的种质理论，使遗传学和胚胎学紧密联系在一起。如图上半部分所示，种质理论认为被称做"种质"的生殖细胞（G）是遗传的物质基础，而后天获得的性状是不能遗传的。种质理论的提出是遗传学上很大的进步，后来DNA的发现证实了这一理论（如图下半部分所示）。

奥地利遗传学家孟德尔（Gregor Mendel，1822—1884）用豌豆作为实验材料，最先揭示出了遗传的两个基本定律：基因的分离定律和基因的自由组合定律。

奥地利布隆（现为捷克的布尔诺）修道院。孟德尔从 21 岁（1843）开始在此做修道士，直到 1884 年逝世。

豌豆容易栽种，是自花传粉、闭花授粉植物，还有易于区分、稳定的性状，容易逐一分离计数，这为孟德尔发现遗传规律提供了有利的条件。更重要的是，孟德尔首次将数学统计法和"假设—演绎—实验验证"的方法引入了遗传学。

1865 年，孟德尔总结出著名的遗传定律，在当地的自然科学学会上宣读了他的论文《植物杂交实验》（*Experiments in Plant Hybridization*），尽管与会者中既有化学家、地质学家，也有生物学专业的植物学家、藻类学家，但他们都没有意识到孟德尔这一发现的重要性。第二年，孟德尔在学会的杂志上发表了他的实验结果，这些结果具有革命性的意义，推翻了所有旧的遗传学理论，但人们依然未能理解这些实验结果的重要意义。直到 1884 年孟德尔去世，他和他的遗传定律也未能引起科学界的注意。

1900 年，是遗传学史乃至生物科学史上划时代的一年，来自三个国家的三位学者同时独立地"重新发现"了孟德尔遗传定律。他们是荷兰的德弗里斯（Hugo de Vries，1848—1935）、德国的科伦斯（Carl Erich Correns，1864—1933）和奥地利的丘歇马克（Erich von Tschermak，1871—1962）。此时，人们基本的生物学态度已经改变，对细胞和细胞核的认识已有了长足的进步，当孟德尔的发现被重新披露于世时，它的重要意义很快得到重视和公认。

德弗里斯用待霄草、玉米、罂粟等植物为材料进行杂交试验，得出了与孟德尔豌豆杂交试验一致的结果。

待霄草产生新遗传类型的能力非常强，德弗里斯研究了约 5 万棵拉马克待霄草，从中发现了 7 种突变型。他把遗传类型的突变性改变叫做突变，认为新物种就是通过突变产生的，拉马克待霄草是向人们展示新物种形成过程的活标本。

贝特森（W.Bateson，1861—1926）

1905 年，将孟德尔学说介绍到英国去的遗传学家贝特森，首先使用了"遗传学"（genetics）一词，次年举行的第三届国际杂交和植物育种大会（后也称为第三届国际遗传大会）正式接受了该词，从此，遗传学作为一门独立的学科发展起来了。1908 年，约翰森（W.L.Johannsen，1857—1927）又创造了"基因"（gene）一词，代替孟德尔提出的意义比较宽泛的"因子"（factory）。

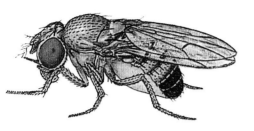

　　从 1908 年起，摩尔根和他的助手们以果蝇（*Drosophila*）为实验材料，开始了遗传学的研究。他们最初的目的也是研究突变问题。

饲养在大试管里的果蝇

　　果蝇在遗传学研究中的优越性：它的体积大小合适，可以在牛奶瓶中大量饲养，又可以在放大镜或低倍显微镜下观察其形态；它易于饲养，用香蕉、有糖分的水果或其他能培养酵母的培养基就可以；它生活周期短，25℃下，10~12 天就可以繁殖一代；它繁殖数量大，能够为遗传统计提供足够的数量；它的染色体只有 4 对，而且幼虫唾液腺细胞中的染色体特别大，易于观察。

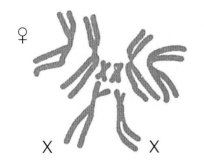

雌果蝇染色体组（有两条 X 染色体）

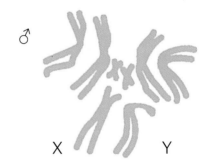

雄果蝇染色体组（有一条 X 染色体和一条 Y 染色体）

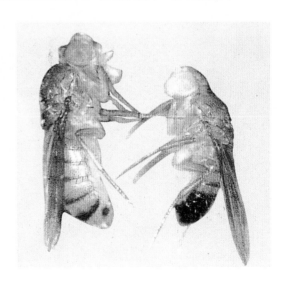

　　为了获得一只具有突变性状的果蝇，摩尔根小组整整忙了两年。这只白眼雄果蝇（图右侧）一出现，就注定成为遗传学上的"明星"动物。1910 年摩尔根小组发现了果蝇白眼基因的伴性遗传现象，第一次将代表某一特定性状的基因，同某一特定的染色体联系起来。

THE THEORY OF THE
GENE

BY

THOMAS HUNT MORGAN

Professor of Biology, California Institute of Technology
formerly Professor of Experimental Zoölogy in Columbia University

Enlarged and Revised Edition

NEW HAVEN
YALE UNIVERSITY PRESS
LONDON · HUMPHREY MILFORD · OXFORD UNIVERSITY PRESS
MDCCCCXXVIII

1926年摩尔根的《基因论》一书出版。此书全面阐述了染色体遗传理论，其内容包括遗传学的基本原理、遗传的机制、突变的起源、染色体畸变、基因和染色体在性别决定方面的作用等。在经典遗传学史上，此书是最重要的理论著作，它的出版标志着孟德尔－摩尔根学派已经成熟，其染色体遗传理论已经系统地建立起来了。图为1928年出版的《基因论》增订与修正版的扉页。

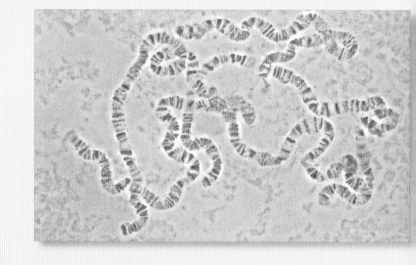

果蝇幼虫唾液腺细胞的巨大染色体经染色后，可以发现其上许多粗细不等的横纹，看上去好像一条带横纹的围巾。摩尔根小组对它进行了进一步的研究，从细胞学上证实了之前关于染色体的缺失、重复、倒位、易位等研究结论，这是遗传学研究的重要进展。

摩尔根小组把统计遗传学方法和显微观察方法有机结合起来，并且一直致力于解答显微镜下看到的现象与杂交时出现的现象有何联系。他们用突变理论描述生物体中的突变实际上是如何发生的，进一步完善了孟德尔学说。

20 世纪后，科学家们开始用脉孢菌（*Neurospora crassa*）作为遗传学的研究材料。比德尔（G.W.Bea-dle，1903—1989）（1946 年成为继摩尔根之后加州理工学院生物系的第二任系主任）研究脉孢菌的基因作用方式，提出了"一个基因一个酶"学说，为生化遗传学奠定了基础，也因此获得了 1958 年诺贝尔生理学或医学奖。

显微镜下的脉孢菌菌落的边缘部分

直接对分子遗传学的诞生作出重大贡献的是对噬菌体的研究。1952 年赫尔希（A.Hershery）和蔡斯（M.Chase）利用噬菌体侵染大肠杆菌的实验，证实了遗传物质是 DNA，而不是蛋白质。

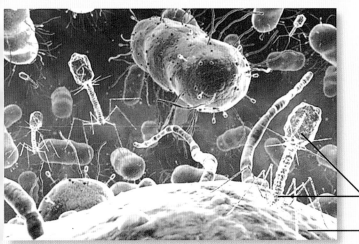

T₄ 噬菌体

大肠杆菌

T₄ 噬菌体侵染大肠杆菌的示意图

1953 年，美国科学家沃森（J.D.Watson，1928— ）（左）和英国科学家克里克（F.Crick，1916—2004）共同提出了 DNA 分子的双螺旋结构模型，标志着遗传学的发展进入了分子遗传学时代。

通过杂交选择获得的各种西红柿

现在，基因已经以一种真正的分子物质呈现在我们面前，科学家可以更深入地探索基因的结构和功能，并已经开始向控制遗传机制、防治遗传疾病、合成生命等更大的造福于人类的方向前进。

"基因治疗""基因药物""人类基因组计划"等遗传学名词开始频频出现在人们的生活中。

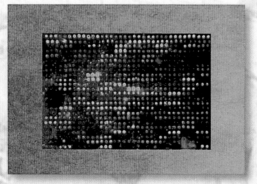

图为放大了的基因芯片，实际上它只有指甲盖一般大小。基因芯片上固定有大量具有特定功能的核酸分子，可用于进行基因研究、法医鉴定、疾病检测和药物筛选等，具有高效、快速等特点，是生物技术中一次重大的创新和飞跃。

第 *15* 章

其他涉及性染色体的
性别决定方法

• *Other Methods of Sex-Determination Involving the
Sex-Chromosomes* •

X 染色体附着在常染色体上　Y 染色体　成雄精子的退化　二倍型卵子排出一条 X 染色体,从而产生雄性　在精子发生过程中由于偶尔损失一条染色体所引起的性别决定　二倍体雌性与单倍体雄性　单倍体的性别　低等植物的性别与性别的意义

在若干动物中,还可以通过前一章所提出的方法以外的其他途径,调整性染色体的重新分配,来决定性别。

X 染色体附着在常染色体上

在少数生物里,看到了性染色体附着在其他染色体上面;这种现象势必把 X 染色体和 Y 染色体的不同性质遮掩起来。在这种情况下,性染色体有时分离开来,例如蛔虫(图 126);或者雄性体细胞内的 X 染色体在染色性质上与其他染色体不同;或者像在 Seiler 所研究的某种蛾里,胚胎的体细胞内复染色体分散成若干条小染色体,从这种情况里发觉了性染色体的存在。

图 126　蛔虫卵子内两条小的 X 染色体从常染色体里分离出来(仿 Geinitz)

性染色体同普通染色体(即常染色体)的附着作用,牵涉到性连锁遗传的批判,特别是当雄性的才有 X 附着的常染色体,与同对中没有 X 附着的染色体之间发生交换时,更是这样。现在举一个例子来说明这一点。图 127 中,蛔虫染色体的黑色一端表示附着在普通染色体上的 X 染色体。雌虫有两条 X 染色体,分别附着在同对中的一条常染色体上面。成熟卵子各有一条这样的复染色体(因而也有一条 X)。雄虫有一条 X,附着在相应的常染色体上,但同对的另一条常染色体上却没有附着 X。成熟分裂以后,半数的精细胞有一条 X,另一半没有 X。显然,这里的性别决定机制,同 XX—XO 型的机制,是一样的。

在雌虫的两条 X 之间以及两条附着染色体之间,都可能发生交换。但在 XO 雄虫方面,情形却有所不同;因为染色体上的 X 部分没有配偶,所以不能希望该部分发生交换,这样保证了性别分化基因与性别决定机制的一致性,至于复染色体上的两个常染

◀蜜蜂采蜜图。"蜜蜂和亲缘关系相近的黄蜂、蚁类,其性别决定也同胞核的二倍和单倍状态有关。这是已经确定了的事实,不过还没有得到明确的说明"(本书第 166 页)。

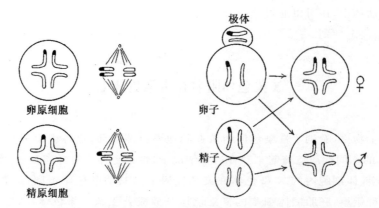

图 127 示 X 染色体在雌雄两种蛔虫中的分布情况(仿 Boveri)

色体部分,其间可能发生交换而不能影响性别机制。由 X 部分的基因所引起的性状,势必表现性连锁遗传,也就是说,这一类的隐性性状将在子代雄虫中出现。由常染色体部分的基因所引起的隐性性状,在子代雄虫中不会出现,不过这些由常染色体部分上的基因所引起的性状,对于性别以及对于 X 部分上基因所引起的性状,势必表现出部分的连锁[①]。

在上述假设的例子里,雄性体内这条没有 X 附着的常染色体(也就是同有 X 的复染色体成为配偶的那一条)似乎是和普通 XX—XY 型的 Y 染色体相当(因为它局限在雄系之内);不同的,只是这条没有 X 附着的常染色体上面,有了一些基因,和复 X 染色体上面相应部分的基因相同。事实上,近来报道过一些遗传例子,那里有某些基因似乎是载在 Y 染色体上面。由此可知,Y 染色体本身有时是可以载有基因的。

这样的提法,如果依照上面的解释,是不会引起异议的,但是如果此外还有其他含义,则显然会引起反对,因为雄性的 X 和 Y 之间,如果普遍发生交换,势必使染色体的性别机制遭受破坏。如果真有其事,那么,这两条染色体不久便会彼此雷同,而产生雌性和雄性的那种平衡上的差异也就会随之消失了。

Y 染 色 体

支持 Y 染色体上有孟德尔式因子的证据分为两类。在两科鱼类里,Schmidt、会田龙雄和 Winge 证明了 Y 染色体上有一些基因。在毒蛾科里,Goldschmidt 分析了种间杂交的结果,并作出了同样的解释(这里是 W 染色体)。毒蛾实验结果将于性中型一章中予以考虑,现在只讨论鱼类实验结果。

有一种小型缸养鱼虹鳉 *Lebistes reticulatus* 原产于西印度和南美北部。雄鱼色彩鲜

---

① 按照 McClung 的观察,*Hesperotettix* 雄性的 X 染色体,并不一定附着在同一条染色体上面,虽然在某一个别个体里,X 的附着总是恒定的。在其他个体里,X 染色体可能是游离的。如果这样的类型有性连锁性状的话,那么,它们的遗传可能由于 X 染色体和常染色体之间的不恒定关系而复杂起来。

艳,与雌鱼显然不同(图 128)。异族雌鱼很类似,异族雄鱼则各有不同的特种色彩。Schmidt 曾经发现,某一族雄鱼同另一族雌鱼交配,则子代雄鱼同父型相似。子代(F₁)杂种自交,孙代雄鱼也同父型相似,没有一只表现出母系方面祖母的特性的。所有 F₃ 和 F₄ 的雄鱼也都和父系方面的祖父相似。这里,对于任何可能由母系祖母方面传递来的性状来说,似乎是没有一点孟德尔式分离现象的。

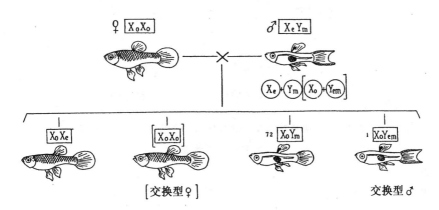

图 128　示虹鳉中一种性连锁性状的遗传,这种性状的基因位于
X 和 Y 染色体上面(仿 Winge)

正反交[①]的结果也是一样;子孙两代的雄鱼都和父系雄鱼相似等等。

在日本的小溪和稻田内找到另一种鱼 Aplocheilus latipes 有几个类型各有不同的色彩。在人工饲养下,也出现了另一些类型。在这些鱼里,每一个类型的雌鱼和雄鱼都有。会田龙雄证明:有几种差异是通过性染色体(X 和 Y)传递的。这些性状的遗传情况,可用下一假设来解释,即假设有关基因有时位于 Y 染色体上,有时又位于 X 染色体上,而且两染色体之间又可以发生交换。

例如鱼体的白色是性连锁遗传。其等位性为红色。纯白的雌鱼同纯红的雄鱼配合,子代的雌鱼和雄鱼完全是红色。子代自交,产生

红色♀	红色♂	白色♀	白色♂
41	76	43	0

假设白色基因位于雌鱼的两条 X 染色体上,用 X^W 代表(图 129),又假设红色基因位于雄鱼的 X 和 Y 上面,用 X^r 和 Y^r 代表,则上述杂交按照 XX—XY 公式推演,应该得出图 129 的结果。如果红色(r)是显性,白色(w)是隐性,则子代雌性和雄性杂种全是红色。子代雌雄自交,结果如图 130。孙代雌鱼一半红色,一半白色,所有雄鱼完全是红色,雄鱼条数,等于两种雌鱼条数的总和。

因此,除非子代(F₁)$X^r Y^r$ 红色雄鱼的 X 和 Y 之间发生交换,从而产生一条 Y^w 染色体(图 131),否则根据上述公式,纯红雄鱼同纯白雌鱼交配,是没有产生孙代白色雄鱼的希望的。只有当这种染色体[即 Y^w]的精子同 X^w 的卵子结合时,才会产生 $X^w Y^w$ 的白色雄鱼。事实上,在

---

　①　正反交:即在杂交中父母两方的性状与原来父母两方的性状刚好相反。——译者注

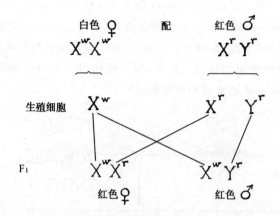

图 129　X 染色体和 Y 染色体同有一个基因。图示该有关
性状的遗传情况

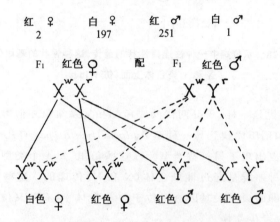

图 130　F₁ 杂合子的雌鱼和雄鱼自交。图示其红白两色的遗传情况，
Y 染色体和 X 一样也有红色基因(r)

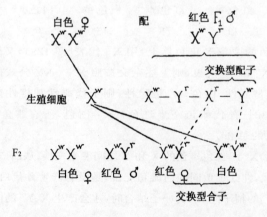

图 131　子代雄鱼的 X 染色体和 Y 染色体分别含有红基因和白基因，
两个基因被认为是等位基因。图示两基因之间的交换作用

子代杂合子 $X^w Y^r$ 的红色雄鱼(从上述实验得来)回交纯白雌鱼的一个实验中,已经出现过一条白色雄鱼。实验结果是这里两条红色雌鱼和一条白色雄鱼的出现,在子代雄鱼的 X^w 和 Y^r 的交换率为 1/451 的假设下,是可以得到解释的(图131)。白色[1]同褐色雄鱼杂交,也得出同一结果,不过没有交换型。红斑雌鱼同白色雄鱼杂交,结果仍然是一样的,从回交所产生的 172 条孙代中,有 11 条为交换型。

Winge(1922—1923)把 Schmidt 对于虹鳉的实验更推进一步,并且独立地达到了会田龙雄所作出的关于 Y 染色体的同一结论。图 128 示某一族的 $X_e X_e$ 雌鱼同另一族的 $X_e Y_m$ 雄鱼杂交的结果。上述杂合子雄鱼的成熟生殖细胞分为 X_e 和 Y_m 两种非交换型以及 X_o 和 Y_{em} 两种交换型。相应地也就有了 $X_o Y_m$ 和 $X_o Y_{em}$ 两种雄鱼。后一种少见,占子代雄鱼 1/73[2]。

Winge 的报道中没有提到 $X_e X_m$ 型的雌鱼,所以不能根据他的材料来决定雌鱼中是否也发生了交换。其次,Winge 用 X_o 代表一个类型的雌鱼,意思是说 X_o 染色体上缺少了某些基因。必须有两对基因,才能表示出两条 X 染色体之间的交换。事实上,Winge 用 X_o 代表同 Y_m 发生了交换之后的 X_e,但没有指明 e 和 m 的等位因子的变化。完全公式中应该有一条具备 M 基因和 e 基因的 X 染色体,以及一条具备 m 基因和 E 基因的 Y 染色体。交换以后,X 上势必有 E 和 M,而 Y 上势必有 e 和 m,如图 132 所示。交换以后,X 染色体不是 X_o,而是 X_{ME},Y 染色体是 Y_{me}。如果 me 是显性而 ME 是隐性,那么,除了应该得出另一种交换型 X_{ME}[3] 以外,便会得到报道里的结果。如果 X 染色体上在 M 左侧的那一部分,有性别决定基因(即图中 X 的粗线部分),那么,这个实验之所以没有这种交换,便可以用 M 和 X 部分的接近这点来解释了。

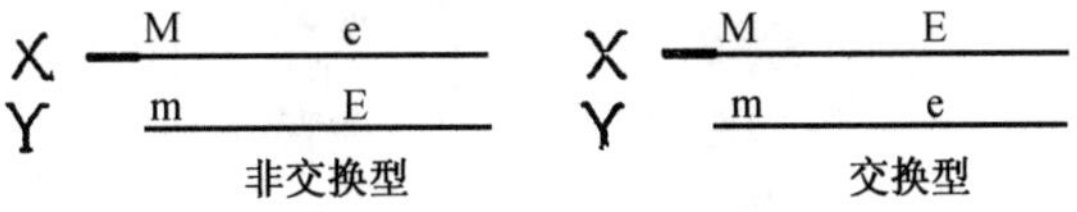

图 132　雄鱼中并联 X 染色体的常染色体部分同另一条常 Y 染色体发生交换。
图示附着的 X 染色体同这个交换的可能关系

1927 年 Winge 发表了:在虹鳉 Y 染色体上的九种基因与 X 染色体上的三种基因之间,一直没有发生交换。Winge 认为这是因为这些基因同雄性决定基因互相接近,或者是因为这些基因和雄性决定基因是同一样的东西。X 和 Y 上面的其他五种基因,表现出有交换,其中一个基因位于常染色体上。Winge 把雄性决定基因看成是单一的、显性的,而把 X 染

---

① 原文中的"白色"也许指白色雌鱼。——译者注

② 另一实验交换型占雄鱼 4/68。

③ 原文中 X_{ME} 可能是 X_{me} 的误写。因为除图132 的交换方式外,还可能发生另一种方式的交换,例如 X_{me} 和 Y_{ME} 两个交换型。

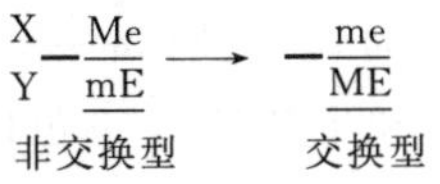

但如作者所说的,这种交换并未发生,理由详见原文。——译者注

色体上等位基因的性质却当做一个悬而未决的问题,用 O 代表。

成雄精子的退化

瘤蚜 *Phylloxerans* 和蚜 *Aphids* 两属有密切的亲缘关系,两者同属于 XX—XO 型,但成雄精子(没有 X)退化(图 133),只剩下成雄精子(有 X)。营有性生殖的卵子(XX)在放出两个极体以后,只留下一条 X 染色体。这种卵子同 X 精子受精,只能产生雌性(XX)。这种雌性称为系母,进行单性生殖,是以后各代借单性生殖的其他雌虫的起点。经过相当时期以后,在这些雌虫里,有些可以产生雄性后代,有些产生有性生殖的雌虫。后者像母虫一样是二倍体,不过它们的染色体成对接合,染色体数目减少一半。前者则借下节所讲的过程,产生雄虫。

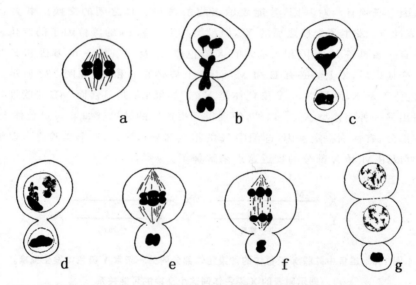

图 133 示 *bearberry aphid* 蚜的二次成熟分裂过程。在第一次分裂中(a~c),
大染色体进入一个细胞;在第二次分裂中(e、f、g),这个细胞又分裂成
两个有作用的成雌精子,另一个发育不全的细胞(d)则不再分裂

二倍型卵子排出一条 X 染色体,从而产生雄性

像上面所说的,某种瘤蚜(*Phylloxerans*)的雌虫在单性生殖周期的末期出现,它产生比较小的卵子。刚在小卵成熟之前,X 染色体集合起来(共有四条)。卵子只分出一个极体;有两条染色体进入极体(图 134)。这时每一条常染色体分裂为二,排出其中的一条。卵内留下二倍数目的常染色体和半数的 X 染色体。卵子借单性发育,形成雄虫。

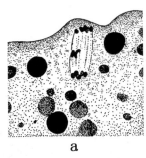 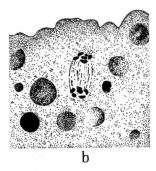

a　　　　　　　　　　　b

图 134　a. 瘤蚜（*Phylloxerans*）成雄卵子第一次成熟分裂的纺锤体；有两条
染色体滞留在纺锤体上，最后排出卵外，卵核内只留下五条染色体。
b. 成雄卵子第一次成熟分裂的纺锤体；六条染色体分裂，
卵核内仍留下六条

蚜（*Aphids*）也有同样的过程。虽然还没有看到卵子排出一条 X 的实在情况（只有两条 X），但是卵子在放出唯一的极体以后，便少了一条染色体，可知它一定像在瘤蚜一样，失去了一条染色体。

以上两类昆虫决定雌雄的过程，与其他昆虫的过程不同，但仍然是利用同一机制，在不同形式下达到同一结果。

还有另一件非常有趣的事实。产生雄卵的瘤蚜雌虫，它所产生出的卵子，比以前各代单性生殖的卵子小些。所以在卵子排出 X 染色体以前，便可以看出卵子的命运。这里，雌雄性别似乎决定于卵子的大小，也就是说，决定于卵内胞质含量的多少。不过这种推论是不合逻辑的，因为卵子必须排出半数的 X 染色体，才能成为雄性。我们不知道如果全部 X 都留下时会发生什么变化，卵子也可能会发育成雌虫。总之，这里事实是：母体内的一种变化，引起了小卵的形成，小卵又减少了半数的 X 染色体来变成雄虫。至于母体内变化的性质，目前却不知道[1]。

在精子发生过程中由于偶尔损失
一条染色体所引起的性别决定

在雌雄同体的动物当中看不到性别决定机制，也不应该有这种机制，因为所有的个体都完全一样，都有精巢和卵巢。在一种线虫 *Angiostomum nigrovenosum* 里，雌雄同体世代同雌雄异体世代互相交替。Boveri 和 Schleip 证明，当雌雄同体世代的生殖细胞成熟时（图 135），往往损失两条 X 染色体（滞留在分裂平面上），因而产生两种精子，一种有五条染色体，另一种有六条染色体。当同一雌虫的卵子成熟时，12 条染色体两两接合，形

---

① 　雌性轮虫 *Dinophilus apatris* 产生两种大小的卵子。两种卵子都排出两个极体，形成单倍型原核，两者受精后，大卵发育成雌，小卵发育成雄（Nachtsheim）。卵巢为什么产生两种卵子，目前完全不知道。

成六条二价染色体(图136)。第一次分裂时,六条进入第一极体,另六条仍留在卵内。卵子内六条染色体分裂,六条子染色体进入第二极体,卵子内留下六条子染色体,其中各有一条 X 染色体。卵子同六条染色体的精子受精,发育成雌虫,卵子同五条染色体的精子受精,发育成雄虫。 这里,在细胞分裂中的一件偶然事件,造成了性别决定机制。

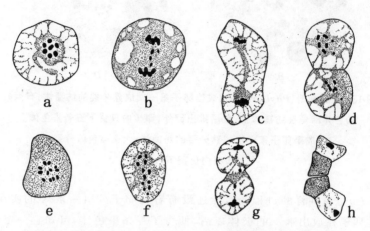

图135 管口属线虫(*Angiostomum nigrovenosum*)精细胞的两次
成熟分裂(上行示第一次成熟分裂)。第二次分裂时(下行),
有一条 X 染色体滞留在分裂平面上(仿 Schleip)

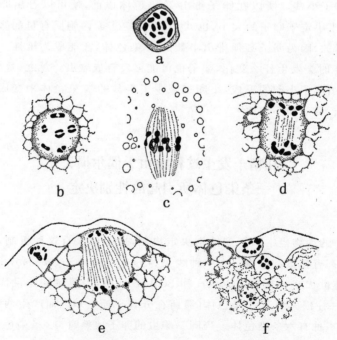

图136 *Angiostomum nigrovenosum* 卵子的两次成熟分裂。
卵核内留下六条染色体(仿 Schleip)

二倍体雌性与单倍体雄性

　　轮虫首先经过许多世代的单性生殖,各代雌虫有两倍数目的染色体。卵子没有减数分裂,只放出一个极体。单性世代在一定营养条件下似乎可以无限期地绵延。不过正如 Whitney 所证明的,改变营养——例如用绿色鞭毛虫类饲养轮虫,便能结束单性生殖世代。在这种营养下,雌虫所产生的下一代轮虫(借单性生殖)有双重可能性。这一代的雌虫如果同雌虫(当时可能出现)受精,则在每个卵子成熟以前,只有一条精子进入卵内。卵子在卵巢内长大,卵外披一层厚壳(图 137)。卵子放出两个极体,以后卵子的单倍型胞核同精核(单倍数)结合,从而恢复了染色体的全额。这个卵子称为休眠卵或冬卵,有二倍数目的染色体,不久,卵子发育成母系,重新产生一个新系的单性生殖的雌虫等等。

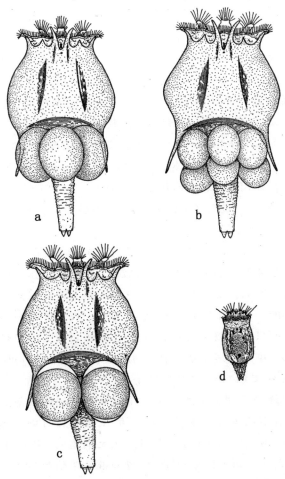

图 137　a. 臂尾轮虫 *Brachionus bakeri* 的雌虫,附有单性生殖的
成雌卵子。b. 雌虫,附有单性生殖的成雄卵子。c. 雌虫,
附有成雌和成雄的卵子。d. 雄虫(仿 Whitney)

另一方面,该雌虫如果没有受精,则其所产生的卵子比普通单性生殖的卵子小。卵内染色体两两接合,放出两个极体。卵内留下一组单倍染色体。卵子分裂,但染色体数目不加倍,终于发育成为雄虫。在单倍体雄虫的精子形成中,究竟发生了什么变化,还不明确。无论是 Whitney(1918)的研究,或者是 Tauson(1927)的研究,对于这种变化都没有作出确实可信的说明。

从表面上看,以上证据似乎意味着单倍数目的染色体产生雄性。二倍数目的染色体产生雌性。一点也看不出有性染色体的存在,所以不能假定特殊的性基因的存在。即使承认该类基因并不存在,为什么半数的染色体会产生雄性而二倍数目的染色体会产生雌性,依然无法解释,除非认为这里所涉及的分化因子,就是两种卵子内胞质多少及其染色体数目之间的关系。然而这种说法又和蜜蜂(说明如下)一例不合。在蜜蜂里,二倍型卵子发育成雌性,单倍型卵子发育成雄性,但两者却是一样大小。以上两例中突出的事实,是单倍数目的染色体和雄性有关,即令在轮虫内另有决定哪一种卵子成为单倍型的其他因素。

也许可能创立一种性染色体的解释,设想有两种不同的 X 染色体,又设想在减数分裂中一种进入雄卵的极体,另一种则由有性卵子排出(两种都留在单性生殖的卵子内),但是必须承认,目前还没有理由,也没有必要提出这样的臆想。

蜜蜂和亲缘关系相近的黄蜂、蚁类,其性别决定也同胞核的二倍和单倍状态有关。这是已经确定了的事实,不过还没有得到明确的说明。后蜂在后蜂室内、职蜂室内和雄蜂室内产卵。产前的卵子完全相似。职蜂室和后蜂室内的卵子在产卵时受精,雄蜂室的卵子不受精。所有卵子都放出两个极体。卵核内留下单倍数目的染色体。在受精卵内,精子带来一组单倍染色体,和卵核结合,得出二倍数目。这种卵子发育成雌性(后蜂和职蜂)。后蜂室的幼虫得到丰富的营养,发育完全,成为后蜂。职蜂室内幼虫的食物不同。像上面所说的,雄蜂是单倍体[①]。

这里,不能假想性别是由成熟分裂以前的任何影响来决定的。没有证据来肯定卵子内的精核可以影响染色体的成熟分裂方式。也没有证据来肯定环境(雄蜂室或职蜂室)对于发育过程有任何的影响。事实上,这里也没有证据来肯定有任何一组的特殊染色体可以区别为性染色体的。在雌雄两种个体之间,我们所知道的唯一区别,只是染色体数目上的不同。目前我们只能依赖这点关系,把它看成是同性别决定有着某种还未知道的联系。现在这种关系还难于同其他昆虫中性别决定于染色体基因间的平衡一致,但是它仍然可能起源于染色体(基因)和胞质之间的平衡。

还有一件有关蜜蜂中性别决定的事实。在雄蜂生殖细胞成熟分裂中,第一次分裂失败,分出了一个没有染色体的极体(图 86)。第二次分裂时染色体分裂,一半进入一个很小的细胞,这个细胞以后退化;另一半则留在大细胞内,这个细胞变成有作用的精子,含单倍数目的染色体。像上面谈过的,精子带着单倍数目进入卵子,随后卵子发

---

① 已经知道,当没有受精的雄卵子进行分裂时,每一条染色体断裂为两个部分(形成种系的胞核可能例外)。这一过程似乎不是染色体纵裂成两条染色体,而是横裂成为两片。如果这项解释是正确的话,那么,基因数目实际上并没有增加,这个碎裂或分开过程(在一些线虫里也发现过)对于性别决定机制,也没有说明什么。

育成雌性。

有几个例子,谈到两族蜜蜂杂交,杂种的后代被记录下来(Newell)。据说孙代雄蜂只表现了原来一个族的性状。如果两族的区别只是同一对染色体上两组基因间的差异,则孙代雄蜂的特点是可以预料得到的,因为这两组基因在减数分裂时,会彼此分离,这一组或那一组会留在卵子里面,以后卵子发育成雄性。但是,如果族间的区别决定于异对染色体上的基因,那么,孙代雄蜂当然没有区分为鲜明的两族的希望了。

职蜂(和职蚁)有时产卵。这种卵子一般发育成雄性,这是意料得到的,因为职蜂不能从雄蜂受精。有人报道在职蚁的卵子中偶尔出现有性类型的雌蚁。可以设想,这是由于卵子保留了双组染色体。据说,在 Cape 蜜蜂中,经常有职蜂的卵子发育成雌性(后蜂)。我们不妨暂时采用上面所说的同一解释,来说明职蚁中的雌性偶尔产卵,其中有些卵子在特定条件下发育成雌蚁。

研究寄生蜂 Habrobracon,已经比较充分地证实了母虫性状直接传给子代单倍体雄虫。普通型有黑眼。在培养中出现了一只橙色眼的突变型雄蜂。和黑眼雌蜂杂交,经过单性生殖得到了 415 只黑眼雄蜂,又从受精卵得到了 383 只黑眼雌蜂。

子代的四只雌蜂被隔离后,经过单性生殖,产生了 268 只黑眼雄蜂和 326 只橙色眼雄蜂,没有产生雌蜂。

另外有八只 F_1 雌蜂(从第一只橙色雄蜂受精而来)同子代雄蜂自交。孙代有 257 只黑眼雄蜂,239 只橙色眼雄蜂和 425 只黑眼雌蜂。

第一只橙色眼突变型雄蜂同它的 F_1 雌蜂交配,得到 221 只黑眼雄蜂,243 只橙色眼雄蜂,44 只黑眼雌蜂,和 59 只橙色眼雌蜂。

在雄蜂为单倍体,又由未受精的卵子发育而成的假设下,这些结果都是可以预料到的。当杂种母蜂的生殖细胞成熟时,橙色眼基因同黑眼基因分离,半数的配子得黑眼基因,另一半配子得橙色眼基因。任一对染色体上的任一对基因,都将产生同样的结果。

橙色眼雌蜂同黑眼雄蜂交配。从 11 对杂交中,共得预料到的 181 只黑眼雌蜂和 445 只橙色眼雄蜂。另有 22 对杂交,除了产生 816 只黑眼雌蜂和 889 只橙色雄蜂以外,还产生了 57 只黑眼雄蜂。这一类雄蜂的存在要求另一种不同的解释。它们显然是由同黑眼精子受精的卵子发育出来的。一种可能的解释似乎是:单倍型精核在卵子内发育,而且产生了至少是形成双眼的那些部分。卵子内其他部分的胞核也可能从单组型卵核得来。事实上,有些证据肯定了这是一个正确的解释,因为 Whiting 已经证明,在这种特殊的黑眼雄蜂里,有些可以繁殖,好像它们的全部染色体只载有母方的橙色基因似的。但是其他事实指明,这里的解释也并不这么简单,因为这些雄蜂大多数都没有生殖力,从有生殖力的雄蜂(嵌合型雄蜂)又产生出了几只雌蜂[①]。不管这些特殊情况最后如何解决,这些杂交的主要结果,证实了雄性是单倍体这个理论。

---

① 根据 Anna R. Whiting(1925)报道:"黑眼偏父遗传的雄蜂,在形态的畸变上,比正常产生出来的雄蜂和雌蜂,有着更高的百分率。大多数偏父遗传的雄蜂已经被证明是没有生殖力的,有一些作为黑眼来繁殖的有部分的生殖力,此外还有少数嵌合体产生了橙色雌性后代,后代有完全的生殖力。偏父遗传的雄蜂的下一代橙色雌蜂,在形态和孕育性上,都是正常的。偏父遗传的雄蜂的下一代黑眼雌蜂数目少,畸形百分率高,并且几乎完全无生殖力"。Habrobracon 的特种雄蜂可以说明蜜蜂里出现的一些不规则的情况。

单倍体的性别

1919 年，Allen 证明：在囊果苔属（*Sphaerocarpus*）的单倍型世代里，雌配子体的细胞有一条大 X 染色体，从而合理地解释了两种原叶体（即配子体）的差别。两位 Marchals 的实验和 Wettstein 等人的实验同样证实了：在雌雄异株的藓类植物里，每个孢子母细胞分裂成四粒孢子，其中两粒发育成雌原丝体（即配子体），两粒发育成雄原丝体（即配子体），与 Allen 关于苔类研究的结果相符合。一种配子体产生卵子，另一种配子体产生精子，所以习惯上把它们分别称为雌性或雄性。下一代的孢子体（即合子）是由卵子同精子受精后发育而成，有时认为是没有性别的或无性的。不过它还是有一条 X 染色体和一条 Y 染色体。

在雌雄异株的显花植物里，雌雄两词应用在孢子体（二倍体）一代，而不用在卵细胞（在胚囊内，是单倍体世代的一部分）和花粉粒（也是单倍体世代的一部分），和苔藓类的用法对照，发生了一些不必要的混乱。骤然看去，苔藓两类的雌性和雄性似乎用在不同的意义上。但是除了系统发生意义上的言辞矛盾外，并没有真正的矛盾。如果这两个例子改用基因来说，则想象中的困难便不会存在了。例如苔类植物，在含大 X 染色体的单倍型配子体里，其基因的平衡作用引起了卵细胞的产生，而在含小 Y 染色体的单倍型配子里，其基因间的平衡作用则引起了精细胞的产生。卵子的载体称为雌性，精子的载体称为雄性。在雌雄异株的显花植物里，二倍体世代的雄株有一对大小不同的染色体（即 X 和 Y）。二倍型世代常染色体上的基因同两条 X 染色体上的基因互相平衡，产生雌性（即产生卵子的个体）；二倍体世代常染色体上的基因同一对 XY 上面的基因互相平衡，产生雄性（即产生精子的个体）。不论是苔类植物或是显花植物，雌雄决定于两组基因间的平衡作用。两例的有关基因可能不同，或者某些基因相同而另一些不同。但主要一点是：在两个例子里，平衡上的差异引起了两种个体的产生，产生卵子的称为雌性，产生精子的称为雄性。

也许可能批评以上说法只是重述事实而没有解释事实。诚然不错。我们的一切努力，就在于指出可以这样地复述这些事实，以致两例之间没有明显的矛盾。我们希望也许总有一天会解决这一问题，即在不同的平衡产生两种个体的例子里，究竟涉及了多少基因，和涉及了什么性质的基因。然而这里没有什么要我们焦急的，而且确实没有任何论证可以用来驳倒在性别决定方面的近年来的进展。

在动物中，单倍状态是配子的特点，没有像植物那样的单倍体世代同二倍体世代互相交替的例子。不过至少有两三个类型，雌性是二倍体，雄性是单倍体。膜翅类和其他几种昆虫的雌性为二倍体，雄性为单倍体，至少在发育的初期是这样的。轮虫的雌性为二倍体，雄性为单倍体。以上各例中都看不出有严格的性染色体。目前，还不能根据实验方面的证据说明这些关系。在发现这种证据以前，所提出来的一些可能的理论解释，都不说明问题。

另一方面,果蝇的性别机制已经被掌握了,其性别决定中有关基因之间的平衡问题,也有了实验方面的证据。Bridges 近来对于果蝇有一项重要的观察。他发现了两只嵌合体果蝇,并根据遗传学证据,断定它们很有可能是一个复合体,一部分为单倍型,一部分为双倍型。一只果蝇的单倍型部分包括了性栉这一种第二性征(正常雄蝇有,雌蝇没有)。嵌合体的单倍型部分没有性栉。换句话说,正如预料得到的,一群包括三条常染色体和一条 X 的单倍染色体,像六条常染色体和两条 X 一样,产生了同一结果。两者的基因平衡是相同的;嵌合体的单倍型部分虽然像正常雄蝇一样,只有一条 X,但是雄蝇的这样 X 却被六条常染色体抵消了。

Wettstein 报道过一个相反的情况。他用人工方法获得藓类植物的双倍型配子体。这些配子体如果是从单倍型雌配子体的一个细胞发育出来,便是雌性;如果是从单倍型雄配子体的一个细胞发育出来,便是雄性。在两种情况下,平衡仍然是和以前一样的。显然,两者的性别决定,不是依靠染色体数目来调整的,而是由两组相对基因或相对染色体之间的关系来规定的。

低等植物的性别与性别的意义

雌雄性别名词问题在近来研究某些伞菌或担子菌的结果中显得最突出。按照 Hanna 近来的说法,在这一群伞菌里,"雌雄性别问题引起真菌学家的注意已经有一百多年了。"M. Bensaude 女士(1918)、Kniep(1919)、Mounce 女士(1922)、Buller(1924)和 Hanna(1925)的发现,揭露了一个非常有趣的情况。为叙述简明起见,这里只详细谈一下 Hanna 新近的论文。Hanna 采用新颖精细的技术,能够从伞菌的菌褶里分离出单个孢子。在粪胶培养基内,每一个孢子长成一株菌丝体。再让各个单孢子型菌丝体一株一株地彼此接触,便能够鉴别出各株的性别。在这些组合里,有某些会彼此联合,形成一株二级菌丝体,其上长着"锁状连合",从而表示原来的两株是"不同性别的"。这样的菌丝体后来发生子实体或伞菌。另一方面,其他组合,如果配在一处的话,却不能形成有锁状连合的二级菌丝体,而且一般也不产生子实体。作者把这样的联合理解为有关菌丝体是同性别的。

现在把同一品系(即同一地区)的单孢子型菌丝体加以鉴定,结果如下表。两株单孢子型菌丝体联合以后能形成锁状连合的,用"+"代表;不能形成的,用"−"代表。表内菌丝体分为四群(同群的菌丝体安排在一起)。作者把这种结果理解为这个鬼伞 *Coprinus lagopus* 物种里一个子实体的孢子,属于四群不同的性别。

像 Kniep 所首先证明的,上述四群在两对孟德尔式因子 Aa 和 Bb 的假说下便能够得到解释。当各个担子形成孢子时,同对的因子分离,每个伞菌会发生 AB、ab、Ab 和 aB 四种孢子。每一种孢子发育成遗传组成上相同的菌丝体。如下表所示,只有含两个不同因子的那些菌丝体才能联合,并形成锁状连合。这便意味着一共有四种性别,其中只有性别因子不同的才能结合起来。

		AB			ab			Ab		aB
		51	52	54	55	57	58	59	50	56	53
AB	51	–	–	–	+	+	+	+	–	–	–
	52	–	–	–	+	+	+	+	–	–	–
	54	–	–	–	+	+	+	+	–	–	–
ab	55	+	+	+	–	–	–	–	–	–	–
	57	+	+	+	–	–	–	–	–	–	–
	58	+	+	+	–	–	–	–	–	–	–
	59	+	+	+	–	–	–	–	–	–	–
Ab	50	–	–	–	–	–	–	–	–	–	+
	56	–	–	–	–	–	–	–	–	–	+
aB	53	–	–	–	–	–	–	–	+	+	–

　　也有一个细胞学背景，同以上遗传学假设非常符合。在单孢子型菌丝体的胞质内，存在着很多个胞核。两个菌丝体联合以后，新菌丝体（即次级菌丝体）的胞核两两相接成对。一个合理的假设是：每对胞核中，一个胞核从某个菌丝体得来，另一个则从另一菌丝体得来。假定在四个孢子将要发生时进行了减数分裂，结果，每个孢子发育成一株新的减数菌丝体。这样的情况符合于高等植物和动物中的减数分裂过程，从而使这些霉菌同二倍染色体减少到配子的单倍时所发生的遗传学结果，互相一致。当然，在鬼伞类和其近缘各物种里，二倍—单倍关系还没有得到证明，但是这是已知事实的正确解释，似乎不是不可能的。如果真是这样，那么，遗传因子在伞菌里的分离和在其他植物及动物中的分离，原则上是相同的。

　　以上关系存在于同一地区的各个品系之间，测验不同地区的品系，得出了非常相似的结果。任何一个品系的一切单孢子型菌丝体，同其他品系的一切单孢子型菌丝体，联合起来（即产生具有锁状联合的菌丝体等等）。下表表示一个地区（加拿大的埃德蒙顿）内一个子实体的 11 株单孢子型菌丝体。同一地区（温尼伯）内 11 株单孢子型菌丝体联合，不同区域的各系互相交配时，都得出同一结果。在 Hanna 所做的组合里，鬼伞有 20 种性别，如果推而广之，包括其他区域的组合，则性别的数目，无疑地会大大增加。

		A^4B^4			a^4b^4	A^4b^4				a^4B^4		
		4	7	8	5	2	6	10	11	1	3	9
A^2B^2	25	+	+	+	+	+	+	+	+	+	+	+
	26	+	+	+	+	+	+	+	+	+	+	+
	27	+	+	+	+	+	+	+	+	+	+	+
	28	+	+	+	+	+	+	+	+	+	+	+
a^2b^2	20	+	+	+	+	+	+	+	+	+	+	+
	23	+	+	+	+	+	+	+	+	+	+	+
	24	+	+	+	+	+	+	+	+	+	+	+
a^2B^2	21	+	+	+	+	+	+	+	+	+	+	+
	29	+	+	+	+	+	+	+	+	+	+	+
	30	+	+	+	+	+	+	+	+	+	+	+
A^2b^2	16	+	+	+	+	+	+	+	+	+	+	+

　　不仅仅进行了这种杂交,而且也用了杂交过的一些品系进行实验,来进一步测验因子假说。如果把不同品系的因子当做成对的等位因子看待,一个品系的因子称为 Aa 和 Bb,另一品系的因子称为 A^2a^2 和 B^2b^2,那么,这两个变种的菌丝体联合后可能产生的杂种,将有 16 种之多,而每一株杂种菌丝体的行为方式,也将和纯种菌丝体的行为方式相类似,即只能在两株菌丝没有共同的因子时,才能形成锁状联合。

　　如果我们从习惯的意义上来理解有关的因子,那么,这里便有着规模广泛的两性现象了。我们也不反对这种用法,如果在这里的基础上解释雌雄性别看来是有利的话。就我个人来说,我认为如果对上述结果采用 East 关于烟草研究的那个解释,把有关的因子称为自交不孕性因子(见下文),那样便会更简单一些。不管各人选用什么文字来描述,原则上解释仍然是一样的。

　　最近 Hartmann 在其《相对的性别之研究》论著中描述了关于海藻(长囊水云:*Ecto-carpus siliculosus*)研究的结果。这种植物所放出的自由运动的游动孢子在外形上是一样的,但在以后行动上却分为雌雄两类。雌性孢子迅速静止下来,雄性孢子则继续成群运动一些时候,并且围绕着一个雌性个体(图 137a)。

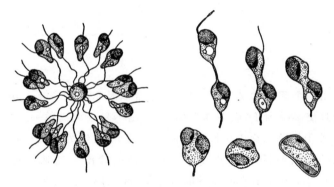

图 137a　左侧示成群的雄配子围绕一个雌配子运动,

右侧示雄配子和雌配子的联合过程(仿 Hartmann)

　　一个雄性游动孢子同一个静止中的雌性游动孢子彼此融合。Hartmann 先将亲代植株一个一个地隔离开来,等到它们放出游动孢子时,才集体测验异株孢子之间的相互关系。

　　下表总结了一个典型的实验结果;有联合的,用"＋"表示,无联合的,用"－"表示。每一种孢子用其他各种孢子,逐一检验。在大多数例子里,某一株的游动孢子对别株的孢子或者一贯表现雄性行为,或者一贯表现雌性行为,不过在少数例子里,其游动孢子在某些组合里呈雌性作用,在另一些组合里却呈雄性作用。例如 4 号(下表左方)同 13 号之间的结果,同它们在其他组合里的反应,是不一致的。另一个例外是 35 号同 38 号(下表右方)之间的反应,从两者其他行为上看,都可以称为雄性,但是两者彼此间却呈雄性和雌性的反应。Hartmann 根据各种个体在不同组合中所形成的群数多少,把某些个体说成是强雌性,而另一些个体则说成是弱雌性,并作出结论,认为弱雌性对于强雌性起着雄性的作用,而对于强雄性则起着雌性作用。这些关系究竟受到年龄因子(例如静止下来)或环境因子多大影响,还是不十分了解的,虽然 Hartmann 从检验游动孢子中知道这种关系天天维持原状,似乎排斥了这样的解释。这种材料可惜不适于进行有关因子的遗传学分析。某个体的配子的迅速静止,是否能充分表示其"性别",即使能表示,弱雌性又如何变化为有雄性的作用等等,也是不明确的。不过同一植株的配子不能相互交配,这种现象似乎属于自交不孕和有关的杂交孕育的同一范畴。把这当做性别的标准,在目前也许主要是依赖于个人的兴趣和定义。就我个人来说,如果把性别一词,不用于普通所谓的性别现象,而用于配子联合与不联合的现象,那么,不但不能阐明有关的问题,反而使问题混乱起来。

	3♂	4♀	5♀	7♀	11♂	13♀	14♀
3♂	−	+	+	+	−	+	+
4♀	+	−	−	+	+	+	+
5♀	+	−	−	+	+	−	+
7♀	+	+	+	−	+	+	+
11♂	−	+	+	+	−	+	+
13♀	+	+	−	+	+	−	+
14♀	+	+	+	+	+	+	−

	31♀	32♀	33♂	35♂	38♂	40♂
31♀	−	−	+	+	+	+
32♀	−	−	+	+	+	+
33♂	+	+	−	+	+	+
35♂	+	+	+	−	+	+
38♂	+	+	+	+	−	+
40♂	+	+	+	+	−	−

现在不妨提出一个问题,即把鬼伞的菌丝连合以及水云($Ectocarpus$)的孢子联合中的有关因子称为自交不孕因子,而不称为性因子,是不是会更简单一些,更不容易引起混乱呢? East 近来关于烟草自交不孕性研究的重大结果,已经为显花植物中多次研究过的自交孕育和杂交孕育问题,第一次奠定了证据确凿的遗传学基础。显花植物的这些现象,在许多方面,同鬼伞和水云中配子的联合相似,并且两者过程的进行方法虽然可能不完全相同,但是两者的遗传学和生理学背景却很可能是基本上相同的。

East 和 Mangelsdorf 用了几年的工夫研究过 *Nicotina alata* 和 *N. forgetiana* 两种烟草杂交中的自交不孕性遗传问题。他们在一篇简短的报告里总结了这项研究。这里只能提到最一般性的结论。他们采用特殊操作,把自交不孕的个体育成几种自交的、纯合的品系,维持到 12 个世代之久,由此得到了适合于检验这个问题的材料。只提出一个族的类型的结果作为一个例子。有 a、b、c、三类的个体,任何一类的每个个体,对于同类的其他个体,都表现自交不孕性,而对于其他两类的每一个个体,却是可以孕育的;不过由正反交产生的后代却不同。例如 a♀同 c♂交配,只产生 b 和 c 两类个体,而 c♀同 a♂交配却只产生 a 和 b 个体。两类个体的数目总是一样多的,但是后代里却从未看到母型个体。解释是这样的:假定这一族有 $S_1 S_2 S_3$ 三个等位基因,如果 a 类 = $S_1 S_3$,b 类 = $S_1 S_2$,c 类 = $S_2 S_3$,如果每一类植株的雌蕊柱头只能刺激含有异类自交不孕因子的花粉的生长,则实验结果便得到了一致的说明。譬如植株 c($S_2 S_3$)只对于含 $S_2 S_3$ 以外其他因子的花粉,供给充分刺激。只有含 S_1 因子的花粉才能穿过花柱,同卵子受精。子代将得 $S_1 S_2$(b 类)和 $S_1 S_3$(a 类)为数各半。在反正交中 a♀($S_1 S_3$)同 c♂($S_2 S_3$)相配,只有

S_2 花粉才能穿入卵内，产生 S_1S_2（b）和 S_2S_3（c）。以上结果可代表其他各族各类的实验，说明了为什么子代里没有雌型组合，说明了为什么正反交的子代有所不同，也说明了为什么不论父方是哪一类，子代的两类个体（没有母型）在数目上总是一样多的。

有几种方法来检验这个假说是否合理。检验结果都证实了这个假说。这种令人信服的分析，是经过了细心计划的遗传学实验的结果，对于 75 年多来学者们未能解决的受精问题作出了头等的贡献。这不仅是这个例子的一个精辟的遗传学分析，而且也深入了解了单倍型花粉管和双倍型雌蕊组织之间的生理反应。直接观察已经证明：花粉管在雌蕊组织内的生长率是符合于差等生长率确实存在这项见解的。目前还不知道这种关系的性质，不过有理由可以假定它是化学性的。在低等植物里，不同遗传性的菌丝体互相联合时的自交不孕性，可能用相同的或类似的化学反应及其遗传学基础来解释。如果这种说法能够成立，那么，遗传学问题的主要对象便是孟德尔式的自交不孕因子了。要把这些因子说成是性别因子，至少是习惯上应用在雌雄异体生物躯体差异方面的性别因子，这种见解的价值似乎是可以怀疑的。确实不错，在这些差异里，也有产生以互相联合为主要机能的精子和卵子的那些差异，但是，就一般人所理解到的说来，这些机能同雄性和雌性个体体质上所涉及的机能比较，却是不够鲜明的。

饲养在瓶子里的果蝇（李凤霞提供）

第 16 章

性中型(或中间性)

• Intersexes •

近年来,在雌雄异体的物种里,发现了一些奇怪的个体,表现出雌雄两种性状各种不同程度的组合。目前所知道的性中型,可以说有四个来源:(a) 由于性染色体与常染色体比率上的变化;(b) 由于基因内的变化,不涉及染色体数目上的变化;(c) 由于野生种族杂交所引起的变化;(d) 由于环境的变化。

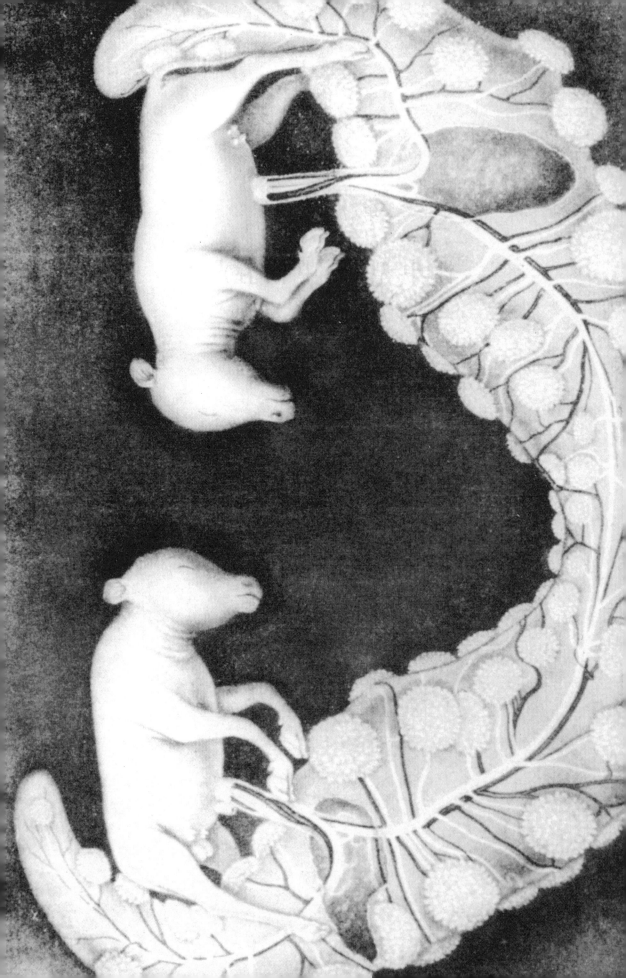

近年来,在雌雄异体的物种里,发现了一些奇怪的个体,表现出雌雄两种性状各种不同程度的组合。目前所知道的性中型,可以说有四个来源:(a)由于性染色体与常染色体比率上的变化;(b)由于基因内的变化,不涉及染色体数目上的变化;(c)由于野生种族杂交所引起的变化;(d)由于环境的变化。

从三倍体果蝇而来的性中型

三倍体雌果蝇的某些后代,属于第一类性中型。三倍体雌蝇的卵子成熟时,染色体分布零散,并且在放出两个极体以后,留存卵子内的染色体的多少不一。这种雌蝇同正常雄蝇交配(雄蝇的精子有一组染色体),得出几种后代(图 138)。有理由相信,很多卵子,因为缺少正当组合的染色体来保证新个体的发生,所以完全不能发育;不过在存活下来的卵子里,也有若干三倍体,更多的二倍体(正常型)以及少数性中型。这些性中型(图 139)有三组常染色体和两条 X 染色体(图 138)。其公式为:3a+2X(或 3a+2X+Y)。因此,性中型的 X 染色体(虽然和普通雌蝇的一样多)可是它的普通染色体却多了一组。由此可知,性别不决定于现有 X 染色体的实际数目,而决定于 X 染色体与其他染色体之间的比率。

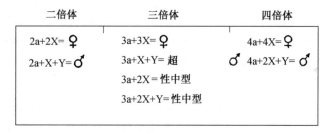

图 138　示黑腹果蝇中二倍体、三倍体、四倍体与性中型的公式。四倍型雄蝇(4a＋2X＋2Y)是想象的,除上述各类外,三倍体雌蝇又产生超雌性(3a＋3X)(仿 Bridges)

Bridges 根据上述染色体相互间的特殊关系,断言性别决定于 X 同其他染色体的平衡作用。我们不妨设想,X 染色体含有较多的形成雌性的基因,而其他染色体则含有较多的形成雄性的基因。普通雌蝇为 2a＋2X,两条 X 使平衡偏向雌性。普通雄蝇只有一条 X,于是使平衡偏向雄性。三倍体 3a＋3X 和四倍体 4a＋4X 的平衡,同普通雌蝇的平衡一样,而实际上,三倍体和四倍体也同普通雌蝇一样。四倍体雄蝇 4a＋2X＋Y(一直还没有得到)的平衡,同普通雄蝇的平衡一样,估计它会和普通雄蝇相同。

三倍体方面的证据,对于性别决定基因的存在,并没有提供详细的知识。如果我

◀ 两只牛的胚胎,其中一只为雄化雌犊,同 181 页图 141 所示。

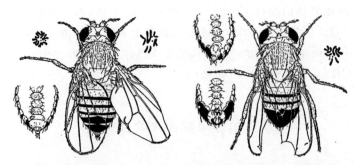

图 139　左方示果蝇的雌性性中型，从背腹两面观察。其染色体群包括 X 两条、

大型常染色体(Ⅱ 和 Ⅲ)各三条，往往还有小型第四染色体(这里有两条)。

右方示雄性性中型，从背腹两面观察。其染色体群包括 X 两条、第二和

第三染色体各三条，往往只有两条第四染色体(这里有三条)

们把染色体看成是基因，那么，性别的决定势必同基因有关，然而上述证据却没有证明这种基因究竟像什么样子。即使基因有关系，我们也不能说明代表雌性的，究竟是 X 上的一个基因，或者是成百的基因。普通染色体的情形也是一样，上述证据也没有说明，如果真有雄性基因的话，这类基因究竟是在所有的染色体上或者只限于一对染色体。

但是这里有两种方法，我们希望有一天它们会帮助我们发现有关影响性别的基因的一些东西。X 染色体可以断裂成片，如果真有性基因，便可以借某一种方式的断裂来揭露性基因的位置。另一个希望寄托在基因突变的发生上。如果别的基因都发生突变，如果真有特殊的性基因，这种基因怎么会不发生突变呢？

事实上，由于已经有了一个例子，果蝇第二染色体上的一个突变，引起了性中型的发生。Sturtevant(1920)研究了这个例子，发现这是第二染色体上一些基因发生变化的结果，雌蝇转变成为性中型。可惜这项证据没有证明是不是只有一个基因受到了影响。

据上面所谈过的论证，我们虽然能够从基因的角度说明性别决定公式，但是雌雄两性是否各有其特种基因，目前却得不到直接证明。也可能有这类基因，也可能是所有基因之间的量的平衡决定了性别。但是我们既然有许多证据表现基因在所产生的特种效果上是极不相同的，我认为某些基因比其他基因起着更多的性别分化者的影响，也似乎是极有可能的。

毒蛾里的性中型

Goldschmidt 在毒蛾族间杂交产生性中型方面，进行了大规模的、极其有趣的重要实验。

普通欧洲毒蛾的雌性(图 140a、b)同日本雄蛾杂交，子代雌雄各占一半。日本雌蛾同欧洲雄蛾交尾，子代的雄蛾正常，雌雄为性中型或者同雄性相似(图 140c、d)。

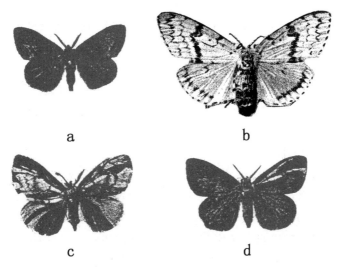

图 140　a. 雄毒蛾 *Lymantria dispar* ; b. 雌毒蛾;
c 与 d 表示两种性中型(仿 Goldschmidt)

　　以后,Goldschmandt 在欧洲毒蛾和几种日本毒蛾之间以及各族日本毒蛾之间,进行过一系列的精密实验。结果可分两系。一系由雌蛾最后变成雄蛾;另一系由雄蛾变化成雌蛾。前一种变化称为雌系性中型,后一种变化称为雄系性中型。Goldschmidt 的长串实验从略,只把他的理论上的推论,尽量简短说明一下。

　　他所采用的雄性公式为 MM,雌性公式为 Mm;换句话说,就是 WZ—ZZ 公式。不过另外他又增加了另一组性别决定因子,最初称为 FF,代表雌性。据说,雄性因子分离,和一般孟德尔式因子的行动相同,FF 因子却不分离,并且只能借卵子传递。Goldschmidt 假定 FF 因子位于胞质里面,虽然他以后倾向于把这些因子定位在 W 染色体上。

　　他对大型 M(m 无值)和 FF 各给一个不同的数值,由此构成一套理论,借以说明为什么在第一个谈到的杂交里,从某一个方向便产生相同数目的雌性和雄性,而从另一方向则产生性中型。

　　同样,他对于其他每一个杂交里的 M、F 各给一个适当的数值,因此能够对杂交结果作出了大致一贯的解释。

　　我认为 Goldschmidt 所拟的公式的特点,不在于他所给因子的数值,因为这些数值都是任意指定的,而在于他的下列主张:即杂交结果,只能用雌性基因在胞质内或者在 W 染色体上的假设,才能得到解释。在这一点上,他的主张和 Bridges 所研究的三倍型果蝇的情况不相同,在果蝇里,相反的势力分别存在于 X 染色体和常染色体的上面。

　　近来(1923)Goldschmidt 报道了几个非常的例子,他相信这里有证据指明产生雌性的因子位于 W 染色体上面。有一个这样的例子涉及族间杂交,经过"不分离"作用,雌蛾从父方接受一条 W 染色体(在他的公式里是 Y),从母方接受一条 Z。这同 Z、W 的普通传递方式刚好相反。实验结果指出雌性因子随着 W 传递。逻辑上,这项证据好像是令人满意的。但是另一方面,Doncaster 和 Seiler 两人也报道过几个非常的雌蛾有时也缺乏

W 染色体。这些雌蛾在任何方面都是一只正常的雌性,并且产生同样的后代[①]。如果按照 Goldschmidt 的见解,雌性因子是在 W 染色体上,那么,这些雌蛾便不能够是雌性了。

在撇开 Goldschmidt 学说以前,应该提一下他用来说明性中型嵌合性质的一项极其有趣的意见。性中型由若干雄性部分和若干雌性部分拼凑而成。Goldschmidt 推想,这是由于胚胎内决定雌雄两种部分的时间先后不同。换句话说,可以说成是族间杂种性中型的个体,在性因子的某种组合下,最初是一个雄性。所以最初出现的胚胎器官,都和雄性相同。在晚期发育中,雌性因子赶上并超过了产生雄性的因子,以致后期的胚胎和雌性相同。因此造成了这一类性中型的嵌合性质。

相反,另一型胚胎最初是在雌性因子影响下进行发育,最先形成的胚胎部分,都和雌性相同。在以后时间内,产生雄性的因子赶上并超过雌性倾向,于是发生了雄性器官。

Goldschmidt 一般把基因看成是酶;虽然他有时承认这些酶可能是基因的产物,因而似乎是同我们关于基因性质的意见比较一致。在我们能够发现究竟是所有基因在任何时期都起作用,或者是全部或一部分基因仅仅在胚胎经过某一发育阶段时发生作用以前,在我能够发现这些事实以前,我们除推测外是无能为力的。

性器官不发达的雌犊

人们很久以前便知道,在一对双生牛中,一头是正常的雌性,另一头则是"雌性";后者往往没有生殖能力,称为 freemartin(姑且意译为雄化雌犊)。雄化雌犊的体外生殖器一般属于雌性,或者更近于雌性,不过已经证明其生殖腺也可能和睾丸相类似。Tandler 和 keller(1911)指出这种双生(其中有一头是雄化雌犊)是由两个卵子发育而成,Lillie(1917)已经完全证实了这件事实。Tandler 和 keller 又指出了在子宫内这两个胚胎借着绒毛膜的连接,建立了循环上的联系(图 141)。Magnussen(1918)描述过很多各种年龄的雄化雌犊,并且做了组织检查,来证明老龄雄化雌犊有着发育良好的睾丸状器官,也就是说,有着睾丸的特殊管状结构,包括睾纲管、性索和副睾在内。Chapin(1917)和 Willier(1921)证实了这些观察,Willier 更详细记载了卵巢从未分化时期进入睾丸状结构的转变过程。

Magnussen(误认雄化雌牛为雄性)在"睾丸"内没有看到精子。他相信这是睾丸留在腹腔内的结果(隐睾症)。我们知道,在睾丸正常下降到阴囊里的哺乳动物中,如果睾丸滞留在腹腔内,便没有精子,但是在早期胚胎里当睾丸仍在体腔内的时候,却出现了生殖细胞。根据 Willier 的记载,在雄化雌犊的所谓睾丸内,没有原始生殖细胞。

Lillie 断定雄化雌犊是雌性,其生殖腺已经转变成睾丸状器官,Lillie 的结论已经从上述证据得到这么有力的支持,以致没有怀疑的余地。至于这究竟是由于雄性血液成分

[①] *Abraxas* 的雌蛾和雄蛾都有 58 条染色体。Doncaster 发现某个品系的雌蛾只有 55 条染色体。由此可知 *Abraxas* 雌蛾的染色体中多半包括了一条 W 染色体。一条染色体(料想是 W)的缺失,在雌性性状上看不出有什么变化。缺少这条染色体的个体总是雌性,由此可知,这条染色体极可能真是一条性染色体,而不是一条常染色体。

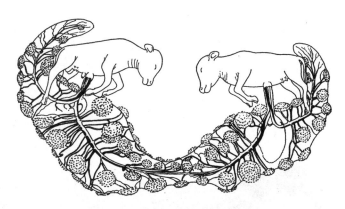

图 141　两个牛胎，其中一头将发育成雄化雌犊，两者的胎盘联合（仿 Lillie）

的影响，还是像 Willier 所想的，由于血液内睾丸激素的影响，却是一个未决问题，因为目前无法证明雄胎生殖腺所产生的任何特殊物质，能够这样影响幼龄卵巢的发育。既然雄胎的一切组织都有雄性染色体组合，它的血液在化学成分上也同样可以和雌性血液不同，因而影响了生殖腺的发育。大家公认，幼龄的生殖腺含有卵巢和睾丸两种原基，或者像 Willier 所说的，在雄化雌犊生殖腺内所发生出来的各种雄性结构的原基，在性别分化时，便存在于卵巢之内。以上观察中最主要的事实是：雄化雌犊没有雄性生殖细胞。双生公牛血液的影响没有引起原始卵细胞向产生精子的细胞方面转变。哺乳动物，包括人类在内，常常有兼备雌雄两性器官，甚至包括卵巢和睾丸在内的个体。过去把这种个体称为雌雄同体（即俗称阴阳人），现在则称之为性中型。产生它们的情况还不知道。Crew 报道过山羊 25 例，猪 7 例①。Crew 相信，既然它们都有睾丸，所以它们都是改变了的雄性。Baker 最近报道，在某些岛上（新赫布里底群岛）性中型极为普通，"一个人差不多在每一个小村落都找得到它们"。根据他的报道，性畸型的趋势在某些例子里借雄性遗传。Baker 认为它们多半是转变了的雌性②。

---

①　Pick 等早已描述过这样的个体，马有两个例子，绵羊有一个例子，牛有一个例子。

②　Prange 描述过四头雌雄同体的山羊，有雌性体外性器官，但乳腺不发达。它们的性行为和毛色则和雄性相同。体内有雄性和雌性导管，不过生殖腺却是睾丸（隐睾症）。

Harman 女士描述过一只雌雄同体的猫，其左侧有睾丸，右侧有卵精巢。左侧的生殖器官和普通雄猫的相同，右侧的生殖器官则和普通雌猫的相同，只有输卵管的体积等是例外。

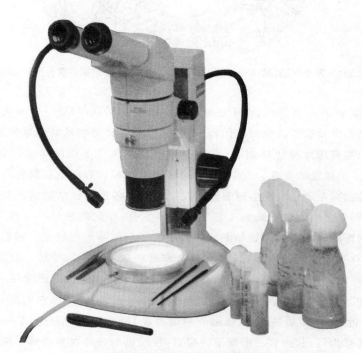

观察果蝇用的显微镜(高雅提供)

第 17 章

性 转 化

• Sex Reversals •

在不正常的环境里，一个遗传上的雄性可能转化为雌性，反之亦然，这同一个个体在其发育的某个时期表现雄性的作用，在其后的时期又表现雌性的作用比较起来，并没有特别令人奇怪的地方。因此这完全是一个事实问题，就是能不能拿出证据来，证明一个有雄性遗传成分的个体，在一组不同的条件下，可以变成有作用的雌性，反之亦然。

在早期文献涉及性别决定时，往往流露出这样一种观念，认为胚胎的性别决定于胚胎发育所在的环境条件。换句话说，幼龄胚胎是没有雌雄性别的，或者说是中性的，它的命运决定于它的环境。已经证明：产生这项观念的证据，各有某一方面的缺点，所以用不着重述一番。

近年来在性转化问题上进行过一些讨论，认为性转化意味着原来被决定是一个雄性的，又能够变成一个雌性，反之亦然。有人认为如果这种情况能够证实，那么，遗传学上关于性别的解释，便不足信了，甚至被推翻了。殊不知主张性别决定于性染色体或基因的一说，同主张其他因素可以影响个体发育，使通常被基因决定的平衡发生变化，甚至发生转化的另一说，两者间并没有丝毫的矛盾。不能理解这一点，也就完全不能掌握基因理论的基本观念；因为基因论仅仅假设：在一定的环境下，由于现有基因的作用，预料可以产生某种特殊的效果。

在不正常的环境里，一个遗传上的雄性可能转化为雌性，反之亦然，这同一个个体在其发育的某个时期表现雄性的作用，在其后的时期又表现雌性的作用比较起来，并没有特别令人奇怪的地方。因此这完全是一个事实问题，就是能不能拿出证据来，证明一个有雄性遗传成分的个体，在一组不同的条件下，可以变成有作用的雌性，反之亦然。近年来已经有过几个例子的报道，有待于仔细而公正的审查。

环境的改变

1886 年 Giard 证明：雄蟹体上如果寄生着其他甲壳类如 *Peltogaster* 或蟹奴，雄蟹的外部性状便发育成雌性类型。图 142a 表示雄蟹成体和其大型螯足，图 a′从腹面看腹部和交媾附肢；图 b 表示雌性成虫，螯足较小；图 b′从腹面看腹部和多刚毛的二叶状的抱卵附肢；图 c 表示早期受到感染的雄蟹，螯足小，似雌性，腹部宽，与雌性同；图 c′从腹面看受感染的雄蟹的腹部，有像雌性一样的小型二叶状附肢。

寄生虫的蔓长的根状突起，侵入蟹体内部，靠吸食蟹体液为生，也可以反过来引起蟹本身的生理过程。蟹的精巢开始可能不受影响，但是后来却退化了。Geoffrey Smith 至少在一个寄生虫脱离蟹体的例子里，看到了在再生的精巢内发生了大生殖细胞，他认为是卵子。

蟹体变化究竟是由于精巢已被吸收或者由于对宿主更直接的作用，Giard 并没有作出结论。Geoffrey Smith 提出了关于血液中脂肪的一些证据，并且提出了一定的论证来支持蟹体变化是由于蟹体受到生理影响的见解。甲壳类生殖腺的破坏是否影响第二性征，也还没有一点儿证据。

◀果蝇是一种很好的遗传学研究材料，至今世界各国仍有许多实验室以果蝇为材料进行着科学研究。图为某实验室将培养在瓶子中的果蝇置于恒温箱中（高雅提供）。

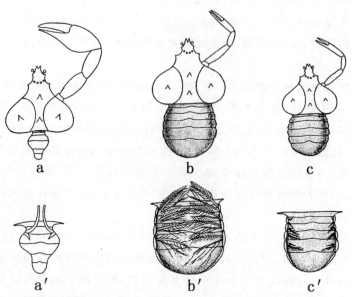

图 142　蛛蟹：a. 正常雄蟹；a.′从腹面看正常雄蟹的腹部；
b. 正常雌蟹；b′. 从腹面看正常雌蟹的腹部；c. 被寄生的雄蟹；
c′. 从腹面看被寄生的雄蟹的腹部(仿 Geoffrey Smith)

在一些昆虫里，在摘除生殖腺方面已经有了证据，证明摘除精巢或摘除卵巢，并不影响第二性征。因此，Kornhauser（1919）所描述的一种甲虫（*Thelia*）例子更显得重要。*Thelia* 被一种膜翅类（*Aphelopus*）寄生时，雄虫表现雌性的第二性征，或者在最低限度上，不能发生雄性的第二性征。

甲壳类的十足目大多数都分雌雄两性，但是也有几个例子，在一种性别或两种性别里，卵巢和精巢同时存在，并且有少数例子，在幼龄雄虫的精巢内可以看到大型卵状细胞。也有过几个蝲蛄的性中型的报道，不过还不知道有过完全的转化①。

有几位观察者（Kuttner、Agar、Banta，等）已经描述过在水蚤与亲缘关系接近的类型里的性中型，但还未听到有过完全转化的例子。Sexton 和赫胥黎（1921）近来描述水虱（*Gammarus*）的若干号称为雌性性中型的个体，它们"在达到成熟时，多少和雌性近似，但是逐渐变得愈来愈和雄性类似"。

大多数的藤壶是雌雄同体。但在若干属内，除了固定的大型雌雄同体类型外，另有微小的相辅的雄性，并且有少数物种只有固定的雌性和相辅的雄性。一般把固定的个体当做真正的雌性，但是 Geoffrey Smith 却认为当自由游泳的幼虫固定下来时，便会生长壮大，经雄性阶段变成雌性，但如果自由游泳的幼虫附着在雌性体上，则仅仅发育到雄性阶段为止。这似乎仅仅意味着一个未发育的个体发展成雌性，或者停止发育，成为雄性，是由环境来决定的。

---

　① 参考 Faxon，Hay，Ortman，Andrews，Turner。

最后一例和 Baltzer 所论述的后蚁 Bonellia 例子相类似。自由游泳的后蚁幼虫如果附着在雌蚁的吻上,便会非常细小,发生精巢,但是如果幼虫独自定居下来,便会发育成一个大型的雌性个体。这项证据绝不排斥两种个体各向一方面分化的另一个可能性,但 Baltzer 的解释却似乎是极其可能的。

如果关于藤壶和后蚁两例的正确解释就是上面所提示的那种解释,那么,这便意味着这些类型的性别,是由环境条件来决定的,从基因方面讲,也就意味着一切个体都是相同的[①]。

与年龄相联系的性别变化

生物学家都熟悉,动物和植物中有几个例子,其个体最初表现雄性作用,以后又表现雌性作用,或者先雌后雄。不过性转化发生的特殊例子都是那些已经知道是原来被染色体组合决定了的性别,据说在稀有的情形下,又转化成了另一性别,而染色体组合却没有改变。

据 Nansen 和 Cunningham 的报道,盲鳗 Myxine 幼龄时为雄性,后来才变成雌性。但是以后两位 Schreiners 的观察,却指明幼龄的盲鳗虽然是雌雄同体——生殖腺的前端为精巢,后端为卵巢,但在机能上却不是这样。每条盲鳗后来都变成了真正的雄性或者真正的雌性。

饲养剑尾鱼(Xiphophorus helleri)的人们在各个时期内有过雌鱼变雄鱼的报道;虽然至少在一个例子里找到了成熟的精子,不过这些转化了的雌性,究竟产生什么性别的后代,不幸一直毫无记载。近来,Essenberg 研究了这种幼鱼生殖腺的发生。刚出生时鱼长 8 mm,生殖腺处于"中性阶段",腺内有两种细胞,同由腹膜发生而来。鱼长 10 mm 时,性别分明;雌鱼的原始生殖细胞逐渐变成幼小的卵子,雄鱼的真正生殖细胞(精细胞)仍然从腹膜分化出来。Essenberg 在鱼体长达 10~26 mm 的未成熟时期里,记载了 74 条雌鱼和 36 条雄鱼,雌鱼里面包括了退化型,即正在从"雌"变"雄"的转化过程中的雌鱼。根据 Bellamy 的记载,成鱼的性率为 75♂比 25♀。这种变化不像是差等生存力的结果,而是由于性别的转化。这种变化在长达 16~27 mm 的鱼里最普通,但也可以发生在较后的各阶段里。这样,数据指出了几乎有半数的"雌鱼"变成了雄鱼。不过这种说法并不意味着有作用的雌鱼变成了雄鱼,而是说半数的幼龄"雌鱼"由于有了卵巢,于是被认为是雌鱼,这个卵巢以后变成了精巢。最近,据 Harms(1926)报道:在剑尾鱼中有一些已经没有生殖力的老龄雌鱼,变成了有作用的雄鱼。这些转化过来的雌鱼,在作为雄鱼繁殖时,只产生雌性后代,这意味着这条鱼如果是同型配子,则其全部有作用的精子都是带有 X 染色体的。

近来,Junker 描述了一件奇怪的例子。

[①]　根据 Gould 的意见,舟螺 Crepidula plana 的幼螺如果定居在雌性的附近,便会在开始时变成雄性,并且永久保持这种状态;但是如果幼螺离开大个体而定居下来,则不能发生精巢,并且以后变成了雌性。

具缘石蝇（*Perla marginata*）的幼龄雄蝇（图 143）经过一个有卵巢的阶段，卵巢内有发育不全的卵子。雄性有一条 X 染色体和一条 Y 染色体，雌性有两条 X（图 144）。当虫发育到成虫时，雄虫的卵巢消失，精巢内产生正常精子。这里，我们必须作出这样的推论：在雄虫的幼龄阶段，一条 X 的缺乏，不足以抑制卵巢幼发育，但在变成成虫以后，它的染色体组合却发挥了作用。

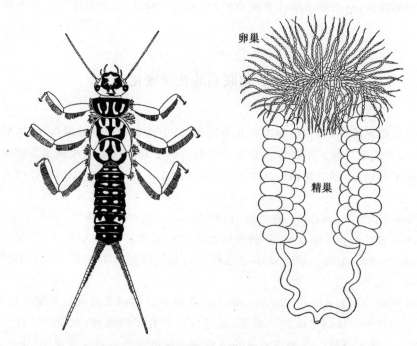

图 143　左侧示具缘石蝇（*Perla marginata*）；
右侧示幼龄雄虫的卵巢和精巢（仿 Junker）

精原细胞　　二倍型雄卵　　卵原细胞　　初级精母细胞

图 144　具缘石蝇精原细胞、卵原细胞与
二倍型雄性卵子的染色体群（仿 Junker）

蛙类的性别与性转化

自从 Pflüger 1881—1882 年的工作以后,大家都知道幼龄蛙的性率特别,并且在从蝌蚪到蛙的变态时期内,生殖腺往往表现中间状态。这一类的个体究竟是雌是雄,引起了很多争论。近年来证明了:这种中间类型往往变成雄性,甚至有人主张许多族的雄性都经过这一阶段。

Richard Hertwig 的实验证明,推迟蛙卵的受精时间,便会大大增加雄性的比例,并且在极端情况下,甚至所有的个体都变成了雄性。把推迟受精时间同染色体的改变联系起来的企图,还没有成功。

进一步的研究证明了,由于没有认清异族的蛙在精巢和卵巢的发育上表现出了显著的差别,于是以前研究的结果便模糊起来了。Witschi 指明欧洲山蛤(*Rana temporaria*)一般分为两类或两族。一类的精巢和卵巢直接由早期生殖腺分化出来。这一族住在山岳地带和遥远的地方。另一族生活在山谷和中欧,其成雄个体的生殖腺经过一个中间阶段,腺内有他认为是未成熟卵子的大细胞。以后另有一组新的生殖细胞取而代之,并且变化成真正的精子。这些族称为未分化族。

Swingle 也找到两类或两族的美国产喧蛙,大概说来,其中一种的精巢和卵巢很早便从原生殖腺分化出来。另一些族则分化较晚。在第二类雌蛙里,原生殖腺内的大细胞以后都发育成为真正的卵子,但是雄蛙的原生殖腺,在雌蛙分化以后,还继续存在一些时候。后者的大细胞可以分化为精子。不过这些精子后来大半被吸收,而一些尚未分化的细胞却变成了真正的精子。Swingle 把雄性蛙原生殖腺内的大细胞不当为卵子,而看成是雄性的精母细胞。他证明这些细胞,经过一次流产的成熟分裂以后,便大部分被破坏了。换句话说,雄蛙并不经过雌蛙阶段,不过好像是在它进行第二次成熟分裂以后、分化之前,作出了一次形成精子的不成功的尝试罢了。

无论对原生殖腺内的大细胞作什么解释,目前讨论中的要点是,外在条件中或内在条件是否可以这样地影响预定雌蛙的原生殖腺,以致它后来产生有作用的精细胞。Witschi 的证据支持在中性族内有过这样的转化。

Witschi 汇集了德国和瑞士各地观察者所报道的性率,如下表。表的右边一行表示雌性所占的比例。由此可见前两群(第一、第二两群)性别比率接近 1:1,后三群(第三、第四、第五三群)的雌性百分率较高,有的区域最高达到一对雌雄所生的全部个体可以完全是雌性(100%)。它们都属于中性族。

Witschi 所发现的最重要的事件涉及分化族与未分化族两者性率差异的遗传。Hertwig 用异族的雌性和雄性进行杂交。

(1) 未分化族♀　配　分化族♂＝69 未分化型＋54♂

(2) 分化族♀　配　未分化族♂＝34♀＋54♂

杂交(1)的子代雌性,全是未分化型;杂交(2)的子代雌性,则分化很早。Witschi 断言分化族的卵子,比较未分化族的卵子,有着更强的决定雌性的作用。

不同地域的各种山蛤在紧接变态以后(最多两个月)的性率

(有星号的是在野外捕获的)

群	地 域		作 者	被检查的动物数目	雌性百分率
I	乌尔斯普元搭尔	Ursprungtal (Bayr. Alpen) ………	Witschi(1914 b) ……	490	50
	塞尔提塔	Sertigtal,Davos (Rätische Alpen) ……	Witschi(1923 b) ……	814	50
	斯皮搭尔 (布顿)	Spitalboden (Grimsel,Bernera-lpen) ……	Witschi	46*	52
	里加	Riga ………	Witschi	272	44.5
	哥尼斯堡	Königsberg ……	Pflüger(1882) ……	370 / 500*	51.5 / 53
II	埃尔萨斯	Elsass(Mm) ………	Witschi	424	51
	柏林	Berlin ………	Witschi	471	52
	波恩	Bonn ………	Witschi	290	43
	波恩	Bonn ………	v. Griesheim und Pflüger (1881—1982)	806 / 668*	64 / 64
	威塞尔	Wesel ………	v. Griesheim(1881) …	245*	62.5
	罗斯托克	Rostock ………	Witschi	405	59
III	格拉洛斯	Glarus ………	Pflüger(1882) ……	58	78
IV	洛赫豪森 (慕尼黑)	Lochhausen (München) ……	Witschi(1914 b) ……	221	83
	多尔芬 (慕尼黑)	Dorfen (München) ………	Schmidtt(1908) ……	925*	85
	乌德勒支	Utrecht ………	Pflüger(1882) ……	780 / 459*	87 / 87
V	弗里堡 (在巴登)	Freiburg (在 Baden) ……	Witschi(1923a) ……	276	83
	布勒斯劳	Breslau ………	Born(1881) ……	1 272	95
	布勒斯劳	Breslau ………	Witschi ……	213	99
	埃尔萨斯	Elsass(r) ………	Witschi ……	237	100
	依尔琴 (豪森)	Irschenhausen (Isartal südl. München) ……	Witschi(1914) ……	241	100
			总 计	10 483	

在另一个实验里,Hertwig 用"决定雌性能力"(Kraft)、强弱不同的各个未分化族进行杂交。他的结论是:弱卵子同强精子受精的结果,与强卵子同弱精子受精的结果,是一致的。"同一类型的卵子或成雄精子,具有相同的遗传组合"。

蛙类的染色体成分问题已经争论了好几年了,不仅涉及究竟有多少条染色体,而且也涉及有二型配子的,究竟是雄性还是雌性。几个物种的染色体最可能的数目似乎是 26 条($n=13$)。也有过其他数目(24、25、28)的报导,按照 Witschi 最近的记载:山蛤有 26 条染色体,包括雄性的一对大小不同的 X、Y 在内(图 145)。如果这点得到证实,那么,雌性为 XX(同型配子),而雄性为 XY(异型配子)。

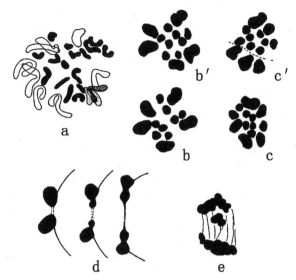

图 145　山蛤(*Rana temporaria*)的染色体群。a. 二倍型雄性染色体群;
b 和 b′. 第一次精母细胞分裂的后期,各有 13 条染色体;c 和 c′. 同前;
d. 第一次精母细胞 X 和 Y 在第二次精母细胞分裂中的分离(仿 Witschi)

Pflüger(1882)、Richard Hertwig(1905)和以后的 Kuschakewitsch(1910)已经证明过熟的卵子提高雄性的百分率。不过因为这些实验不是用同一个雄性和同一组卵子受精来进行的,所以实验结果也就可疑了。Hertwig 本人指出了低温效果同过熟效果很相类似。许多胚胎是畸形的。Witschi 证实了 Hertwig 的结果(用 Irschenhausen 族)。估计过熟到 80～110 h 之久的卵子,发育成为 74 ♂,21 ♀ 和 20 条中性蝌蚪[1]。

Richard Hertwig 比较正常卵子和延迟卵子(相隔 67 h)两者的性率,结果如下:由正常受精而来的 49 日龄幼虫(在变态之前),有 46 个中性♀;由延迟受精卵而来的幼虫则有 38 个中性♀ 和 39 ♂。在大约 150 日龄的正常蛙当中,有些是分化型的雌性,有些在生殖腺方面是中性的雌性,有些是雄性(数目不详);从延迟受精的卵子当中,则得出 45 个中性♀ 和 313 个♂。一岁的蛙有 6♀ 和 1♂(正常受精)以及 1♀ 和 7♂(延迟受精)。这里,过熟作用似乎可以促进雄性的分化,其次,则使中性个体(这里列入未分化雌性一类)转化为雄性。

卵子过熟的结果,究竟应怎样解释,还是很不明白的。表面上,这些结果似乎表明正常应该形成雌性的,可以变成雄性。这种雄蛙的精子,其性别决定的性质究竟怎样,一直还没有进行过遗传学检验。理论上,这些精子应该是同型配子。但在自然条件下,这样的个体似乎是很难生存和发挥作用的,否则过熟一定不会稀少,何以实际上没有看到正常的雄性产生 100% 的雌性呢?Witschi 已经指出过过熟卵分裂异常,而且他所检查过的少数胚胎表现了内部的缺陷,不过这些缺陷同雌性向雄性转化之间,有什么关系,却不明了。

---

[1]　蝌蚪死亡率为 20%,幼蛙死亡率为 35%。

Witschi 的实验(1914—1915)已经证明：生殖腺(或原生殖腺)尚未分化，或者雌雄同体的生殖腺尚未成熟时，这样的个体是有可能被外在因素转化成雌性的。

Ursprungtal 族的蝌蚪很有可能属于未分化族。这族的蝌蚪在 10℃时，有 23 个雄性和 44 个雌性；在 15℃时，有 131 个雄性和 140 个雌性；在 21℃时，有 115 个雄性和 104 个雌性。显然，这一族蝌蚪的性别不受温度的影响。

另一方面，Irschenhausen 族的蝌蚪在 20℃下饲养时，有 241 个未分化型雌性；在 10℃下饲养的六批里，有 25 个雄性和 438 个雌性。Witschi 由此得出结论：低温是一种雄性决定因子，不过不应当忽视，有许多这种所谓的雌性后来发育成了雄蛙。他以后谈到这些实验时说道："低温使雄性变成了雌性早熟的幼龄雌雄同体，这一般也是未分化族的正常现象。"

因此，这里除了真正的雄性状态延缓以外，是否尚有别的因素，似乎还有问题。

目前只可能根据现有的证据，作出一个暂时的结论：未分化族的半数个体正常应该变成雌性，看来，它们的生殖细胞可以变成精细胞，也可以被来自另一来源并且以后变成精子的细胞所代替。换句话说，通常足够产生雄性或者雌性的那种基因间的平衡，也可以被环境因子"取消"，一个染色体平衡应该产生雌性的个体可以发生精巢。换句话说，这意味着每一只蛙能够发生精巢和卵巢；在正常情况下，XX 个体只发生卵巢，而 XY 个体只发生精巢；但在非常条件下，XX 型的雌蛙可以发生精巢。相反方向的变化是否可能，还没有证实。

有过许多关于"雌雄同体"成蛙的记载(图 146)。Crew 列举了 40 个新近的例子。这些雌雄同体的蛙是否同上面所谈到的性转化有某种关系，还不知道。也许重要的是，在上述实验中也报道了几个雌雄同体的个体。另一方面，有些雌雄同体的个体也可能有不同的起源。但是它们的附属性器不对称的很少，生殖腺组织往往不整齐地分布，所以要说它们是性染色体排除后所造成的雌雄体或嵌合体，也找不出很多证据来。其次，支持雌雄同体型的精子和卵子都是同型配子的证据如果有效，那么，把染色体的排除作为一个可能的解释，也就失去了它的根据。

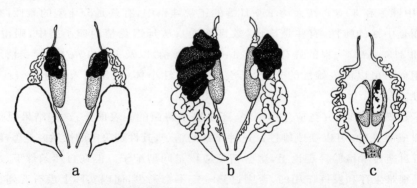

图 146　三只雌雄同体型的蛙(示泌尿生殖系)(仿 Crew 和 Witschi)

Witschi 从一个雌雄同体(Hh)的个体里，成功地取出了成熟的精子和卵子，并用另一个分化族的精子和卵子来进行检验，结果如下：

(1) 分化族雌性的卵子　配　雌雄同体型的精子＝♀♀

(2) 雌雄同体型的卵子　配　分化族雄性的精子＝50％♀＋50％♂

雌雄同体型的卵子又和同一个体的精子受精,得到 45♀和一个雌雄同体的个体,例如

(3) 雌雄同体型的卵子　配　雌雄同体型的精子＝45♀＋1 雌雄同体

以上结果意味着原来的雌雄同体型雌蛙是 XX。每个成熟卵子有一条 X。同样,每个有作用的精子一定也有一条 X。这样就不可避免地得出下面任一个结果,或者是每条精子有一条 X,或者是一半精子有 X,另一半精子没有 X,不过后一种精子在母体内死亡了(即从来没有过作用)[①]。

雄蟾的 Bidder 氏器官向卵巢的转化

雄蟾精巢的前部由像幼小卵细胞似的圆形细胞组成(图 147)。甚至在精巢后部或精巢本身的生殖细胞还没有分化以前,幼蟾的精巢前部便已经够显明了。前部称为 Bidder 器,许多年来引起了动物学者的注意,他们对于 Bidder 器可能的用途提出了许多看法。最普遍的解释,是把 Bidder 器当为卵巢;Bidder 器的细胞同卵子类似这一点,便是这项解释的有力证据。不过雌性幼蟾在其真正卵巢的前端也有 Bidder 器,这就不容易符合前一解释,否则雌蟾便会前端有退化卵巢或祖型退化卵巢,而后端又有作用的卵巢了。

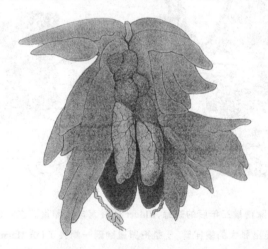

图 147　半成年的加利福尼亚种雄蟾,精巢的前端有 Bidder 器,两侧有脂肪体的各叶,下面有肾脏。壁上有分支血管的,为精巢

---

①　Crew(1924)报道:用雌雄同体型的精子同正常雌蛙的卵子受精,获得成功。各个蝌蚪的生殖腺都是直接发育出来。发育过程达到可以判明性别的一切子代(774),都是雌性。母蛙可以被看成是一个真正的 XX 型雌型,其所产生的卵子和精子各有一条 X 染色体。

Witschi(1928)把七周龄的 *Rana sylvatica* 雌性蝌蚪放在 32℃下面,使所有雌性的卵巢都转化成了精巢(内有原精细胞)。雄性没有变化。(1928 年添注)

Guyénot 和 Ponse(1923)以及 Harms(1923,1926)的实验先后证明：在幼蟾的精巢被完全摘除以后的二三年内，Bidder 器发育成为卵巢，并产生卵子（图 148）。卵子由母体排出，经过受精以后的发育，也被观察到了。这里，毫无疑问，在摘除精巢后产生了雌性；至于接受手术的个体，究竟应该称为雄性或者称为雌雄同体，也许是一个定义的问题。我个人会把它称为雄性，并且认为上述结果意味着：由于摘除精巢，雄性才转化成了雌性。我认为雄蟾器官里的细胞可能发育成卵子这一点，还是次要的问题，因为一般说来，即使性别决定于染色体机制，这也并不意味着，预定生殖腺所在地区的未分化的细胞，由于具备了在另一种情况下产生雄性的那种染色体群，便不能在不同的环境下变成卵细胞。从基因方面看，这就是说，蟾蜍有这样的一种基因平衡，在正常发育条件下，一部分生殖腺（前端）开始发育成卵巢，而另一部分（后端）开始发育成精巢；随着发育的进展，卵巢的发育赶上了精巢的发育，并且制约着精巢进一步的发育。但是如果摘除精巢，这种制约也就消失了，于是 Bidder 器的细胞便重新发育，成为有作用的卵子。Ponse 从转化了的雄蟾的卵子，得出 9 雄和 3 雌。Harms 从同一只雄蟾育成了子代的 104 个雄性和 57 个雌性。假定雄蟾为 XY，预料转化后的雄蟾会有 X 和 Y 两类卵子，各占半数。这些卵子如果同正常雄蟾的精子受精，预计子代中，将为 1XX＋2XY＋1YY。YY 型个体多数不能发育，从而造成了 2 雄和 1 雌的比例，同实际结果密切符合。

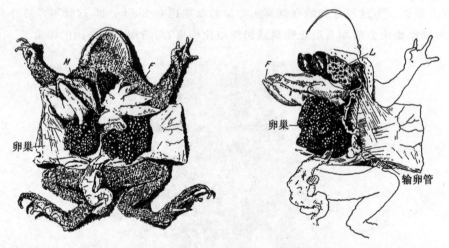

图 148 摘除精巢三年后的蟾蜍，Bidder 器发育成了卵巢。在右边图里，为了显出胀大的输卵管，于是把卵巢翻到一侧去了（仿 Harms）

Champy 描述过蝾螈 *Triton alpestris* 中"完全性转化"的一个例子。一只雄螈原呈雄性作用，有生殖力，以后任其断食。在这些情形下，精子不能进行正常的更新，不过蝾螈依然保持某种"中性状态"，它的特点，是精巢里面有了原生殖细胞。在这种状态下渡过了整个冬天。再取两只断食的雄螈，加强营养，以后便发生了从雄性色彩到雌性色彩的变化。几个月以后，检查了其中的一只，Champy 认为检查结果可以证明性的转化。鉴于这个例子近来会被用为性转化的充分的证据，所以值得比较详细地谈一谈 Champy 的实在记载。他看到的，不是卵巢，而是一个大致和幼小卵巢相似的长形器官。在它的切片上看到了器官内有幼小的卵形细胞（"卵母细胞"）同变态期内幼螈的细胞相似。又有一条输卵管，白色而曲折，所以显然可辨。Champy 由此断言：这里是一个具备幼小雌螈卵巢的成年动物。这项证据似乎指明，断食处理导致了精母细胞和精子的吸收；这却不能明确地指明以后发生的新细胞，究竟是胀大的精原细胞，还是原生殖细胞，或者是幼小的卵子。根据两栖类的其他证据（Witschi、Harms、Ponse），下面的结论也并不是不可能的：就是，这些细胞实在是幼小的卵细胞，并且也发生了不完全的性转化。

Miastor 中的性转化

Miastor 和 *Oligarces* 两属的蝇类开始借单性生殖产生许多世代的蛆，最后才出现有性世代的有翅的雄蝇和雌蝇。

有翅雌蝇的卵子被假定是同有翅雄蝇的精子受精，发育到蛆（幼虫）时期为止。这些不能发育到成虫的蛆又产生卵子，卵子又单性发育成蛆。蛆又产生新一代的卵子，如此循环，终年不停。蛆生活在死树的皮层下面，有些物种的蛆生活在伞菌里面。在春夏两个季节从最后一代蛆的卵子孵化出了有翅的雄蝇和雌蝇。有翅蝇的出现似乎同环境中的某种变有关。Harris 在 1923 年至 1924 年期间证明：在培养中挤满了许多蛆的情形下，如果条件适宜，便将出现成虫，而在个别饲养或者数目很少的情况下，蛆将继续在幼虫时期内产生卵子（幼体生殖）。拥挤的有效因子究竟是什么，还不明白。Harris 发现：如果把一条蛆所产生的幼虫放在一块饲养，如果它们的子代又放在同一培养基内等等，那么，在每一个这样的培养基内出现的成蝇，都是同一种性别的。这似乎是说，每一只个别的蛆，在遗传成分上，或者是雄性，或者是雌性，并且借单性生殖产生同样的性别。如果这项结论是正确的，那么，就会得出这样的推论：决定为雄性的蛆和决定为雌性的蛆，都产生了有作用的卵子。关于性染色体在这些蝇类中的分布情况，直到现在我们还没有找到一点证据。

这里有这样的一个例子：决定为雄性的个体，在其生活史的某一时期中，产生了单性发育的卵子，而在另一时期中，则产生了精子。

鸟类的性转化

人们早已知道，老龄母鸡和患卵巢肿瘤的母鸡可以生长公鸡的次级羽，有时还表现特有的公鸡行为。人们也知道，在完全摘除小鸡仅有的左侧卵巢以后，到成熟时，鸡便会发生雄性的第二性征（Goodale）。假设母鸡的正常卵巢产生某种特质，可以抑制羽毛的充分发育，则以上两种效果都可以得到解释。当卵巢有病或被摘除时，母鸡把它的遗传成分的全部可能性，都表现出来了，而这通常只能在公鸡里才可以看到。

大家也知道，有些鸡是雌雄同体，具备卵巢和精巢，虽然两者一般是得不到充分发育的；在大多数例子里，生殖腺内都有一个肿瘤，这一点也可能或不一定是重要的。这里可疑的是究竟先有雌雄同体状态,然后才有肿瘤,或者先有正常母鸡的卵巢肿瘤,然后精巢才开始发育。所有这些例子都没有先呈雌性作用后呈雄性作用的性转化的证据,不过 Crew(1923)近来报道过一个例子,据说一只母鸡产了蛋,并且繁育了小鸡(是否从这些蛋孵出的呢?);小鸡后来变成一只有生殖能力的公鸡,它同一只正常母鸡交配,得到两个受精的蛋。上述公鸡授精这项实验结果是在控制的条件下获得的,似乎没有什么问题,但是原先母鸡的一段历史却不一定完全可信,因为它显然是一小群中无记录可查的一只鸡,是否产蛋,缺乏直接观察或捕笼产卵方法的证明。在杀死这只鸡以后,发现在卵巢的部位上长着一大块肿瘤。"有一个同精巢完全相似的结构,同这块组织的背侧合并起来,而在身体另一侧的同一位置上也有了另一个同样形状的结构"。精巢内可以看到精子发生的各个时期。左侧"看到一条细长的输卵管,靠近排泄腔的部分最宽,直径约 3 mm。"

Riddle 记载了第二个例子。有一只斑鸠(ring dove)开始表现雌性的作用,连续产蛋。以后它停止产蛋,并且表现雄性的求偶和交尾动作。几个月以后,斑鸠死于晚期的肺结核。经过解剖,因为把它误认为是它的配偶(这只公鸠在 17.5 个月前死去),所以在记录上写成是公鸠。以后在决定它的号码和记录时才发现它原来是一只母鸠,但是"精巢"已经被扔掉了。被认为是精巢的东西是否含有精子,这里并没有载明。

截除鸟类卵巢的影响

完全摘除幼鸡唯一的左卵巢乃是一个相当困难的手术。1916 年 Goodale 有几次成功地做过这样的实验。鸟类发生了雄性羽。Goodale 又报导过:鸟体右侧有一个圆形体,附有他所比拟为早期生肾组织的小管。Benoit 近来也描述过摘除卵巢对于幼鸟的影响。一般说来,羽、冠、距所受的影响,和 Goodale 所研究的鸟类相同,但是,另外他还描述了在退化了的左"卵巢"地点,发生了精巢或精巢状器官,并且在已经被除掉的左卵巢的地点上,有时也有一个同样的器官。有一个例子,其中生殖细胞的各个成熟阶段,甚至精子核质固缩,都被找到了。这是现在关于精巢状器官内有精子或者甚至有真正的生殖细胞的唯一记录,所以需要审慎深入检查。在孵出后 26 天,摘除鸟的左卵巢。六个月后,鸟冠红色、胀大、直立,并且和雄鸟冠一样大。在右侧发生了一个与精巢相似的器官。经组织学检查,发现其内有细精管,管内有精子发生的各个时期。精细胞的胞核固缩;精子稀少,看来也不正常。雄鸟的输精管从这个器官延伸到泄殖腔。精巢基部又有一条管状结构,同幼龄雄鸟的附睾相似。精巢状器官内有精子的,只有这一个记录。在 Benoit 做过手术的其他鸟体内,虽然发生了精巢状的物体,却没有看到生殖细胞。有否可能在这个例子里犯了一个错误,这只鸟实际上是一个雄鸟呢?另外,Benoit 发现在除去精巢以后,鸟冠萎缩,鸟变得同阉鸡相似。在其他例子里还没有这种冠萎缩的报道。但是含有精子的精巢状器的存在,引起了冠和冠垂完全的发育,仍然是很可能的。另一只鸟在孵出后四天被 Benoit 摘除卵巢,在四个月内出现了一个不平常的器官。经检查后,发现右侧有一个精巢状器官。内含物不详。

　　Benoit 检查了一只幼龄正常雌鸟右侧卵巢原基的组织结构。他对它的描述和对幼龄雄鸟的附睾的描述相同,具有有纤毛的输出管和精巢网。他断言鸟的右生殖腺不是一个未发达的卵巢,而是一个未发达的右精巢,在左卵巢被摘除的时候,才形成了精巢。依我的想法,上面的证据并不支持这个结论,因为人们知道,在脊椎动物生殖器官发育早期中,雌鸟和雄鸟都具备了雄性和雌性两种主要附属器官。所以很可能在正常发育过程受到干扰的时候(摘除左卵巢),这些未发达的器官可以开始发育,并产生精巢状结构,而且根据迄今所报道了的大多数例子,这种结构里面都没有精子。左侧球状器官的存在(Goodale 和 Domm 分别报道过)也似乎支持这个见解,而不利于 Benoit 的结论。

　　L. V. Domm(1924)近来发表了幼鸟卵巢摘除结果的初步报道。这些鸟长大为成体,不仅在羽、冠、冠垂和足距方面表现了雄性的第二性征,而且同正常公鸡相斗,发出雄鸟的啼声,并且企图同母鸡交尾。有一只鸟在其正常卵巢(已被摘除)位置上出现一个"白色精巢状器官"。和这个器官一道的,还有一个小卵巢滤泡。鸟的右侧也有一个精巢状器官。另一只鸟的生殖腺和上例相同。第三只鸟,只右侧有一个精巢状器官。以上三个例子都没有被报道过有生殖细胞或者精子。

　　除非 Benoit 关于精子存在的观察得到证实,否则还不能肯定地说这些例子就是严格的性转化。除了上述独特的说法外,其他结果似乎肯定地表示,在移去卵巢以后,便发生了一个外形上和精巢相似的结构(精子除外)。我想,这个器官在移去卵巢以后发生,至少暂时是能够用原来在胚胎时期存在的雄性器官原基的次生性生长和长大来说明的。大家知道,把一片精巢移植到雌鸟体内,这片精巢可以继续发育,甚至产生精子,因此,在雌鸟体内维持一个精巢(哪怕是有作用的),这事件本身并不奇怪。

　　看来,雌鸟的遗传成分(在身体细胞和幼龄卵巢内都有),造成有利于卵巢发育而不利于精巢发育的一种形势。相反,雄鸟的遗传成分,则有利于精巢的发育。不过早期摘除雄鸟的精巢,并不足以引起卵巢特殊结构的发生。

侧联双生蝾螈的性别

　　几位胚胎学者用侧面愈合的方法,把两个幼螈联合为一体。从卵膜里取出神经褶刚好闭合了的幼胚,截除各个胚胎一侧的部分组织,然后把两个胚胎的这一面接合起来,不久便发生了愈合。Burns 研究了这种联合双生的性别,发现同对的两个蝾螈总是同一性别;44 对都是雄性,36 对都是雌性。按照随意联合的结果,应该得出一对雄性,两对雌性。现在既然在同一对里没有出现一雌一雄,由此可知,要么是这一类的双生类型死亡了,要么就是在这一对里,一只的性别变成了另一只的性别,而且,既然成对的雄性和成对的雌性都是存在的,由此可知有时从雄方传播影响,有时又从雌方传播影响。除非对于这样的交互影响上的差异能够找到某种的解释,否则上述结果不足以证实后一种解释的可靠性。

大麻的性转化

许多显花植物在同一朵花里面，有时在同株异花里面，发生了含卵细胞的雌蕊和含花粉的雄蕊。花粉在胚珠之前成熟，或者另一些例子里，胚珠在花粉之前成熟，都不是稀罕的现象。在其他植物中，一个植株上只发生胚珠，而另一植株只发生花粉，也就是说雌雄是分开的。物种是雌雄异株的。不过在某些雌雄异株的植物里，相反性别的器官也可以以未发育状态出现，它们偶尔还有作用。Correns 研究了几个这样的非常例子，并且企图检验它们的生殖细胞的性质。

Pritchard、Schaffner 和 McPhee 最近研究雌雄异株大麻（*Cannabis sativa*），证明环境条件可以把产生雌蕊的植株（或称雌性）改变成为产生雄蕊甚至有作用的花粉的植株；相反，也可以把一株雄蕊植物改变成产生有作用的卵子的雌蕊植株。

在早春的正规时间内播种大麻种子，产生了数目大约相同的雄性（雄蕊）和雌性（心皮）两种植株（图 149），不过 Schaffner 发现，如果把种子播种在肥沃的土壤内，同时改变其光照时间，大麻便表现出两个方向的性转化。"转化程度约与日光长短成反比"。骤然看来，同一环境竟能使雌株变成雄性，又使雄株变成雌性，这是出人意料的，因为人们会预料相同的条件只会使雌雄两型同向中性或中间状态变化，或者只会使某一性别向另一性别变化。事实上，这一类的情况也似乎发生过，雌株上出现了雄蕊。相反，雄株上也可以出现雌蕊。"性转化"的发生，大抵就是指这种意义而言，虽然也还有另一些情况，其中雌株的一条新枝可以只发生雄蕊，而雄株的一条新枝也只发生雌蕊。在这些极端例子里，几乎可以说"性转化"已经发生在变化了的条件下所发育出来的新部分上。McPhee 研究过不同受光时间的影响，发现雄株可以发生带雌蕊的枝条；雌株也可以发生带雄蕊的枝条；不过他指出：和畸态花一道出现的，还有许多性中型的花朵。他说："在许多例子里，这种变化是相当细微的，目前还不敢作出遗传因子同这些物种里的性别完全没有关系的断然的结论"。

大麻有没有内在的性别决定因子体系（可能是染色体体系），目前还是一个未曾解决的问题，而且，到现在为止，我们只有 McPhee 关于遗传学证据方面的口头报告，不过这项报告却是重要的。如果大麻的正常雌株为同型配子（XX），正常雄株为异型配子，则当雌株转化为雄性（更正确地说，就是产生有作用的花粉）时，所有的花粉粒在性别决定性能上，将会是一样的，也就是说，这样的雄性是同型配子的。McPhee 的口头报告[①]支持这项见解。相反，如果雄株（XY）转化为雌性，预期可得两种卵子。这似乎也实现了。

----

① 在 1925 年动物学会会议里。

图 149　左侧示大麻的雌株,右侧示其雄株

(仿 Pritchard,载在《遗传学》杂志)

Correns 早已报道过在其他植物方面略相类似的结果,不过关于配子种为的资料却不能令人满意。希望很快便能找到有关这项问题的证据。但是,即使假定大麻具有性别决定的内在机制(可能属性 XX—XY 型),我们从性别可以随外因而转化这项发现里,也看不出有任何革新的观点,最低限度,在这些结果里,原则上同决定性别的染色体机制的存在相矛盾的东西,确实是没有的。这样的机制是使平衡在一定环境条件下倾向某一方面的一个因素。染色体机制的意义,就是如此,此外再没有任何其他的解释。这种机制,可以被那些能改变平衡但又能保持在正常工作条件恢复时照常工作能力的外因所压倒。如果以上关于在正常雄性是异型配子的物种里,同型配子的雌性,转化成同型配子的雄性这项试用性结论,得到了证实,那么,在这种关系上便再也找不出比这更好的例子了。事实上,这为性别决定的遗传学见解,提供了另一个确凿可信的证明,对于那些不能了解遗传学者关于染色体机制以及一般孟德尔式现象的解释的人们,这也是一个特别有教育意义的例子。

另一种山靛属植物 *Mercurialis anura*,也是雌雄异体,但雄株上偶尔出现雄花。一株雄性植物上可以有 25 000 朵雄花,雌花却只有 1～47 朵,而另一方面,雌株上又可以有 1～32 朵雄花。

Yampolsky 报道过在这两类植物自交以后的子代性别情况。雌株自交的子代全是雌性,或者主要是雌性。

除非作出一些颇为武断的假设,否则目前还不可能应用 XY 公式满意地解释这些结果。例如，如果雌株是 XX，则其所产生的全部花粉粒应该都有一条 X，因而所有子代应该全是雌性，事实上便是这样。但是，如果雄株是 XY，则其成熟卵子一半应该有 X，另一半应该有 Y。花粉的情况也应该是一样的。自交以后的子代应该是 1XX＋2XY＋1YY。如果 YY 死亡，子代里就应该有 1 雌 2 雄的比例。然而实际结果并不是这样。要使自交的雄株只产生雄性，必须假定 X 卵子死于配子时期，只有 Y 卵子才有作用。到现在为止，既没有支持这项假设的证据，也没有反对它的证据。在这方面的证据出现以前，这只能是一个未解决的问题。

第 18 章

基因的稳定性

• Stability of the Gene •

　　严格选择能够使一群的所有个体都达到接近于原群所表现的极端类型，超过这一极端，选择便无能为力了。现在看来，只有依赖一个基因内所发生的新的突变，或者依赖一群旧基因内的集体变化，才有可能发生进一步或者退一步的永久进展。

以上所谈到的种种,都含有基因是遗传中一个稳定的要素的意思。至于基因的稳定究竟是化学分子的哪一种稳定,或者仅仅是在一个固定标准附近定量地彷徨变化,因而表现稳定,却是理论上或根本上的一个重要问题。

我们既然不能凭借物理方法或化学方法直接研究基因,所以我们关于基因稳定性的结论,必须根据它的效应推论出来。

孟德尔遗传理论假定基因是稳定的。它假定:各个新体所给杂种的基因,在杂种的新环境内仍然完整。现在举出几个例子来回忆一下有关这项结论的证据的性质。

Andalusian 鸡有白色、黑色和蓝色三种个体。白鸡与黑鸡交配,产生蓝色鸡。两只蓝色鸡交配,子代分黑色、蓝色和白色三种,三者的比例为 1:2:1。在蓝色鸡内,白色基因同黑色基因分离。半数的成熟生殖细胞得到黑色要素,半数得到白色要素。任何卵子同任何精子任意受精,孙代将得出所观察到的 1:2:1。

关于杂种内有两种生殖细胞的这个假设是否正确,可以检验如下。蓝色杂种如果回交纯种白鸡,子代一半为蓝色鸡,一半为白色鸡。如果蓝色杂种回交纯种黑鸡,子代一半为黑鸡,一半为蓝色鸡。两次结果都符合于这一假设:蓝色杂种的基因都是纯洁的,一半是黑色基因,一半是白色基因。两者同居在一个细胞之内,却没有互相污染。

上例中的杂种与两亲不同,从某种意义说来,它是两亲之间的中间型,在第二个例子里,杂种同一个亲型没有分别。当黑豚鼠和白豚鼠交配时,子代全黑。子代回交,孙代为三黑一白。孙代的白豚鼠像原来白豚鼠一样又繁殖白豚鼠。白基因虽然与黑基因在杂种体内同居一处,却没有受到污染。

再选一个例子,其中两亲很相类似,杂种虽然表现某种程度的中间性,但是变化这么大,以致变化的两端和两个亲型分别重叠。这些类型只有一对基因的差别。

黑檀色果蝇同炱黑色果蝇交配,子代像上文所谈到的那样呈中间色,并且变化很大。子代自交,孙代颜色由淡而深,构成一个实际上是连续的系列。不过也有些方法来测验这些深浅不同的颜色。测验结果,发现孙代颜色系列由黑檀色纯种、杂种、和炱黑色纯种三种个体组成,三者的比例是 1:2:1。这里我们又有了基因未曾混杂的证明。颜色深浅的连续系列只是性状变异性互相掩盖的结果。

以上各例只涉及一对不同的基因,所以一切都简单明了。这些例子帮助了基因稳定原则的树立。

然而事实上,现实情况往往不是这么简单。许多类型在几个基因上互不相同,每个基因对于同一个性状都有它的影响。因此,在它们的杂交里便看不到简单的比例。例如,长穗同短穗两族玉蜀黍杂交,下一代的穗轴长短适中。子代自交,孙代出现各种长度的穗轴。有些像原来短穗族那样短,有些像原来长穗族那样长。两者都是极端。两者之间有一系列的中间型。检验孙代个体,表明有几对基因影响穗轴的长短。

另一个这样的例子是人的身高。人身长大可能由于腿长,或者由于躯长,或者两者

▶杜布赞斯基原籍苏联,慕摩尔根之名来到哥伦比亚大学学习和工作,后又随摩尔根来到加州理工学院。他提出的"综合进化理论"被认为是达尔文之后进化论最重要的进展。

兼备。有些基因可以影响所有部分,而另一些基因对于某一部分有着更大的影响。其结果是遗传情况复杂,而且还没有得到解决。此外,环境对于最后产品也可能有某种程度的影响。

这些都是多对因子的例子,遗传学工作者企图决定在每个杂交里究竟有多少个因子,结果之所以复杂,只是因为所牵涉的是几个基因或者许多个基因。

在孟德尔发现被揭露以前的时期里,正是这一类的变异性,为自然选择理论提供了它所依据的证据,这个问题留待以后考虑。首先必须谈谈我们在认识选择学说中的一些限制上,由 1909 年 Johannsen 光辉的研究所取得的伟大进展。

Johannsen 用一种园艺植物——公主菜豆,进行实验。这种菜豆完全借自花授粉繁殖。长期连续自交的结果,每个植株都变成了纯合子,这就是说,每对的两个基因都是相同的。因此这类材料适合于进行精密的实验,借以决定菜豆上的个体差异是否受到选择的影响。如果选择改变个体的性状,在这种情况下,选择必须先改变基因本身才行。

每个植株上的豆粒大小略异,而且按豆粒大小排列时,会得出常态几率曲线。不管连续从各个世代中选出的,是大豆粒或是小豆粒,任一植株以及它的一切后代,在豆粒大小上,都表现了同样的分布曲线(图 150)。后代总是结出同样的一群豆粒。

从他检查过的材料里发现了九族菜豆。他认为他的研究结果足以说明某一植株其所以豆粒大小不同,是由于最广义的环境所引起的。只需要在选择开始时选用每对两个相同基因的材料,便可能证实这一论点。这证明了选择对于基因本身的改变,没有影响。

如果在开始时选择有性生殖的动物或植物不是纯合的,那么,直接结果就会不同了。这点有了很多实验上的证明,例如 Cuénot 的斑毛鼠实验,MacDowell 的家兔耳长的实验,或者 East 和 Hayes 玉蜀黍的实验。任何一个实验都可以作为一个例子来说明在选择下所发生的变化。这里只举出一个例子便够了。

Castle 研究了选择对于一族披巾鼠毛色式样的影响(图 151)。他开始用市售的披巾鼠的子代实验,一头选择条纹最宽的鼠,另一头选择条纹最窄的鼠,并且把两系分隔开来。经过几个世代以后,这两群披巾鼠表现了适度的差异:一群的背条平均比原来的一群宽一些,另一群的背条又要窄一些。选择作用已经以某种方法改变了条纹的宽度。到现在为止,在这些实验结果里,还没有一点可以证明:这种变化不是由于选择把决定背条宽度的两组因子分离开来所引起来的。但是 Castle 却认为,他是在研究一个基因的效应,因为当披巾鼠同全黑鼠(或全褐鼠)杂交,以后子代杂种又进行

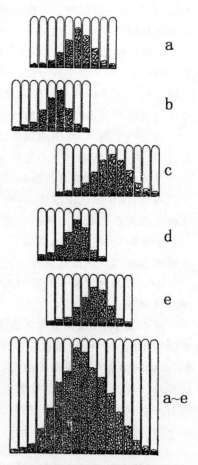

图 150　a~e 群的菜豆代表五个纯系;下面 a~e 群是由五个纯系合并而成(仿 Johannsen)

自交时，孙代便得出全黑（或全褐）鼠和披巾鼠两型，互成 3 与 1 之比。这种孟德尔式比例确实证明了毛上的有色条纹起源于一个隐性基因，但是却没有证明：这个基因的作用，有可能受到与背带宽度决定有关的其他遗传因子的影响的，这才是真正争论的问题。

图 151　披巾鼠的四个类型（仿 Castle）

　　以后 Castle 进行了 Wright 所设计的一个实验，事实上证明：这些结果，是由于条纹宽度的修饰基因被隔开来所引起的。检验方法如下：经过精选以后的各族，回交野鼠（即全身黑色或褐色），得出第二代的条纹鼠。再用第二代条纹鼠回交野鼠。经过两三代回交以后，发现被选择的一群，好像又变回了原来的样子。选出来的窄带的一族向宽带变化，而选出来的宽带的一族却向窄带变化。换句话说，精选的两族愈来愈相同，愈来愈和它们最初的原来那一族相同。

　　这项实验结果完全符合于下一见解，即野鼠有修饰基因影响着条纹鼠条纹的宽度。换句话说，原来的选择作用，把变宽基因同变窄基因分离开来，从而改变条纹的性质。

　　有一个时候，Castle 甚至宣称：披巾鼠实验结果重新建立了他所谓的达尔文的见解，以为选择作用本身使遗传物质照着选择方向发生变化。如果这真正是达尔文的意思，那么，这种对变异的见解似乎可以大大地巩固了进化借自然选择而进行的理论。1915 年 Castle 说道："我们现在所拥有的全部证据，表明了外界的修饰因子不能解释在披巾式样中所看到的这些变化，披巾式样本身便是一个明确的孟德尔单元。我们不能不作出下一结论：单元本身在反复选择下向着选择的方向变化着；有时，突然像在我们的'突变'族那样，突变族本身是一个高度稳定的正变异；但更多的是逐渐的变化，像在正的和负的两个选择系列中不断发生的那样。"

　　次年，他说道："目前许多遗传学者认为单元性状是不可改变的。……几年来，我研究过这个问题，在这一点上得到了一个总的结论，那就是，单元性状可以改变，也可以重新组合。许多孟德尔学派的人们另有一种想法,不过我相信,这是因为他们研究这个问题还不够精密的缘故。单元性状发生定量的变异这件事实是不会错的。……选择作为进化中的一个动力,必须恢复它在达尔文估计中的那种重要地位,它是一个能够产生连续而进步的种族变化的动力。"

达尔文是否相信选择过程决定或影响未来变异的方向呢?仔细读一下达尔文的论著,除非我们引用达尔文关于获得性遗传的另一项学说,否则是找不到一点明文上的证据的。

达尔文坚决信仰拉马克学说。每当自然选择的学说碰到困难的时候,他毫不犹豫地运用这个学说。因此,任何人只要他愿意(虽然达尔文本人未把两说混为一谈,Castle 也没有这样做),都可以逻辑地指出,每当一个有利的类型被选择时,它的生殖细胞就好像受到了自己身体所产生的泛子的影响,而且可以预料它会按照被选择的那种性状的方向去改变。所以每一个新的进展,势必从一个新的基础出发,如果围绕这个新的中数(作为一个突破以前限度的中数)发生了彷徨变异,那么,在前一个进展的方向上,预计会出现更进一步的进展。换句话说,自然选择势将按照每次选择的方向更前进一步。

但是,像我上面所谈过的,达尔文从来没有运用这一论点来支持他的选择学说,虽然人们也可以认为每逢达尔文看到自然选择不够解释事物,只好援引拉马克原理来支持这个新的进展的时候,原则上他是这样做的。

今天我们把选择作用,不论是自然的或人工的,都看成是最多只能在原有基因组合可以影响的变化范围内引起变化;或者说选择作用不能使一群(一个物种)超过这一群原有的极端变异。严格选择能够使一群的所有个体都达到接近于原群所表现的极端类型,超过这一极端,选择便无能为力了。现在看来,只有依赖一个基因内所发生的新的突变,或者依赖一群旧基因内的集体变化,才有可能发生进一步或者退一步的永久进展。

这个结论不仅是从基因稳定性理论得来的逻辑的推论,而且也根据于很多观察,这些观察表明每逢一群生物遭到选择时,它们开始变化很快,很快便缓慢下来,不久便停止了变化,而与原群中少数个体所表现的一种极端类型相同或相接近。

以上只就杂种内基因的沾染方面以及从选择观点,来考虑基因的稳定性问题。关于躯体本身可能影响基因的组成一点,不过仅仅接触了一下。如果基因受到杂种躯体性状的影响,那么,作为孟德尔第一定律基本假定的关于杂种体内基因的精确的分离,势必是不可能的了。

这项结论使我们面对着拉马克的获得性遗传理论。这里不拟考虑拉马克理论的各项主张,那样做会离题太远,不过容许我提请大家注意某些关系,这些关系是在这个学说所假定的躯体影响生殖细胞的情况下,也就是说在一种性状上的一个改变,可以引起特殊基因内的相应改变的情况下,期望得到的那些关系,几个例子便可以说明其中的主要事实。

黑家兔同白家兔交配,杂种家兔黑色,不过杂种的生殖细胞却分为产生黑毛和产生白毛两型,各占半数。杂种的黑毛不能影响产生白毛的生殖细胞。不论白毛基因在黑毛杂种体内停留多久,白毛基因总是白毛基因。

如果把白毛基因说成是某种实体,那么,假定拉马克理论能够成立,就应该表现出这个基因所寄居的个体躯体性状的一些效应。

然而如果把白毛基因说成是黑毛基因的缺失，便自然谈不上杂种的黑毛能够影响一个并不存在的东西了。对于任何主张存缺理论的人们说来，用这项论点来反对拉马克理论，是不足以使它们信服的。

不过从另一方面考虑，也许更为恰当。白花紫茉莉同红花茉莉杂交，产生中间型杂种，开桃色花（图 5）。如果把白色说成是一个基因的缺失，那么，红色必定起源于一个基因的存在。杂种花的桃色比红色淡些，如果性状影响基因，则杂种体内的红花基因应该被花的桃色冲淡。这样的效应在这里以及其他材料里都没有记载下来。红花基因同白花基因在桃色杂种内分离开来，没有显出任何样的躯体影响。

另一证据，在反驳获得性遗传理论上，或许更为有力。有一种果蝇，称为不整齐腹缩，其腹部整齐的黑缩或多或少地消失了一些（图 152）。从食物丰富、潮湿而带酸性的培养基里最初孵化出来的果蝇，其腹部黑缩消失最多。以后，培养基愈久愈干，这时孵出的果蝇也就表现出愈来愈正常的形状，直到最后同野生型果蝇没有区别为止。这里，我们碰到一个对环境影响极其敏感的遗传性状。这一类性状，为研究躯体对于生殖细胞的可能的影响，提供了有利的机会。

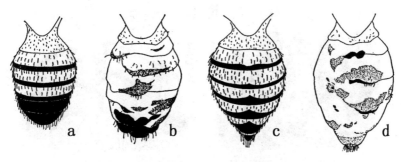

图 152　a.正常雄蝇的腹部；b.不整齐腹缩雄蝇的腹部；
c.正常雌蝇的腹部；d.不整齐腹缩雌蝇的腹部

把最先孵化出来的腹缩高度不整齐的果蝇和孵化较晚的正常腹的果蝇，在同一条件下，同时分别繁育，两者的子代完全相同。最先孵化出来的果蝇，腹部不整齐，以后孵化出来的果蝇，则比较正常。对生殖细胞来说，亲体的腹部正常与否，是没有一点区别的。

如果说影响也许太小，以致在第一子代还不能看出，那么让我补充一句，较晚孵化出来的果蝇曾经连续繁殖了十代，结果也看不出任何差异。

另一个例子也同样确凿可信。有一个突变型果蝇称为无眼型（图 30）。它们的眼比正常眼小，而且变化很大。经过选择，得出了一个清一色的原种，其中大多数果蝇无眼，不过当培养时间愈来愈久，有眼果蝇也就愈来愈多，眼也愈来愈大。如果把这些后期孵化的果蝇繁育起来，它们的子代同无眼果蝇的子代是一样的。

在不整齐腹缩的例子里，晚期孵化中的幼虫，其对称和色素形成都不是一个明显的存在性状。这里，在晚期孵化出来的果蝇里，眼的存在却是一个正的性状，可能被认为是比不整齐腹缩的例子更好的一个证据。然而两例的结果仍然是一样的。

近几年来，有许多人自以为提供了获得性遗传的证据，这里完全不必要逐个考虑。

我只选出一个有结论所依据的数字的和定量的资料,因而是最完备的例子来说。我所指的是 Dürken 最近的研究。这个实验似乎是仔细进行的,而且对 Dürken 来说,它为获得性的遗传提供了一个证据。

Dürken 用甘蓝粉蝶(*pieris brassicae*)幼虫进行研究。1890 年以来便已知道:某些蝶类的幼虫化蛹(即从幼虫变为静止的蝶蛹)时,蛹的颜色受到环境的几分影响,或者受到照射光线颜色的几分影响。

例如,粉蝶幼虫如果在白昼甚至在弱光下生活、转化,则蛹色很黑;如果在黄色和红色环境,或者在黄色和红色帘后生活、转化,则蛹呈现绿色。绿色之所以形成,是由于缺乏表层黑色素。如是内部的绿黄色透过表皮表现出来(图 153)。

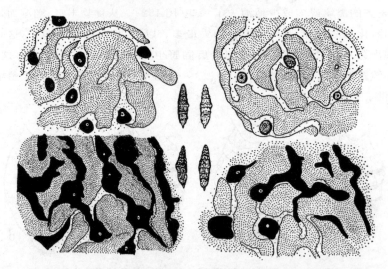

图 153　中央为粉蝶四个不同颜色的蛹。在它们的外边,表示在不同
颜色的类型里,表皮内色素细胞的特殊排列(仿 Leonore Brecher)

Dürken 的实验是在橙色(或红色)光下饲养幼虫,由此得到浅色或绿色的蛹。由蛹转化而成的蝶则放在野外笼内饲养,并且收集它的卵子。从这种卵子孵化出来的幼虫,有些放在有色光线下饲养,另一些则放在强光或黑暗中饲养。后者用为对照组。实验结果的摘要见图表(图 154)。图中用黑条长度表示黑色幼虫的数目,用浅色条表示绿色或浅色的幼虫数目。事实上,蛹分为五个有色群。其中三群合并成黑色,另外两群则合并成浅色。

像图 154.1(代表正常颜色)所表明的,几乎所有自由收集或者在自然环境下收集的蛹都是黑色的;只有少数才是浅色或绿色。从这里产生的幼虫放在橙色环境内饲养。幼虫转化成蛹,其中浅色类型的百分比很高,如 154.2。如果只选出浅色类型予以饲养,有些放在橙色光下,有些放在白光下,其他放在黑暗中,结果如 154.3a 和 154.3b 所示。3a 的浅色蛹比上一代多,因为在橙色下连续两代,效果加强了。不过 3b 的一组更为重要。在白光或黑暗中饲养的比在野生型 1 中出现更多的浅色蛹。Dürken 认为浅色蛹的增加,一部分归之于橙色光对于上一代的遗传效应,一部分归之于新环境的相反方向的效应。

从遗传学观点看来,这种解释是不令人满意的。第一,这个实验证明,并不是所有幼

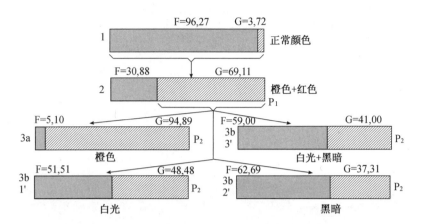

图 154　粉蝶中,黑色蛹和浅色蛹的选择结果(仿 Dürken)

虫对橙色光都有反应。如果有反应的幼虫具有不同的遗传性,那么,当选择它们——即实验中的浅色蛹——进行一次橙色光实验而对照组则放在白光和黑暗中实验时,我们已经是在运用一个反应较强的类型,一群经过了选择的类型,而且预料它们在下一代会再度反应,事实上确是如此。

因此,除非一开始便采用遗传上同质的材料,或者采用其他对照实验,否则这项证据绝不能证实环境的遗传效应。

几乎所有这一类的研究工作,都犯了同样的错误。即令现代遗传学没有作出更多的成绩来,单就指出这类证据毫无价值一点来说,也足以证明现代遗传学是正确的。

现在我们转到另一些例子,其中有一些很可能是生殖细胞经过特殊处理后直接受到了损害,并且受到损害的生殖物质被遗传给以后各代。由于有了这种损害,以后各代中可能发现畸形。这就是说,上述处理并不是借着先产生胚胎身上的缺陷来影响生殖物质,而是同时影响了胚胎和它的生殖细胞。

Stockard 在酒精对于豚鼠的影响问题上,进行过一长串的实验。他把豚鼠放在有酒精的密闭箱中。豚鼠呼吸饱含酒精的空气,几小时后,便完全失去知觉。有些豚鼠在处理中进行交配,有些在处理结束后进行交配,两者的结果基本相同。许多胎儿流产了或者被吸收了,另一些生下来便是死的,还有一部分表现了一些畸形,特别是神经系统和眼的畸形(图 155)。只有不表现缺陷的豚鼠才能交配。在它们的子代中,畸形幼龄豚鼠和表面上正常的个体不断出现。在更后的世代里,畸形豚鼠继续出现,不过只能从一定个体产生出来。

检查经过酒精处理的谱系,看不出实验结果符合于任何已知的孟德尔式比例的证据。甚至,畸形豚鼠所表现的各种部位上的效验,也不像在单个基因改变时所看到的那样。另一方面,这些缺陷,同我们在实验胚胎学中所熟悉的受到毒物处理以后的卵子发育异常,有许多共同之点。Stockard 已经唤起人们对这些关系的注意,并且认为他的实验结果意味着酒精使生殖细胞产生某种损害,有关遗传机制中某一部分的损害。效应之所以局限于某些部分,仅仅因为这些部分对于任何脱离发育正轨的变化最为敏感。这些部分以神经系统和感觉器官最为常见。

图 155　酒精中毒的祖先所产生的两只不正常的幼龄豚鼠(仿 Stockard)

最近，Little 和 Bagg 进行了一系列实验，研究镭对于妊娠鼷鼠和大鼠的影响。在适当处理下，子宫内的胎儿可能有畸形发育。产前检查，看到了脑脊髓或其他器官(特别是四只原基)有出血区域(图 156)。在这些胚胎当中，有的在产前死亡，并且被吸收了；另一些则造成流产。还有一些活着生出来，其中有一些生存下来，可以繁殖。它们的后代往往表现出脑或四肢上的缺陷。也许一只眼或者两只眼有缺陷。也许没有眼睛，或者只有一只很小的眼。Bagg 用这些鼷鼠交配，在它们所产生的许多畸形子代个体中，看到了和原来胚胎身上直接引起的缺陷大致相似的缺陷。

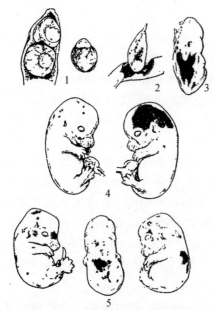

图 156　大鼠母体受镭射线照射后，
子宫内胎儿表现出血区域(仿 Bagg)

我们应该如何解释这些实验呢？是不是镭首先影响正在发育中的胚胎的脑髓，引起缺陷，然后由于脑髓上有这些缺陷，于是同一胚胎的生殖细胞才受到影响呢？这项解释显然是不通的。当脑髓单独受到影响时，下一代应该期望出现脑的缺陷；当眼是受影响的主要器官时，下一代应该只表现出眼的缺陷。然而在所有报道中，都没有看到这样的结果。畸形脑和正常眼的鼷鼠可以产生有缺陷眼的子代。换句话说，这里没有特定效应，只有一般的效应。

另一种解释则认为：在子宫内，幼鼠的生殖细胞受到镭的影响。当这些生殖细胞发育成为新世代的个体时，这些个体也有缺陷，因为最容易在正常发育上受阻扰的器官，也就是最容易被发育中任何改变所影响的那些器官。总之它们是最软弱或者平衡最精微的一个发育阶段，因而首先表现出任何脱离常轨的影响。我想，这就是目前这些实验和其他类似实验的最合理的解释。

第 19 章

总　结

• General Conclusions •

以前各章讨论到两个主题：随着染色体数目改变而来的效应和随着染色体内部改变（基因突变）而来的效应。基因论虽然偏重基因本身，但也广泛地包括上述两种变化。习惯上，突变这个词也已经用来包括两种方法所产生的效应了。

我们仍然很难放弃这个可爱的假设：就是基因之所以稳定，是因为它代表着一个有机的化学实体。这是现在人们能够作出的最简单的假设，并且，这项见解既然符合于有关基因稳定性的已知事实，那么，至少它不失为一个良好的试用假说。

以前各章讨论到两个主题：随着染色体数目改变而来的效应和随着染色体内部改变（基因突变）而来的效应。基因论虽然偏重基因本身，但也广泛地包括上述两种变化。习惯上，突变这个词也已经用来包括两种方法所产生的效应了。

这两种变化，同当前的遗传学理论，有着重大的关系。

由于染色体数目上的改变以及由于基因内的改变而产生的效应

当染色体数目增加二倍、三倍或任何倍数时，个体所有的各种基因依然如旧，而且各种基因之间依然维持着同样的数字比例。如果没有胞质体积可能不随基因数目增加而扩大的话，那么这种基因数目上的改变是没有影响个体性状的希望的。胞质不能相应地增大的真正意义，目前还不明了。总之，实验结果表明三倍体、四倍体、八倍体等，在任何性状（除体积外）上，同原来的二倍体类型并没有明显的差异。换句话说，所产生的改变也许很多，但同原来的变化比较，却没有显著的区别。

另一方面，如果原来的一群染色体里增加了一二条同对的染色体，或者增加了两条以上的异对的染色体，或者减少了一整条的染色体，那么，就可以预期这些变化含在个体身上产生比较明显的效应。有一些证据指明，在原来染色体很多，或者发生变化的，是一条小染色体的情况下，这一种增减是不会激烈的。从基因观点说来，这种结果是预料得到的。例如，增加一条染色体，便意味着有很多基因加到三倍。从某类基因比以前增加的意义来看，基因间的平衡是改变了的，但是由于没有增加新的基因，预料这种变化的效应会表现在许多性状上面，表现在强度有所提高或减低的许多性状上面，有的提高了强度，有的减弱了强度。这是符合于现在所知道的一切事实的。但是，值得注意的是，就现在我们所知道的看来，一般的结果都是有害无利的。如果像根据正常个体的长期进化历史所预测到的，正常个体对于内在关系和外在关系的适应，是尽可能完善的。那么，这一点倒也是在意料中的。

这样的变化轻微地影响着许多部分，但不能由此得出结论，以为这种效应比较单个基因变化所引起的每次一步的变化，更容易导致建立一个存活的新型。

另外，两条同类染色体的增加虽有可能产生一个稳定的新遗传型，但是甚至这也无济于事，因为就我们现在已经知道的来说（目前还缺少证明），这里的适应反而比以前更加恶化了。由于这些理由，要用这种方法把一个染色体群变化成另一个染色体群，虽然不是绝不可能，也似乎不是容易做到的。目前我们需要更多的证据来解决这个问题。

一群染色体里有时增加或减少了一染色体上的某些部分。在这种情况下，上面的理论也同样适用，虽然也许更无力一些。这种变化的影响，同前例性质是一样的，不过程度

◀沃森（左）和克里克（右）正在研究用铁丝建造的 DNA 模型。

上比较小些,因而更难于决定它们对于生活力的最后影响究竟是有害或者有利。

近几年来,遗传学研究已经阐明了亲缘关系相近的各物种之间,甚至在整个一科或一目之内,虽然有着同样数目的染色体,但也不能因此冒昧假定,甚至在亲缘关系相近的物种之间,染色体上的基因一定是相同的。遗传学证据正在开始阐明,通过染色体内或群基因位置上的颠倒,以及通过不同染色体之间或成段基因的易位,染色体都可以重新改组,而体积上没有显明的差异。甚至整条染色体之间,也可以各式各样重新组合,而不改变原来的数目。这类改变势必深刻地影响连锁关系,从而深刻地影响各种性状的遗传方式,但基因的种类和总数却没有改变。因此,除非细胞学观察得到遗传学研究上的证实,否则把染色体数目相同,看成是基因群也完全相同,这项假设总是不妥当的。

染色体的数目可以借两个方法改变:第一,两条染色体联合成一体,例如附着 X 染色体;其次,染色体断裂成片,像 Hance 所报道的待霄草以及其他几个例子。Seiler 所描述的蛾类某些染色体暂时的离合,特别是他所假定的,分离后的要素有时可以重新结合,也属于这一类。

骤然看去,同大量基因所产生的影响相比,由一个基因内的一个变化所产生的影响,显得更为激烈。但是这个最初的印象也许是很错误的。遗传学者所研究的许多最显著的突变性状,和同对的正常性状相比,固然有着显著的差异,但是这些突变性状之所以屡被选为研究的资料,也正因为它们与典型性状判然不同,从而能在以后世代间容易分辨出来。它们的鉴别是准确的,并且同细微差异,或互相掩叠的同对性状相比,结果也比较可靠。改变愈怪愈烈,有时甚至达到"畸形"的程度,则引起人们注意和兴趣的机会也就最大,所以就被人们利用来研究遗传,而不显明的改变,则被人们忽视或放弃了。遗传学者都熟悉下列事实:即对于任何一群的特殊性状,研究愈深入,则开始时被忽视的突变性状,也被发现愈多,这些性状既然同正常型性状极相近似,所以突变过程既涉及很大的改变,又同样涉及很小的改变,也就愈来愈明白了。

以前的文献中把激烈的畸形称为"怪异"(突变=sport),很久以来,人们以为这种怪异同所有物种中经常存在的细微差异或个体差异,即普通所说的变异,可以鲜明地区分开来。现在我们知道,这种鲜明的对比是不存在的,怪异和变异可以有同样的起源,并且按照同样的规律遗传。

许多细微的个体差异,确实是由发育时的环境条件所引起的,而且肤浅的观察往往不能把它们同遗传因子所引起的细微变化区分开来。现代遗传学最重要的成就之一,就是承认这一事实,并且创制出一些方法来指明细微差异究竟起源于哪一种因素。如果像达尔文所假定的那样,如果像现在一般所承认的那样,进化过程是借细微变异积累的缓慢过程而进行的,那么,受到利用的,一定是遗传上的变异,因为能够遗传的只是这些变异,而不是起源于环境影响的那些变异。

但是不应该根据上面所谈的,设想躯体上某个特定部分的突变,仅仅产生一个显著的改变,或者一个细微的改变。相反,从研究果蝇所得到的证据,同精密研究其他一切生物所得到的证据一样,证明了:甚至在一个部分改变最大的情形下,躯体上几个部分或者所有部分,也常常出现其他种种效应。如果我们根据这些突变体的活动、孕育性和生命长短来判断,那么,这些副作用不仅涉及结构上的改变,而且涉及了生理效应。例如果蝇恒飞向光源,但当一般体色发生细微改变时,向光性也便跟着消失了。

相反关系也一定存在。一个影响生理过程和生理活动的突变基因,其细微的改变可以常常带有外部结构性状上的改变。如果这些生理变化能够使机体更好地适应它的环境,这些变化便有继续存在的希望,有时也有促成某些新型生存的希望。在恒定而细微的表面性状上,新型可以同原型有所区别。既然许多物种间的差异,似乎都属于这一类,所以我们可以合理地认为:它们的恒定性的原因,不在于它们本身的生存价值,而在于它们同其他内部性状的关系,这些内部性状对于这一物种的安全,是重要的。

根据上面所谈的种种,我们能够合理地解释整条染色体(或某条的一个部分)所引起的突变同单个基因所引起的突变两者间的差异。前一种变化并没有增加一点本质上新的东西。它仅仅涉及或多或少的已经存在的东西,而且效应的程度虽然微弱,但却影响了大量的性状。后一种变化——单个基因内的突变——也可以产生广泛而细微的效应,不过除此以外,躯体的某一部分改变较大,同时,另一部分改变较小,这种情形也往往有之。像我已经说过的,后一种变化,为遗传学研究提供了有利的材料,这些变化已经广泛地被利用了。正是这些突变,现在占据了遗传学刊物的最前页,而且引起了一般错觉,以为每一个这样的突变性状只是一个基因的效应,由此又引申到另一个更严重的谬论,认为每个单位性状在生殖物质内,有一个单独的代表。相反,胚胎学研究却证明了:躯体上的每一个器官,乃是一个最后的结果,是一个长串过程的顶点。一个变化如果影响了过程中的任何一个阶段,它也往往会影响最后的结果。我们所看到的,正是这个显著的最后效应,而不是发生影响的那一点。如果,像我们可以容易假定的,一个器官的发育涉及很多步骤,而且如果其中每一步骤都受到许多基因作用的影响,那么,不论那个器官是多么细小或者微不足道,在种质里是没有它的单个的代表的。举一个极端的例子来说,假设所有基因对于躯体上每一个器官的发生都有影响,这也只是说:它们都产生了正常发育过程所必需的化学物质。这样,如果一个基因发生变化,因而产生了与前不同的物质,则最后结果也可以受到影响,如果这变化对于某个器官影响特别巨大,那么,这个基因便似乎单独产生了这种效应。在严格的因果意义上,这是对的,但是这种效应,只是在同其他一切基因的联合作用下,才产生出来的。换句话说,所有基因依然同以前一样,对于最后结果都作出了贡献,仅仅由于其中一个基因的差异,于是最后结果也便有了差异。

在这个意义上,每个基因对于一个特定的器官,可以发生特定的效应,但是这个基因决不是那个器官的唯一代表,它对别的器官,甚或对于躯体上所有的器官或性状,也有同样特定的效应。

现在回到我们的比较上来。一个基因(如果是隐性,自然就涉及一对相同基因)内的变化,比起基因数目二三倍的增加,更容易破坏全体基因间的固有关系,所以前者屡屡产生更局限的效应。引申一下,这项论点似乎意味着,每个基因对于发育过程各有一个特定的效应,这同上面主张全部或许多基因联合活动来产生确定而复杂的最后产物这个见解,并不矛盾。

目前拥护各个基因特定效应的最好论证,是许多个多等位基因的存在。同一个基因点内的一些变化,主要影响了同一种的最后结果,这种最后结果不只限于一个器官之内,而且也包括了所有受到明显影响的一切部分。

突变过程是否起源于基因的退化？

德弗里斯在他的突变理论中，谈到我们现在所称为突变隐性型的那些类型，认为是起源于一些基因的缺失或僵化。他把这样的变化看成是退化。当时或者稍后一段时期，主张隐性性状起源于生殖物质内一些基因的损失的观念已经是风行一时了。目前有几位原来醉心于进化的哲学讨论的批评家，对于遗传学者所研究的突变型同传统的进化理论有关系的观念，进行了猛烈的抨击。对于后一主张，我们姑且不谈，可以把这一争论留待将来解决。至于说单个基因上所发生的突变过程只限于基因的损失或部分损失，或者退化（我冒昧地这样称呼这种变化），这项主张却是理论上颇为重要的一个问题；因为正如 Bateson 在其 1914 年演说中所精密阐明的，从这项主张自然地引到另一观念：就是我们在研究遗传中所用的材料起源于一些基因的损失；这些缺失实际上就是野生型基因的等位性；而且只就这项证据在进化方面的应用说来，这会引到一个谬论，那就是，这个过程是对于原有的基因库藏中的一种经常的消耗。

现有的有关这个问题的遗传学证据，已经在第 6 章中讨论过了，无重复叙述的必要，不过容许我重复一下：如果根据许多突变性状都是缺陷或者甚至是部分的或完全的损失这一事实，便断定它们一定是起源于生殖质内有关基因的缺失，这是没有理由的。缺失假说的武断姑且不谈，仅就有关这项问题的直接证据来说，像我已经企图证明过的，都是不支持这样的观点的。

但是还剩下一个颇有兴趣的问题，就是那些引起了突变性状（不论是隐性、中间型或显性都是一样）的基因上的一些变化或许多变化，是否由于一个基因的分裂，或者由于它改造成另一种要素，从而产生略不相同的效应呢？除非先验上认为一个高度复杂的化合物的破坏，比它的组成更为可能，否则没有理由来假定：这样的变化——如果发生了的话——是一个走下坡路的变化，而不是另一个比较复杂的基因的生成。在我们更多地知道基因的化学组成以前，要论证两方面论点的是非曲直，是十分劳而无功的。对遗传理论说来，只需要假定任何样的变化都够以成为所看到的事实的基础即可。

要在目前讨论新基因究竟是在旧基因以外独立发生，也是同样无用的，如果还要讨论基因究竟如何独立发生，那就更糟糕了。我们现有的证据，并未提出任何根据来支持新基因独立发生的见解，不过要证明它们没有发生，虽然不是绝不可能，也应该是极端困难的。对古人说来，河泥化蟮，腐草化萤，并不是毫不可信的。仅仅一百年以前，人们还相信细菌是从腐物中发生出来的，而且，要证明没有这回事，反而感到非常困难。现在要向坚持基因独立发生这项信念的人们确切证明基因不能独立发生，也许是同等困难的，不过在碰到非做这种假设不可的情况以前，遗传理论在这个问题上是不必过分考虑的。现在我们看不出在连锁群内或在它的两端有插入新基因的必要。如果白血球同构成哺乳动物的所有其他身体细胞一样，都具备同样数目的基因，如果前者只构成一个变形虫般的细胞，而后者则集合成人体细胞，那么，要假设变形虫的基因较少而人体细胞的基因较多，也就没有必要了。

基因是否属于有机分子一级?

在讨论基因是否属于有机分子的问题中。牵涉到它们的稳定性的性质。我们所谓的稳定性,可能只指基因围绕一定的众数而变化的倾向,也可能指基因像有机分子稳定的那种稳定。如果后一个解释能够成立,那么,遗传问题便会简化多了。另一方面,如果我们认为基因只是一定数量的物质,那么,我们便不能圆满地解答为什么基因历经异型杂交中的变化而依然如此恒定,除非我们求助于基因以外另一种保证它们恒定的神秘的组织力量。这个问题目前还没有解决的希望。几年以前,我曾经企图计算基因的大小,希望从这里可以给这个问题一线光明,可是现在我还缺乏十足精确的测量,以致这样的计算充其量也不过是臆想而已。测算似乎表明基因的大小大约和大型有机分子接近。如果这种结果有一点价值的话,也许这就指明了,基因并不太大,以致不能当成一个化学分子,我们的推论只能到此为止。基因甚至可能不是一个分子,而是一群非化学性结合的有机物质。

虽然如此,我们仍然很难放弃这个可爱的假设:就是基因之所以稳定,是因为它代表着一个有机的化学实体。这是现在人们能够作出的最简单的假设,并且,这项见解既然符合于有关基因稳定性的已知事实,那么,至少它不失为一个良好的试用假说。

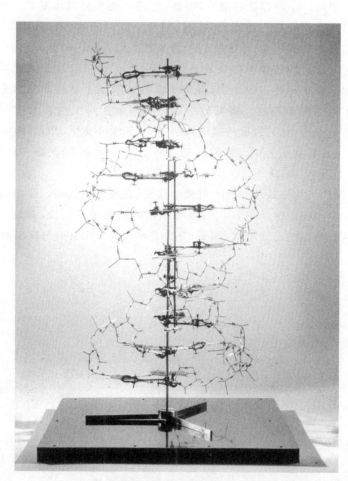

沃森和克里克用铁丝建成的 DNA 模型

参考文献

• *Bibliography* •

摩尔根发展了孟德尔的遗传学理论，并进一步创立了基因学说，他在遗传学方面的著作有：

Heredity and Sex（1913）

The Mechanism of Mendelian Heredity（1915）

The Physical Basis of Heredity（1919）

Embryology and Genetics（1924）

Evolution and Genetics（1925）

The Theory of the Gene（1926）

Experimental Embryology（1927）

The Scientific Basis of Evolution（1935）

AIDA，T. 1921. On the inheritance of colour in a fresh-water fish，Aplocheilus latipes，etc. Genetics. VI.

ALLEN，C. E. 1917. A chromosome difference correlated with sex differences in Sphaerocarpos. Science. XLVI.

——1919. The basis of sex inheritance in Sphaerocarpos. Proc. Am. Phil. Soc. LVIII.

——1924. Inheritance by tetrad sibs in Sphaerocarpos. *Ibid*. LXIII.

ANDREWS. E. A. 1909. A male crayfish with some female organs. Am. Nat. XLIII.

D'ANGREMOND，A. 1914. Parthenokarpie und Samenbildung bei Bananen. Flora. CVII.

ARTOM，C. 1921. Il significato delle razze e delle specie tetraploidi e il problema della loro origine. Rivista di Biol. III.

——1921. Dati citologici sul tetraploidismo dell' Artemia salina di Margherita di Savoia（Puglia）. R. Accademia Naz. dei Lincei，Roma. XXX.

——1924. Il tetraploidismo dei maschi dell'Artemia salina di Odessa in relazione con alcuni problemi generali di genetica. *Ibid*. XXXII.

BABCOCK，E. B.，and COLLINS，J. L. 1920. Interspecific hybrids in Crepis. L Crepis capillaris （L.）Wallr. x C. tectorum L. Univ. Calif. Publ. Agri. Sci. II.

BAEHR，W. B. v. 1920. Recherches sur la maturation des oeufs parthénogénétiques dans l'Aphis Palmae. La Cellule. XXX.

BAGG，H. J. 1922. Disturbances in mammalian development produced by radium emanation. Am. Jour. Anat. XXX.

——1923. The absence of one kidney associated with hereditary abnormalities in the descendants of X-rayed mice. Proc Soc. Exp. Biol. and Med. XXI.

——1924. The absence of both kidneys associated with hereditary abnormalities in mice. *Ibid*. XXI.

BAGG，H. J.，and LITTLE，C. C. 1924. Hereditary structural defects in the descendants of mice exposed to Roentgen-ray irradiation. Amer. Jour. Anat. XXXIII.

BAKER，J. R. 1925. On sex-intergrade pigs：their anatomy，genetics，and developmental physiology. Brit. Jour. Exp. Biol. II.

BALTZER，F. 1914. Die Bestimmung des Geschlechts nebst einer Analyse des Geschlechts-dimorphismus bei Bonellia Mitteil. Zool. Station Neapel. XXII.

——1920，Über die experimentelle Erzeugung und die Entwicklung von Triton-Bastarden ohne mütterliches Kernmaterial. Neuchatel Act. Soc. Helvét. Sci. Nat. XII.

——1922. Über die Herstellung und Aufzucht eines haploiden Triton taeniatus. Verh. Schweiz. Ges. Bern. CIII.

——1924. Über die Giftwirkung weiblicher Bonellia-Gewebe auf das Bonel-lia-Männchen und andere Organismen und ihre Beziehung zur Bestimmung des Geschlects der Bonellienlarve. Natur. Gesell.

◀ 晚年的摩尔根。

in Bern. VIII.

BANTA, A. M. 1914. One hundred parthenogenetic generations of Daphnia without sexual forms. Proc. Soc. Biol. and Med. XI.

——1916. Sex intergrades in a species of crustacea. Proc. Nat. Acad. Sc. II.

——1916. A sex-intergrade strain of Cladocera. Proc. Soc. Exp. Biol. and Med. XIV.

——1917. A strain of sex intergrades. Anat. Rec. XI.

——1918. Sex and sex intergrades in Cladocera. Proc. Nat. Acad. Sc. IV. BARTLETT, H. H. 1915. Additional evidence of mutation in Oenothera. Bot. Gaz. LIX.

——1915. The mutations of Oenothera stenomeres. Am. Jour. Bot. II.

——1915. Mutations en masse. Am. Nat. XLIX.

——1915. Mass mutation in Oenothera pratincola. Bot. Gaz. LX.

BATESON, W. 1913. Mendel's principles of heredity. 3d impression. Cambridge.

——1914. Address, Brit. Assn. Adv. Sc. , Part I, Ref. 1; Part II, Ref. 66.

BATESON, W. , and PUNNETT, R. C. 1905. Rep. Evol. Com. Il.

——1911. On the interrelations of genetic factors. Proc. Roy. Soc. , B. LXXXIV.

——1911. On gametic series involving reduplication of certain terms. Jour. Genet. I.

BATESON. W. ; SAUNDERS, E. R. ; PUNNETT, R. C. ; HURST, C. C. ; et al. 1902-1909. Reports(I to V) to the Evolution Committee of the Royal Society. London.

BAUR, E. 1911. Ein Fall von Faktorenkoppelung bei Antirrhinum majus. Verh. naturf. Ver. Brünn. XLIX.

——1912. Vererbungs-und Bastardierungsversuche mit Antirrhinum—II. Faktorenkoppelung. Zeit. Abst. -Vererb. VI.

——1914. Einführung in die experimentelle Vererbungslehre. Berlin. BĚLAŘ. K. 1923. Über den Chromosomenzyklus von parthenogenetischen Erdnematoden. Biol. Zentralb. XLIII.

——1924. Neuere Untersuchungen über Geschlechtschromosomen bei Pflanzen. Zeit. Abst. -Vererb. XXXV.

BELLAMY, A. W. 1923. Sex-linked inheritance in the teleost Platypoecilus maculatus Günth. Anat. Rec. XXIV.

——1924. Bionomic studies on certain teleosts(Poeciliinae). Genetics, IX.

BELLING, J. 1921. The behavior of homologous chromosomes in a triploid canna. Proc. Nat. Acad. Sc. VII.

——1923. The attraction between homologous chromosomes. Eugenics, Genetics and the Family. I.

——1924. Detachment (elimination) of chromosomes in Cypripedium acaule. Bot. Gaz. LXXVIII.

BELLING, J. , and BLAKESLEE, A. F. 1922. The assortment of chromosomes in triploid Daturas. Am. Nat. LVI.

——1923. The reduction division in haploid, diploid, triploid, and tetraploid Daturas. Proc. Nat. Acad. Sc. IX.

——1924. The distribution of chromosomes in tetraploid Daturas. Am. Nat. LVIII.

——1924. The configurations and sizes of the chromosomes in the trivalents of 25-chromosome Daturas. Proc. Nat. Acad. Sc. X.

BENOIT, J. 1923. Transformation expérimentale du sexe par ovariotomie précoce chez la Poule domestique. Compt. rend. l'Acad. Sciences. CLXXVII.

——1923. A propos du changement expérimental de sexe par ovariotomie, chez la Poule. Compt. rend. des séances d. la Société d. Biol. LXXXIX.

——1924. Sur la signification de la glande génitale rudimentaire droite chez la Poule. Compt. rend. l'Acad. Sciences. CLXXVIII.

——1924. Sur un nouveau cas d'inversion sexuelle expérimentale chez la Poule domestique. *Ibid*. CLXXVIII.

BENSAUDE, M. 1918. Recherches sur le cycle évolutif et la sexualité chez les Basidiomycetes. Nemours.

BERNER, O. 1924. Un coq asexuel. Rev. Fran. d'endocrin. II.

BLACKBURN, K. B. 1923. Sex chromosomes in plants. Nature. Nov. 10, 1923.

——1924. The cytological aspects of the determination of sex in dioecious forms of Lychnis. Brit. Jour. Exp. Biol. I.

——1925. Chromosomes and classification in the genus Rosa. Am. Nat. LIX.

BLACKBURN, K. B., and HARRISON, J. W. H. 1924. A preliminary account of the chromosomes and chromosome behaviour in the Salicaceae. Ann. of Bot. XXXVIII.

——1924. Genetical and cytological studies in hybrid roses. I. The origin of a fertile hexaploid form in the pimpinellifoliae-villosae crosses. Brit. Jour. Exp. Biol. I.

BLAKESLEE, A. F. 1921. Types of mutations and their possible significance in evolution. Am. Nat. LV.

——1921. The globe, a simple trisomic mutant in Datura. Proc. Nat. Acad. Sc. VII.

——1922. Variations in Datura, due to changes in chromosome number. Am. Nat. LVI.

——1924. Distinction between primary and secondary chromosomal mutants in Datura. Proc. Nat. Acad. Sc. X.

BLAKESLEE, A. F., and AVERY, B. T. 1919. Mutations in the jimson weed. Jour. Heredity. X.

BLAKESLEE, A. F., and BELLING, J. 1924. Chromosomal mutations in the jimson weed, Datura stramonium. *Ibid*. XV.

BLAKESLEE, A. F.; BELLING, JOHN; and FARNHAM, M. E. 1920. Chromosomal duplication and Mendelian phenomena in Datura mutants. Science. LII.

BLAKESLEE, A. F.; BELLING, JOHN; FARNHAM, M. E.; and BERGNER, A. D. 1922. A haploid mutant in the jimson weed, Datura stramonium, *Ibid*. LV.

BLEIER, H. 1925. Chromosomenstudien bei der Gattung Trifolium. Jahrb. wiss. Bot. LXIV.

BOEDIJN, K. 1924. Die typische und heterotypische Kernteilung der Oenotheren. Zeit. f. Zell. w. Geweb. I.

BONNIER, G. 1922. Double sex-linked lethals in Drosophila melanogaster. Acta Zool. III.

——1923. Studies on high and low non-disjunction in Drosophila melanogaster: Hereditas. IV.

——1923. Über die Realisierung verschiedener Geschlechtsverhältnisse bei Drosophila melanogaster. Zeit. Abst.-Vererb. XXX.

——1923. On different sex-ratios in Drosophila melanogaster. *Ibid*. XXXI.

——1924. Contributions to the knowledge of intra-and inter-specific relationships in Drosophila. Acta Zool. V.

BORING. A. M. 1923. Notes by N. M. Stevens on chromosomes of the domestic chicken. Science. LVIII.

BORING. A. M., and PEARL, R. 1918. Sex studies. XI. Hermaphrodite birds. Jour. Exp. Zoöl. XXV.

BOVERI, TH. 1888. Die Befruchtung und Teilung des Eies von Ascaris. Jena. Zeit. Med. Naturwiss. XXII.

——1908. Über die Beziehung des Chromatins zur Geschlechtsbestimmung. Sitz. Phys.-Med. Gesell. Würzburg.

——1909. Die Blastomerenkerne von Ascaris megalocephala und die Theorie der Chromosomen-Individualität. Arch. Zellf. III.

——1909. Über Geschlechtschromosomen bei Nematoden. *Ibid*. IV.

——1911. Über die Charaktere von Echiniden-Bastardlarven bei Hermaphroditismus. Verh. Phys.-Med. Gesell. Würzburg. XLI.

——1911. Über das Verhalten der Geschlechtschromosomen bei Hermaphroditismus. Beobachtungen an Rhabditis nigrovenosa. *Ibid*. XLI.

——1914. Über die Charaktere von Echiniden-Bastardlarven bei verschiedenem Mengenverhältnis mütterlicher und väterlicher Substanzen. *Ibid*. XLIII.

——1915. Über die Entstehung der Eugsterschen Zwitterbeinen. Arch. Entw.-mech. XLI.

BRAUN, H. 1909. Die spezifischen Chromosomenzahlen der einheimischen Arten der Gattung Cyclops. Arch. f. Zellf. III.

BRECKER, L. 1917. Die Puppenfärbung des Kohlweisslings, Pieris brassicae L. I-III. Arch. Entw.-mech. XLIII.

——1924. Die Puppenfärbungen des Kohlweisslings, Pieris brassicae L. VIII. *Ibid*. CII.

BREMER, G. 1922. A cytological investigation of some species and species hybrids within the genus Saccharum. Arch. van de Suikerindustrie in Nederlandsch-Indië.

——1920. A cytological investigation of some species and species hybrids within the genus Saccharum, I. II Genetica. V.

BRIDGES, C. B. 1913. Non-disjunction of the sex-chromosomes of Drosophila. Jour. Exp. Zoöl. XV.

——1914. Direct proof through non-disjunction that the sex-linked genes of Drosophila are borne by the X-chromosome. Science, n. s. XL.

——1915. A linkage variation in Drosophila. Jour. Exp. Zoöl. XIX.

——1916. Non-disjunction as proof of the chromosome theory of heredity. Genetics. I.

——1917. The elimination of males in alternate generations of sex-controlled lines. Anat. Rec. XI.

——1917. An intrinsic difficulty for the variable force hypothesis of crossing over. Amer. Nat. LI.

——1917. Deficiency. Genetics. II.

——1918. Maroon—a recurrent mutation in Drosophila. Proc. Nat. Acad. Sc. IV.

——1919. Duplications. Anat. Rec. XX.

——1919. The genetics of purple eye color in Drosophila melanogaster. Jour. Exp. Zoöl. XXVIII.

——1919. Specific modifiers of eosin eye color in Drosophila melanogaster. *Ibid*. XXVIII.

——1919. Vermilion-deficiency. Jour. Gen. Physiol. I.

——1919. The developmental stages at which mutations occur in the germ tract. Proc. Soc. Exp. Biol. and Med. XVII.

——1920. White-ocelli—an example of a "slight" mutant character with normal viability. Biol. Bull. XXXVIII.

——1920. The mutant crossveinless in Drosophila melanogaster. Proc. Nat. Acad. Sc. VI.

——1921. Gametic and observed ratios in Drosophila. Amer. Nat. LV.

——1921. Proof of non-disjunction for the fourth chromosome of Drosophila melanogaster. Science, n. s. LIII.

——1921. Current maps of the location of the mutant genes of Drosophila melanogaster. Proc. Nat. Acad. Sc. VII.

——1921. Genetical and cytological proof of non-disjunction of the fourth chromosome of Drosophila melanogaster. *Ibid*. VII.

——1921. Triploid intersexes in Drosophila melanogaster. Science, n. s. LIV.

——1925. Sex in relation to chromosomes and genes. Am. Nat. LIX.

——1925. Haploidy in Drosophila melanogaster. Proc. Nat. Acad. Sci. XI.

BRIDGES, C. B., and MORGAN, T. H. 1919. The second-chromosome group of mutant characters. Carnegie Inst. Wash. No. 278.

——1923. The third-chromosome group of mutant characters of Drosophila melanogaster. *Ibid*. No. 327.

BULLER, A. H. R. 1924. Experiments on sex in mushrooms and toadstools. Nature. CXIV.

CAROTHERS, E. E. 1913. The Mendelian ratio in relation to certain orthopteran chromosomes. Jour. Morph. XXIV.

——1917. The segregation and recombination of homologous chromosomes as found in two genera of Acrididae. *Ibid*. XXVIII.

——1921. Genetical behavior of heteromorphic homologous chromosomes of Circotettix (Orthoptera). *Ibid*. XXXV.

CASTLE, W. E. 1912. The inconstancy of unit-characters, Am. Nat. XLVI.

——1914. Size inheritance and the pure line theory. Zeit. Abst. -Vererb. XII.

——1916. Can selection cause genetic change? Am. Nat. L.

——1916. Further studies on piebald rats and selection with observations on gametic coupling. Carnegie

Inst. Wash. No. 241, III.

——1919. Studies of heredity in rabbits, rats, and mice. *Ibid*. No. 288.

——1919. Is the arrangement of the genes in the chromosome linear? Proc. Nat. Acad. Sc. V.

——1919. Are genes linear or non-linear in arrangement? *Ibid*. V.

——1919. Does evolution occur exclusively by loss of genetic factors? Am. Nat. LIII.

CASTLE, W. E. , and HADLEY, P. B. 1915. The English rabbit and the question of Mendelian unit-character constancy. Proc. Nat. Acad. Sci. I.

CASTLE, W. E. , and PHILLIPS, JOHN C. 1914. Piebald rats and selection. Carnegie Inst. Wash. No. 195.

CASTLE, W. E. , and WACHTER, W. L. 1924. Variations of linkage in rats and mice. Genetics. IX.

CHAMBERS. R. 1912. A discussion of Cyclops viridis Jurine. Biol. Bull. XXII.

CHAMPY, C. 1921. Changement expérimental du sexe chez le Triton alpestris. Compt. rend. l'Acad. Sciences. CLXXII.

——1922. Étude expérimentale sur les différences sexuelles chez les Tritons; changement de sexe expérimental. Arch. d. morph. gén. et expér. VIII.

CHAPIN, C. C. 1917. A microscopic study of the reproductive system of foetal free-martins. Jour. Exp. Zoöl. XXIII.

CLAUSEN, J. 1921. Studies in the collective species Viola tricolor L I. II. Bot. Tidsskift. XXXVII.

——1924. Increase of chromosome numbers in Viola experimentally induced by crossing. Hereditas. V.

CLAUSEN, R. E. , and GOODSPEED, T. H. 1916. Hereditary reaction-system relations—an extension of Mendelian concepts. Proc. Nat. Acad. Sc. II.

——1925. Interspecific hybridization in Nicotiana. II. A tetraploid glutinosa-tabacum hybrid, an experimental verification of Winge's hypothesis. Genetics, X.

CLAUSEN, R. E. , and MANN, M. C. 1924. Inheritance in Nicotiana Tabacum V. The occurrence of haploid plants in interspecific progenies. Proc. Nat. Acad. Sc. X.

CLELAND. R. E. 1922. The reduction divisions in the pollen mother cells of Oenothera franciscana. Am. Jour. Bot. IX.

——1924. Meiosis in pollen mother cells of Oenothera franciscana sulfurea. Bot. Gaz. LXXVII.

COLLINS, E. S. 1919. Sex segregation in the Bryophyta. Jour. Genet. VIII.

——1920. The genetics of sex in Funaria hygrometrica. Proc. Roy. Soc. XCI.

——1920. Inbreeding and crossbreeding in Crepis capillaris (L.) Wallr. Univ. Calif. Pub. Agri. Sc. II.

COLLINS, J. L. , and MANN, M. C. 1923. Interspecific hybrids in Crepis. II. A preliminary report on the results of hybridizing Crepis setosa Hall. with C. eapillaris (L.) Wallr. and with C. biennis L. Genetics. VIII.

CORRENS, C. 1902. Über den Modus und den Zeitpunkt der Spaltung, etc. Bot. Zeit. LX.

——1909. Zur Kenntniss der Rolle von Kern und Plasma bei der Vererbung. Zeit. Abst. -Vererb. II.

——1916. Über den Unterschied von tierischem und pflanzlichem Zwittertum. Biol. Centralb. XXXVI.

——1920. Die geschlechtliche Tendenz der Keimzellen gemischtgeschlechtiger Pflanzen. Zeit. f. Bot. XII.

——1921. Versuche bei Pflanzen das Geschlechtsverhältnis zu verschieben. Hereditas. II.

CREW, F. A. E. 1921. A description of certain abnormalities of the reproductive system found in frogs, and a suggestion as to their possible significance. Proc. Roy. Phys. Soc. Edinburgh. XX.

——1921. Sex-reversal in frogs and toads. A review of the recorded cases of abnormality of the reproductive system and an account of a breeding experiment. Jour. Genet. XI.

——1923. Studies in Intersexuality. I. A peculiar type of developmental intersexuality in the male of the domesticated mammals. II. Sex-reversal in the fowl. Proc. Roy. Soc. , B. XCV.

——1924. Hermaphroditism in the pig. Jour. Obstetrics and Gyn. Brit. Emp. XXXI.

CUÉNOT, L. 1898. L'hermaphroditisme protandrique d'Asterina gibbosa et ses variations suivant les localités. Zool. Anz. XXI.

——1902. La loi de Mendel et l'hérédité de la pigmentation chez les souris. Arch. zoöl. expér. et gén. (3). X.

——1903. L'hérédité de la pigmentation chez les souris(2). I. Hérédité de la pigmentation chez les souris noires. *Ibid.* (4). I.

——1904. L'hérédité de la pigmentation chez les souris(3). I. Les formules héréditaires. *Ibid.* (4). II.

——1905. Les races pures et leurs combinaisons chez les souris(4). *Ibid.* (4). III.

——1907. L'hérédité de la pigmentation chez les souris (5). *Ibid.* (4). VI. DAVIS, B. M. 1909-1911. Cytological studies on Oenothera. Ann. of Bot. XXIII, XXIV, XXV.

——1910. Genetical Studies on Oenothera. Am. Nat. XLIV, XLV, XLVI, XLVII; Zeit. Abst. -Vererb. XII.

——1913. The problem of the origin of Oenothera Lamarckiana de Vries. New Phytol. XII.

——1924. The behavior of Oenothera neo-lamarckiana in selfed line through seven generations. Proc. Am. Phil. Soc. LXIII.

DELAGE, Y. 1903. L'hérédité, et les grands problèmes de la Biologie Générale. Paris.

DELAUNAY, L. 1915. Étude comparée caryologique de quelques espèces du genre Muscari Mill. Mém. de la soc. natur. de Kiew. XXV.

——1922. Comparative caryological study of species of Muscari and Bellevalia. Review of the Tiflis Bot. Garden, Series II, No. 1. (Russian.)

——1925. The S-chromosomes in Ornithogalum L. Science, LXII.

DELLA VALLE, P. 1907. Osservazione de tetradi in cellule somatiche, etc. Atti. Acc. Napoli, XIII.

DETLEFSEN, J. A. 1914. Genetic studies on a cavy species cross. Carnegie Inst. Wash. No. 205.

DETLEFSEN, J. A. , and ROBERTS, E. 1921. Studies on crossing over. I. The effect of selection on crossover values. Jour. Exp. Zoöl. XXXII.

DIGBY, L. 1912. The cytology of Primula kewensis and of other related Primula hybrids. Ann. Bot. XXXVI.

DOMM, L. V. 1924. Sex-reversal following ovariotomy in the fowl. Proc. Soc. Exp. Biol. Med. XX.

DONCASTER, L. 1908. On sex inheritance in the moth, Abraxas grossulariata and its var. lacticolor. Fourth Rep. Evol. Com. , Roy. Soc. London.

——1914. Chromosomes, heredity, and sex. Quar. Jour. Micr. Sc. LIX.

——1914. The determination of sex. Cambridge.

——1914. On the relations between chromosomes, sex-limited transmission, and sex-determination in Abraxas grossulariata. Jour. Genet. IV.

——1920. An introduction to the study of cytology. Cambridge.

DONCASTER, L. , and RAYNOR, G. H. 1906. Breeding experiments with Lepidoptera. Proc. Zool. Soc. London, pp. 125-133.

DÜRKEN, B. 1923. Über die Wirkung farbigen Lichtes auf die Puppen des Kohlweisslings(Pieris brassicae) und das Verhalten der Nachkommen. Arch. f. Mikro. Anat. u. Entw. -mech. XCIX.

EAST, E. M. 1910. Notes on an experiment concerning the nature of unit characters. Science. XXXII.

——1911. The genotype hypothesis and hybridization. Am. Nat. XLV.

——1913. Inheritance of flower size in crosses between species of Nicotiana. Bot. Gaz. LV.

——1915. The chromosome view of heredity and its meaning to plant breeders. Am. Nat. XLIX.

——1916. Inheritance in crosses between Nicotiana Langsdofii and N. alata. Genetics. I.

EAST, E. M. , and HAYES, H. K. 1911. Inheritance in maize. Conn. Exp. Sta. Bull. No. 167.

——1912. Heterozygosis in evolution and in plant breeding. U. S. Dept. Agr. , Bureau Plant Ind. Bull. No. 243.

——1914. A genetic analysis of the changes produced by selection in experiments with tobacco. Am. Nat. XLVIII.

EAST, E. M. , and JONES, D. F. 1919. Inbreeding and outbreeding. Philadelphia.

EAST, E. M. , and MANGELSDORF, A. J. 1925. A new interpretation of the hereditary behavior of self-sterile plants. Proc. Nat. Acad. Sci. XI.

EAST, E. M. , and PARK, J. B. 1917. Studies in self-sterility. I. Genetics. II.

EMERSON, R. A. 1911. Genetic correlation and spurious allelomorphism in maize. Ann. Rep. Neb. Agr. Exp. Sta. No. 24.

——1914. The inheritance of a recurring somatic variation in variegated ears of maize. Am. Nat. XLVII.

——1917. Genetical studies of variegated pericarp in maize. Genetics. II.

——1924. A genetic view of sex expression in the flowering plants, Science, LIX.

EMERSON, S. H. 1924. Do balanced lethals explain the Oenothera problem? Jour. Wash. Acad. Sc. XIV.

ERNST, A. 1918. Bastardierung als Ursache der Apogamie im Pflanzenreiche. Jena.

ESSENBERG, J. M. 1923. Sex-differentiation in the viviparous teleost Xiphophorus helleri Heckel. Biol. Bull. XLV.

——1926. Complete sex-reversal in the viviparous teleost Xiphophorus helleri. *Ibid*. LI.

FANKHAUSER, G. 1924. Analyse der physiologischen Polyspermie des Triton Eies auf Grund von Schnürungsexperimenten. Jahrb. d. Phil. Fak. II. Universität Bern. V.

FARMER, J., and DIGBY, L. 1910. Cytological features of varietal and hybrid ferns. Ann. Bot. XXIV.

FAXON, W. 1881. Bull. Mus. Comp. Zoöl. VIII.

——1885. Mem. Mus. Comp. Zoöl. Harvard College. X.

——1898. Proc. U. S. Nat. Mus. XX.

FEDERLEY, H. 1913. Das Verhalten der Chromosomen bei der Spermatogenese der Schmetterlinge Pygaera anachoreta, curtula und pigra sowie einiger ihrer Bastarde. Zeit. Abst.-Vererb. IX.

——1914. Ein Beitrag zur Kenntnis der Spermatogenese bei Mischlingen zwischen Eltern verschiedener systematischer Verwandtschaft. Ofversigt af Finska Vetenskaps-Societetens Förhandlingar. LVI.

FELL, H. B. 1923. Histological studies on the gonads of the fowl. I. The histological basis of sex reversal. Brit. Jour. Exp. Biol. I.

FICK, R. 1924. Einiges über Vererbungsfragen. Abhand, Preus. Akad. d. Wiss. Jahrg.

GATES, R. R. 1907. Pollen development in hybrids of Oenothera lata x O. Lamarckiana, and its relation to mutation. Bot. Gaz. XLIII.

——1913. Tetraploid mutants and chromosome mechanisms. Biol. Centralb. XXXIII.

——1915. On the modification of characters by crossing. Am. Nat. XLIX.

——1915. The mutation factor in evolution. London.

——1916. On pairs of species. Bot. Gaz. LXI.

——1917. Vegetative segregation in a hybrid race. Jour. Genet. VI.

——1923. Heredity and eugenics. London.

——1924. Polyploidy. Brit. Jour. Exp. Biol. I.

——1925. Species and chromosomes. Am. Nat. LIX.

GATES, R. R., and THOMAS, N. 1914. A cytological study of Oenothera mut. lata and Oe. mut. semilata in relation to mutation. Quar. Jour. Micr. Sc. LIX.

GEERTS, J. M. 1911. Cytologische Untersuchungen einiger Bastarde von Oenothera gigas. Ber. Deutsch. Bot. Gesell. XXIX.

GEINITZ, B. 1915. Über Abweichungen bei der Eireifung von Ascaris. Arch. Zellf. XIII.

GELEI, J. 1921-22. Weitere Studien über die Oögenese von Dendrocoelum. II. III. Arch. Zellf. XVI.

GIARD, A. 1886. De l'influence de certains parasites Rhizocephales sur les caractères sexuels extérieurs de leur hôte. C. R. Acad. Sc. Paris. CIII.

——1887, La castration parasitaire. Bull. Sc. Dép. Nord. XVIII.

——1887. Sur la castration parasitaire chez l'Eupagurus bernhardus et chez la Gebia stellata. C. R. Acad. Sc. Paris. CIV.

——1888. Sur la castration parasitaire chez les Eukyphotes des genres Palaemon et Hippolyte. Ibid. CVI.

——1888. La castration parasitaire (nouvelles recherches). Bull. Sc. Dép. Nord. I.

GOLDSCHMIDT, R. 1912. Erblichkeitsstudien an Schmetterlingen. I, 1. Zeit. Abst. -Vererb. VII.

——1912. Bemerkungen zur Vererbung des Geschlechtspolymorphismus. *Ibid*. VIII.

——1916. Experimental intersexuality and the sex problem. Am. Nat. L.

——1917. A further contribution to the theory of sex. Jour. Exp. Zoöl. XXII.

——1917. Crossing-over ohne Chiasmatypie? Genetics. II.

——1919. Intersexualität und Geschlechtsbestimmung. Biol. Zentralb. XXXIX.

——1920. Einführung in die Vererbungswissenschaft. Leipzig.

——1920, 1922, 1923. Untersuchungen über Jntersexualität. I, II, III. Zeit. Abst. -Vererb. XXIII, XXIX, XXXI.

——1923. The mechanism and physiology of sex-determination. London.

GOODALE, H. D. 1911. Studies on hybrid ducks. Jour. Exp. Zoöl. X.

——1911. Some results of castration in ducks. Biol. Bull. XX.

——1911. Sex-limited inheritance and sexual dimorphism in poultry. Science. XXXIII.

——1913. Castration in relation to the secondary sexual characters of brown leghorns. Am. Nat. XL-VII.

——1916. A feminized cockerel. Jour. Exp. Zoöl. XX.

——1916. Gonadectomy in relation to the secondary sexual characters of some domestic birds. Carnegie Inst. Wash. Pub. No. 243.

——1917. Crossing over in the sex-chromosome of the male fowl. Science, n. s. XLVI.

GOODSPEED, T. H. 1913. On the partial sterility of Nicotiana hybrids made with N. sylvestris as a parent. Univ. Calif. Pub. Bot. V.

——1915. Parthenogenesis, parthenocarpy and phenospermy in Nicotiana. Univ. Calif. Pub. Bot. V.

——1923. A preliminary note on the cytology of Nicotiana species and hybrids. Svensk. Bot. Tidsk. XVII.

GOODSPEED, T. H., and AYRES, A. H. 1916. On the partial sterility of Nicotiana hybrids made with N. sylvestris as a parent. II. Univ. Calif. Pub. Bot. V.

GOODSPEED, T. H., and CLAUSEN, R. E. 1917. The nature of the F_1 species hybrids between Nicotiana sylvestris and varieties of Nicotiana tabacum. Univ. Calif. Pub. Bot. V.

——1917. Mendelian factor differences versus reaction system contrasts in heredity. I and II. Am. Nat. LI.

——1922. Interspecific hybridization in Nicotiana. I. On the results of backcrossing the F_1 sylvestris-tabacum hybrids to sylvestris. Univ. Calif. Pub. Bot. XI.

GOODSPEED, T. H., and KENDALL, J. N. 1916. On the partial sterility of Nicotiana hybrids made with N. sylvestris as a parent. III. *Ibid*. V.

GOULD, H. N. 1917. Studies on sex in the hermaphrodite mollusc Crepidulaplana. I. History of the sexual cycle. Also II. Jour. Exp. Zoöl. XXIII.

GOWEN, J. W. 1919. A biometrical study of crossing over. On the mechanism of crossing over in the third chromosome of Drosophila melanogaster. Genetics. IV.

GOWEN, M. S., and GOWEN, J. W. 1922. Complete linkage in Drosophila melanogaster. Amer. Nat. LVI.

GREENWOOD, A. W. 1925. Gonad grafts in embryonic chicks and their relation to sexual differentiation. Brit. Jour. Exp. Biol. II.

GREGORY, R. P. 1909. Note on the histology of the giant and ordinary forms of Primula sinensis. Proc. Cambridge Phil. Soc. XV.

——1911. Experiments with Primula sinensis. Jour. Genet. I.

——1911. On gametic coupling and repulsion in Primula sinensis. Proc. Roy. Soc., B. LXXXIV.

——1912. The chromosomes of a giant form of Primula sinensis. Proc. Cambridge Phil. Soc. XVI.

——1914. On the genetics of tetraploid plants in Primula sinensis. Proc. Roy. Soc., B. LXXXVII.

GUDERNATSCH, J. F. 1911. Hermaphroditismus verus in man. Am. Jour. Anat. XI.

GUYÉNOT, E., and PONSE, K. 1923. Inversion expérimentale du type sexuel dans la gonade du crapaud. C. R. Soc. Biol. V.

HALDANE, J. B. S. 1919. The combination of linkage values, and the calculation of distances between the loci of linked factors. Jour. Genet. VIII.

HANCE, R. T. 1918. Variations in the number of somatic chromosomes in Oenothera scintillans. Genetics. III.

——1924. The somatic chromosomes of the chick and their possible sex relations. Science. LIX.

HANNA, W. F. 1925. The problem of sex in Coprinus lagopus. Ann. Bot. XXXIX.

HARGREAVES, E. 1914. The life history and habits of the greenhouse white fly. Ann. App. Bot. I.

HARMAN, M. T. 1917. Another case of Gynandromorphism. Anat. Rec. XIII.

HARMS, W. 1921. Untersuchungen über das Biddersche Organ der männlichen und weiblichen Kröten. I. Die Morphologie des Bidderschen Organs. Zeit. f. d. ges. Anat. LXII.

——1921. Verwandlung des Bidderschen Organs in ein Ovarium beim Männchen von Bufo vulgaris. Zool. Anz. LIII.

——1923. Untersuchungen über das Biddersche Organ der männlichen und weiblichen Kröten. II. Die Physiologie des Bidderschen Organs und die experimentellphysiologische Umdifferenzierung vom Männchen in Weibchen. Zeit. f. d. ges. Anat. LXIX.

——1923. Die physiologische Geschlechtsumstimmung. Verh. d. Deutsch. Zool. Gesells. E. V. XXVIII.

——1923. Körper und Keimzellen. Berlin.

——1924. Weitere Mitteilungen über die physiologische Geschlechtsum-stimmung. Verh. d. Deutsch. Zool. Gesells. E. V. XXIX.

——1926. Beobachtungen über Geschlechtsumwandlung reifer Tiere und deren F_1—Generation. Zool. Anz. LXVII.

HARRIS, R. G. 1923. Occurrence, life-cycle, and maintenance, under artificial conditions, of Miastor. Psyche. XXX.

——1924. Sex of adult Cecidomyidae (Oligarces sp.) arising from larvae produced by Paedogenesis.

Ibid. XXXI.

HARRISON, J. W. H. 1919. Studies in the hybrid Bistoninae. III. The stimulus of heterozygosis. Jour. Genet. VIII.

——1919. Studies in the hybrid Bistoninae. IV. Concerning the sex and related problems. *Ibid.* IX.

HARRISON, J. W. H. , and BLACKBURN, K. 1921. The status of the British rose forms as determined by their cytological behavior. Ann. Bot. XXXV.

HARRISON, J. W. H. , and DONCASTER, L. 1914. On hybrids between moths of the geometrid sub-family Bistoninae, with an account of the behavior of the chromosomes in gametogenesis in Lycia (Biston) hirtaria, Ithysia(Nyssia) zonaria and in their hybrids. Jour. Genet. III.

HARTMAN, C. G. 1920. The free-martin and its reciprocal. Science. LII.

HARTMAN, C. G. , and HAMILTON, W. F. 1922. A case of true hermaphroditism in the fowl. Jour. Exp. Zoöl. XXXVI.

HARTMANN, M. 1923. Über sexuelle Differenzierung und relative Sexualität. Studia Mendeliana. Brünn.

——1925. Untersuchungen über relative Sexualität. I. Versuche an Ectocarpus silicuiosus. Biol. Zentralb. XLV.

HARVEY, E. B. 1916. A review of the chromosome numbers in the Metazoa. I. Jour. Morph. XXVII.

——1920. A review of the chromosome numbers in the Metazoa. II. *Ibid.* XXXIV.

HEILBORN, O. 1922. Die Chromosomenzahlen der Gattung Carex. Svensk. Bot. Tidskr. XVI.

——1924. Chromosome numbers and dimensions, species-formation and phylogeny in the genus Carex. Hereditas. V.

HENKING, H. 1892. Untersuchungen über die ersten Entwicklungsvorgänge in den Eiern der Insekten. Zeit. f. wiss. Zool. LIV.

HERIBERT-NILSSQN, N. 1912. Die Variabilität der Oenothera Lamarckiana und das Problem der Mutation. Zeit. Abst.-Vererb. VIII.

——1920. Zuwachsgeschwindigkeit der Pollenschläuche und gestörte Mendelzahlen bei Oenothera Lamarckiana. Hereditas. I.

——1920. Kritische Betrachtungen und faktorielle Erklärung der Laeta-Velutinaspaltung bei Oenothera. *Ibid.* I.

HERTWIG,G. 1911. Radiumbestrahlung unbefruchteter Froscheier und ihre Entwicklung nach Befruchtung mit normalem Samen. Arch. Mikr. Anat. LXXVII.

——1912. Das Schicksal des mit Radium bestrahlten Spermachromatins im Seeigelei. *Ibid.* LXXIX.

——1913. Parthenogenesis bei Wirbeltieren, hervorgerufen durch artfremden radiumbestrahlten Samen. *Ibid.* LXXXI.

HERTWIG, O. 1911. Die Radiumkrankheit tierischer Keimzellen. Bonn.

——1911. Mesothoriumversuche an tierischen Keimzellen, ein experimenteller Beweis für die Idioplasmanatur der Kernsubstanzen. Sitz.-ber. Akad. Wiss. Berlin. XL.

——1911. Die Radiumkrankheit tierischer Keimzellen. Ein Beitrag zur experimentellen Zeugungs-und Vererbungslehre. Arch. Mikr. Anat. LXXVII.

——1913. Versuche an Tritoneirern über die Einwirkung bestrahlter Samenfäden auf die tierische Entwicklung. *Ibid.* LXXXII.

HERTWIG, O. and G. 1923. Allgemeine Biologie. 6 and 7, Aufl. Jena.

HERTWIG, P. 1920. Haploide und diploide Parthenogenese. Biol. Centralb. XL.

HERTWIG, R. 1905. Über das Problem der sexuellen Differenzierung. Verhandl. Deutsch. Zool. Ges. XV.

——1906. Eireife und Befruchtung. O. Hertwig Handbuch d. Vergl. und Experim. Entwickelungslehre. I. Jena. 1909.

——1907. Weitere Untersuchungen über das sexualitätsproblem. III Verh. d. Deutsch. Zool. Gesells. XVII.

——1912. Über den derzeitigen Stand des Sexualitätsproblems nebst eigenen Untersuchungen. Biol. Centralb. XXXII.

——1921. Über den Einfluss der Überreife der Eier auf das Geschlechts-verhältnis bei Fröschen und Schmetterlingen. Sitzungsb. d. k. bayer Akad. Wiss. (Math, -phys. Kl.)XXII.

HINDLE, E. 1917. Notes on the biology of Pediculus humanus. Parasitology, IX.

HIRATA, K, 1924. Sex reversal in hemp. (Preliminary report.) Jour. Soc. Agri. and forestry, XVI.

HOVASSE, R. 1922. Contribution a l'étude des Chromosomes. Variation du nombre et régulation en parthénogenèse. Bull. Biologique de la France et de la Belgique. LVI.

HURST, C. C. 1925. Experiments in Genetics. Cambridge University Press.

HUXLEY, J. S. 1920. Note on an alternating preponderance of males and females in fish, and its possible significance. Jour. Genet. X.

HUXLEY, J. S., and CARR-SAUNDERS, A. M. 1924. Absence of prenatal effects of lens-antibodies in rabbits. Brit. Jour. Exp. Biol. I.

JANSSENS. F. A. 1905. Evolution des auxocytes mâles du Batrachoseps attenuatus. La Cellule. XXII.

——1909. La théorie de la chiasmatypie. Nouvelle interprétation des cinèses de maturation. *Ibid.* XXV.

JEFFREY, E. C. 1925. Polyploidy and the origin of species. Am. Nat. LIX.

JENNINGS, H. S. 1911. Pure lines in the study of genetics in lower organisms. Am. Nat. XLV.

——1918. Disproof of a certain type of theories of crossing over between chromosomes. *Ibid.* LII.

——1923. Crossing over and the theory that the genes are arranged in serial order. Proc. Nat. Acad. Sc. IX.

——1923. The numerical relations in the crossing over of the genes, with a critical examination of the theory that the genes are arranged in a linear series. Genetics. VIII.

JOHANNSEN, W. 1909. Elemente der exakten Erblichkeitslehre. Jena.

——1911. The genotype conception of heredity. Am. Nat. XLV.

JONES, D. F. 1917. Dominance of linked factors as a means of accounting for heterosis. Genetics. II.

JUNKER，H. 1923. Cytologische Untersuchungen an den Geschlechtsorganen der halbzwitterigen Steinfliege Perla marginata. Arch. Zellf. XVII.

JUST，G. 1925. Untersuchungen über Faktorenaustausch. Zeit. Abst.-Vererb. XXXVI.

KAHLE，W. 1908. Paedogenesis bei Cecidomyiden. Zoologica. Leipzig. LVIII.

KARPETSCHENKO，G. D. 1925. Karyologische Studien über die Gattung Trifolium L. Bull. Applied Bot. and Plant Breeding，XIV.

——1927. The production of polyploid gametes in hybrids. Hereditas，IX.

KIHARA，H. 1919. Über cytologische Studien bei einigen Getreidearten. I. II. Chromosomenzahlen und Verwandtschaftsverhältnisse unter Avena-Arten. Bot. Mag. Tokyo. XXXII. XXXIII.

——1921. Über cytologische Studien bei einigen Getreidearten. *Ibid*. XXXV.

——1924. Cytologische und genetische Studien bei wichtigen Getreidearten mit besonderen Rücksicht auf das Verhalten der Chromosomen und die Sterilität in den Bastarden. Memoirs Coll. Sc. Kyoto Imp. Univ.，Series B. I.

KIHARA，H.，and ONO，T. 1923. Cytological studies on Rumex L. I. Chromosomes of Rumex acetosa L. Bot. Mag. Tokyo，XXXVII.

——1923. Cytological studies on Rumex L. II. On the relation of chromosome number and sexes in Rumex acetosa L. *Ibid*. XXXVII.

——1925. The sex-chromosomes of Rumex acetosa. Zeit. Abst.-Vererb. XXXIX.

KNEIP，H. 1921. Über morphologische und physiologische Geschlechtsdifferenzierung. Verhandl. der Physikal-Med. Gesell. Würzburg. XLVI.

——1922. Über Geschlechtsbestimmung und Reduktionsteilung. *Ibid*. XLVII.

——1923. Über erbliche Änderungen von Geschlechtsfaktoren bei Pilzen. Zeit. Abst.-Vererb. XXXI.

KOJIMA，H. 1925. On the meiosis and the chromosome number in different races of Solanum Melongena L. Bot. Mag. Tokyo，XXXIX.

KORNHAUSER，S. I. 1919. The sexual characteristics of the membracid，Thelia bimaculata(Fabr.). Jour. Morph. XXXII.

KRAFKA，JR.，J. 1920. The effect of temperature upon facet number in the bar-eyed mutant of Drosophila. I. II. III. Jour. Gen. Physiol. II.

——1920. Environmental factors other than temperature affecting facet number in the bar-eyed mutant of Drosophila. *Ibid*. III.

KUSCHAKEWITSCH，S. 1910. Die Entwicklungsgeschichte der Keimdrüsen von Rana esculenta. Festschr. f. R. Hertwig. II.

KUWADA，Y. 1919. Die Chromosomenzahl von Zea Mays L. Jour. Coll. Sc. Tokyo Imp. Univ. XXXIX.

LANCEFIELD，D. E. 1922. Linkage relations of the sex-linked characters in Drosophila obscura. Genetics. VII.

LANCEFIELD，R. C.，and METZ. C. W. 1922. The sex-linked group of mutant characters in Drosophila willistoni. Am. Nat. LVI.

LANG, A. 1904. Über Vorversuche zu Untersuchungen über die Varietatenbildung von Helix hortensis Müller und Helix nemoralis L. Abdruck aus der Festschrift z. siebzigsten Geburtstage v. E. Haeckel. Jena.

——1908. Über die Bastarde von Helix hortensis Müller und Helix nemoralis. Jena.

——1911. Fortgesetzte Vererbungsstudien. I. Albinismus bei Bänderschnecken. Zeit. Abst. -Vererb. V.

——1912. Vererbungswissenschaftliche Miszellen. *Ibid*. VIII.

LILLIE, F. R. 1916. The theory of the free-martin. Science, n. s. XLIII.

——1917. The free-martin; a study of the action of sex-hormones in the foetal life of cattle. Jour. Exp. Zoöl. XXIII.

LIPSCHÜTZ, A. 1919. Die Pubertätsdrüse und ihre Wirkungen. Bern.

LITARDIÈRE, R. DE. 1925. Sur l'existence de figures didiploïdes dans le méristeme radiculaire du Cannabis sativa L. La Cellule. XXXV.

LITTLE, C. C. 1913. Experimental studies of the inheritance of color in mice. Carnegie Inst. Wash. No. 179.

——1914. Dominant and recessive spotting in mice. Am. Nat. XLVIII.

LITTLE, C. C., and BAGG, H. J. 1923. A brief description of abnormalities observed in the descendants of X-rayed mice. Anat. Rec. XXIV.

——1924. The occurrence of four inheritable morphological variations in mice and their possible relation to treatment with X-rays. Jour. Exp. Zoöl. XLI.

LJUNGDAHL, H. 1922. Zur Zytologie der Gattung Papaver. Svensk Bot. Tidskr. XVI.

——1924. Über die Herkunft der in der meiosis konjugierenden Chromosomen bei Papaver-Hybriden. Svensk Bot. Tidsk. , XVIII.

LOCK, R. H. 1906. Recent progress in the study of variation, heredity and evolution. London and New York.

LONGLEY, A. E. 1923. Cytological studies in the genera Rubus and Crataegus. Am. Nat. LVII.

——1924. Chromosomes in maize and maize relatives. Jour. Agri. Research. XXVIII.

——1925. Segregation of carbohydrates in maize-pollen. Science. LXI.

LONGLEY, A. E. , and DARROW, G. M. 1924. Cytological studies of diploid and polyploid forms in raspberries. Jour. Agri. Research. XXVII.

LOTSY, J. P. 1913. Hybrides entre espèces d'Antirrhinum. Repts. 4th Intern. Conf. Genet. Paris.

——1916. Evolution by means of hybridization. The Hague.

LUTZ, A. M. 1907. A preliminary note on the chromosomes of Oenothera Lamarckiana and one of its mutants, O. gigas. Science, XXVI. pp. 151-152.

——1912. Triploid mutants in Oenothera. Biol. Centralb. XXXII.

——1917. Fifteen- and sixteen-chromosome Oenothera mutants. Am. Jour. Bot. IV.

MAGNUSSON, H. 1918. Geschlechtslose Zwillinge. Eine gewöhnlich Form von Hermaphroditismus beim Rinde. Arch. f. Anat. u. Physiol. Anat. Abt.

MALLOCH, W. S. and F. W. 1924. Species crosses in Nicotiana, with particular reference to N. longiflora x N. Tabacum, N. longiflora x N. Sanderae, N. Tabacum x N. glauca. Genetics. IX.

MANN, M. C. 1923. The occurrence and hereditary behavior of two new dominant mutations in an inbred strain of Drosophila melanogaster. Genetics. VIII.

——1923. A demonstration of the stability of the genes of an inbred stock of Drosophila melanogaster under experimental conditions. Jour. Exp. Zoöl. XXXVIII.

——1925. Chromosome number and individuality in the genus Crepis. I. A comparative study of the chromosome number and dimensions of nineteen species. Univ. Calif. Pub. Agri. Sc. , II.

MARCHAL, ÉM. 1912. Recherches cytologiques sur le genre Amblystegium. Bull. de la Soc. roy. de Bot. de Belg. LI.

MARCHAL, ÉL. and ÉM. 1906. Recherches Expérimentales sur la Sexualité des Spores chez les Mousses dioïques. Mém. couronnés, par la Classe des sciences, dans la séance du 15 décembre 1905.

——1907, 1911, and 1919. Aposporie et sexualité chez les mousses. Bull. de l'Acad. roy. de Belg. (Classe de science). Nos. 7, 9-10, 1.

MARÉCHAL, J. 1907. Sur l'Ovogénèse des Sélaciens et de quelques autres Chordates. I. Morphologie de l'Element chromosomique dans l'Ovocyte I chez les Sélaciens, les Téléostéens, les Tuniciers et l'Amphioxus. La Cellule. XXIV.

MARSHALL, W. W. , and MULLER, H. J. 1917. The effect of long-continued heterozygosis on a variable character in Drosophila. Jour. Exp. Zoöl. XXII.

MAVOR, J. W. 1923. An effect of X-rays on crossing-over in Drosophila. Proc. Soc. Exp. Blol. and Med. XX.

——1923. An effect of X-rays on the linkage of Mendelian characters in the first chromosome of Drosophila. Genetics. VIII.

MAY, H. G. 1917. The appearance or reverse mutations in the bar-eyed race of Drosophila under experimental control. Proc. Nat. Acad. Sc. III.

——1917. Selection for higher and lower facet numbers in the bar-eyed race of Drosophila and the appearance of reverse mutations. Biol. Bull. XXXIII.

MCCLUNG, C. E. 1902. The accessory chromosome—sex determinant? Biol. Bull. III.

——1902. Notes on the accessory chromosome. Anat. Anz. XX.

——1905. The chromosome complex of orthopteran spermatocytes. Biol. Bull. IX.

——1914. A comparative study of the chromosomes in orthopteran spermatogenesis. Jour. Morph. XXV.

——1917. The multiple chromosomes of Hesperotettix and Mermiria. Ibid. XXIX.

MCPHEE, H. C. 1924. The influence of environment on sex in hemp, Cannabis sativa L. Jour. Agri. Research. XXVIII.

——1924. Meiotic cytokinesis of Cannabis. Bot. Gaz. LXXVIII.

MEHLING, E. 1915. Über die gynandromorphen Bienen des Eugsterschen Stockes. Verh. Phys.-

Med. Gesell. Würzburg. XLIII.

MENDEL, G. 1865. Versuche über Pflanzen-hybriden. Verh. Naturf. Ver. Brünn. IV.

METZ, C. W. 1914. Chromosome studies in the Diptera. I. Jour. Exp. Zoöl. XVII.

——1916. Mutations in three species of Drosophila. Genetics. I.

——1916. Chromosome studies on the Diptera. II. The paired association of chromosomes in the Diptera, and its significance. Jour. Exp. Zoöl. XXI.

——1916. Chromosome studies on the Diptera. III. Additional types of chromosome groups in the Drosophilidae. Am. Nat. L.

——1916. Linked Mendelian characters in a new species of Drosophila. Science n. s. XLIV.

——1918. The linkage of eight sex-linked characters in Drosophila virilis. Genetics. III.

——1920. Correspondence between chromosome number and linkage groups in Drosophila virilis. Science n. s. LI.

——1920. The arrangement of genes in Drosophila virilis. Proc. Nat. Acad. Sc. VI.

——1925. Chromosomes and sex in Sciara. Science. LXI.

METZ, C. W., and BRIDGES, C. B. 1917. Incompatibility of mutant races in Drosophila. Proc. Nat. Acad. Sci. III.

METZ, C. W., and MOSES, M. S. 1923. Chromosomes of Drosophila. Jour. Heredity. XIV.

METZ, C. W.; MOSES, M.; and MASON, E. 1923. Genetic studies on Drosophila virilis, with considerations on the genetics of other species of Drosophila. Carnegie Inst. Wash. No. 328.

MEURMAN, O. 1925. Über Chromosomenzahlen und Heterochromosomen bei diözischen Phanerogamen. Soc. Sci. Fenn. Comm. Biol. II,2.

——1925. The chromosome behavior of some dioecious plants and their relatives with special reference to the sex chromosomes. *Ibid.* II,3.

MEVES, FR. 1907. Die Spermatocytenteilungen bei der Honigbiene Apis mellifica (L.) nebst Bemerkungen über Chromatinreduktion. Arch. f. mikro. Anat. u. Entw.-mech. LXX.

MEYER, P. 1923. Crossing-over und Chromosomen. Ein Beitrag zur Frage des Faktorenaustauschmechanimus. Zeit. Abst.-Vererb. XXXII.

MINOURA, T. 1921. A study of testis and ovary grafts on the hen's egg and their effects on the embryo. Jour. Exp. Zoöl. XXXIII.

MOHR, O. L. 1919. Character changes caused by mutation of an entire region of a chromosome in Drosophila. Genetics. IV.

——1921. Den Morgan'ske skole og dens betydning for den moderne arvelighedsforskning. Nord. Jordbrugsforsk. Foren. Kongr. Kbenhavn.

——1922. Cases of mimic mutations and secondary mutations in the X-chromosome of Drosophila melanogaster. Zeit. Abst.-Vererb. XXVIII.

——1922. ö. Winge's paper on "The interaction between two closely linked lethals in Drosophila as the cause of the apparent constancy of the mutant 'spread.'" Genetica. IV.

——1923. A somatic mutation in the singed locus of the X-chromosome in Drosophila melanogaster.

Hereditas. IV.

——1923. Das Deficiency-Phänomen bei Drosophila melanogaster. Zeit. Abst.-Vererb. XXX.

——1923. A genetic and cytological analysis of a section deficiency involving four units of the X-chromosome in Drosophila melanogaster. *Ibid*. XXXII.

MOORE, C. R. 1919. On the physiological properties of the gonads as controllers of somatic and psychical characteristics. I. The rat. Jour. Exp. Zoöl. XXVIII.

——1925. Sex determination and sex differentiation in birds and mammals. Am. Nat. LIX.

DE MOL, W. E. 1921. De l'existence de variétés hétéroploïdes de l'Hyacinthus orientalis L. dans les cultures hollandaises. Inst. Bot. Universität Zürich Serie. II.

——1923. Duplication of generative nuclei by means of physiological stimuli and its significance. Genetica. V.

——1923. The disappearance of the diploid and triploid magnicoronate narcissi from the larger cultures and the appearance in their place of tetraploid forms. Proc. Koninklijke Akad. van Wetenschappen te Amsterdam. XXV.

MORGAN. L. V. 1922. Non-criss-cross inheritance in Drosophila melanogaster. Biol. Bull. XLII.

——1925. Polyploidy in Drosophila melanogaster with two attached X chromosomes. Genetics. X.

MORGAN, T. H. 1910. Sex-limited inheritance in Drosophila. Science n. s. XXXII.

——1910. The method of inheritance of two sex-limited characters in the same animal. Proc. Soc. Exp. Biol. and Med. VIII.

——1911. An attempt to analyze the constitution of the chromosomes on the basis of sex-limited inheritance in Drosophila. Jour. Exp. Zoöl. XI.

——1912. Further experiments with mutations in eye-color of Drosophila: the loss of the orange factor. Jour. Acad. Nat. Sci. Phila. XV.

——1912. Eight factors that show sex-linked inheritance in Drosophila. Science, n. s. XXXV.

——1912. Heredity of body color in Drosophila. Jour. Exp. Zoöl. XIII.

——1912. A modification of the sex-ratio, and of other ratios, in Drosophila through linkage. Zeits. Abst.-Vererb. VII.

——1912. The explanation of a new sex-ratio in Drosophila. Science n. s. XXXVI.

——1912. Complete linkage in the second chromosome of the male. *Ibid*. XXXVI.

——1912. The elimination of the sex-chromosomes from the male-producing eggs of Phylloxerans. Jour. Exp. Zoöl. XII.

——1914. The failure of ether to produce mutations in Drosophila. Amer. Nat. XLVIII.

——1914. No crossing over in the male of Drosophila of genes in the second and third pairs of chromosomes. Biol. Bull. XXVI.

——1914. Two sex-linked lethal factors in Drosophila and their influence on the sex-ratio. Jour. Exp. Zoöl. XVII.

——1914. Heredity and sex. New York.

——1915. The predetermination of sex in Phylloxerans and Aphids. Jour. Exp. Zoöl. XIX.

——1915. The infertility of rudimentary winged females of Drosophila ampelophila. Amer. Nat. XLIX.

——1915. The constitution of the hereditary material. Proc. Amer. Phil. Soc. LIV.

——1915. The rôle of the environment in the realization of a sex-linked Mendelian character in Drosophila. Amer. Nat. XLIX.

——1915. Localization of the hereditary material in the germ cells. Proc. Nat. Acad. Sc. I.

——1916. A critique of the theory of evolution. Princeton Press.

——1917. An examination of the so-called process of contamination of the genes. Anat. Rec. XI.

——1917. The theory of the gene. Amer. Nat. LI.

——1918. Concerning the mutation theory. Sc. Mo. V.

——1918. Changes in factors through selection. *Ibid*. V.

——1918. Evolution by mutation. *Ibid*. VI.

——1919. A demonstration of genes modifying the character "notch."Carnegie Inst. Wash. No. 218.

——1919. The physical basis of heredity. Philadelphia.

——1922. The mechanism of heredity. Nature CIX, Feb. 23, Mar. 2, Mar. 9.

——1922. On the mechanism of heredity. Croonian Lecture. Proc. Roy. Soc. , B. XCIV.

——1923. The modern theory of genetics and the problem of embryonic development. Physiol. Rev. III.

——1924. Are acquired characters inherited? Yale Review. XIII.

——1924. Human inheritance. Am. Nat. LVIII.

——1926. Recent results relating to chromosomes and genetics. Quart. Rev. Biol. I.

MORGAN, T. H. , and BRIDGES, C. B. 1913. Dilution effects and bicolorism in certain eye colors of Drosophila. Jour. Exp. Zoöl. XV.

——1916. Sex-linked inheritance in Drosophila. Carnegie Inst. Wash. No. 237.

——1919. The construction of chromosome maps. Proc. Soc. Exp. Biol. and Med. XVI.

——1919. The origin of gynandromorphs. Carnegie Inst. Wash. No. 278.

——1919. The inheritance of a fluctuating character. Jour. Gen. Physiol. I.

MORGAN, T. H. , BRIDGES, C. B. , and STURTEVANT, A. H. 1925. The genetics of Drosophila. Bibliogr. Genetica, II.

MORGAN, T. H. , and CATTELL, E. 1912. Data for the study of sex-linked inheritance in Drosophila. Jour. Exp. Zoöl. XIII.

——1913. Additional data for the study of sex-linked inheritance in Drosophila. *Ibid*. XIV.

MORGAN, T. H. , and LYNCH, C. J. 1912. The linkage of two factors in Drosophila that are not sex-linked. Biol. Bull. XXIII.

MORGAN, T. H. , and PLOUGH, H. H. 1915. The appearance of known mutations in other mutant stocks. Amer. Nat. XLIX.

MORGAN, T. H. ; STURTEVANT, A. H. ; and BRIDGES, C. B. 1920. The evidence for the linear order of the genes. Proc. Nat. Acad. Sc. VI.

MORGAN, T. H. ; STURTEVANT, A. H. ; MULLER, H. J. ; and BRIDGES, C. B. 1915. 2d ed.

1923. The mechanism of Mendelian heredity. New York.

MORRILL, A. W. 1903. Notes on some Aleurodes from Massachusetts, with descriptions of new species. Mass. Agr. Exp. Sta., Tech. Bull. I.

MORRILL, A. W., and BACK, E. A. 1911. White flies injurious to citrus in Florida. U. S. Dept. Agr., Bureau Ent., Bull. 92.

MOUNCE, I. 1921. Homothallism and the production of fruit-bodies by monosporous mycelia in the genus Coprinus. Trans. Brit. Mycolog. Soc., VII.

MULLER, H. J. 1914. A gene for the fourth chromosome of Drosophila. Jour. Exp. Zoöl. XVII.

——1916. The mechanism of crossing over. Amer. Nat. L.

——1917. An Oenothera-like case in Drosophila. Proc. Nat. Acad. Sc. III.

——1918. Genetic variability, twin hybrids and constant hybrids, in a case of balanced lethal factors. Genetics. III.

——1920. Are the factors of heredity arranged in a line? Amer. Nat. LIV.

NACHTSHEIM, H. 1912. Parthenogenese, Eireifung und Geschlechtsbestimmung bei der Honigbiene. Sitzungs d. Gesell. f. Morph. u. Phys. in München.

——1913. Cytologische Studien über die Geschlechtsbestimmung bei der Honigbiene (Apis mellifica L.). Arch. Zellf. XI.

——1914. Das Problem der Geschlechtsbestimmung bei Dinophilus. Berich. d. Naturf. Gesell. z. Freiburg i. Br. XXI.

——1920. Crossing-over-Theorie oder Reduplikationshypothess? Zeit. Abst.-Vererb. XXII.

——1921. Sind haploide Organismen (Metazoen) lebensfähig? Biol. Zentralb. XLI.

NAWASCHIN, M. 1925. Morphologische Kernstudien der Crepis-Arten in bezug auf die Artbildung. Zeit. f. Zellf. u. mikr. Anat. II.

NAWASCHIN, S. 1912. On the dimorphism of the nuclei in the somatic cells of Galtonia Candicana. Bull. Acad. Imper. Sc. Pétersbourg, XXII. (Russian.)

——1915. Hetero-and idiochromosomes of the plant's nucleus as the cause of the nuclear dimorphism of certain plant species, and the significance of nuclear dimorphism in the process of the origin of species. *Ibid*.

NĚMEC, B. 1910. Das Problem der Befruchtungsvorgänge und andere zytologische Fragen. Berlin.

NEWELL, W. 1915. Inheritance in the honey-bee, Science, XLI.

ORTMANN, A. E. 1905. Mem. Carnegie Mus. II.

OSAWA, I. 1913. Studies on the cytology of some species of Taraxacum. Arch. Zellf. X.

——1913. On the development of the pollen grain and embryo-sac of Daphne, with special reference to the sterility of Daphne odora. Jour. Coll. Agri. Tokyo. IV.

——1916. Triploid mutants in garden races of morus. Japanese. Bull. Imp. Sericult. Exp. Sta. Japan. I.

——1920. Cytological and experimental studies in morus, with special reference to triploid mutants. *Ibid*. I.

OSTENFELD, C. H. 1925. Some remarks on species and chromosomes. Am. Nat. LIX.

OVEREEM, C. VAN. 1921. Über Formen mit abweichender Chromosomenzahl bei Oenothera. Bot. Zentralb. XXXVIII.

——1922. Über Formen mit abweichender Chromosomenzahl bei Oenothera. *Ibid*. XXXIX.

PAINTER, T. S. 1922, 1923. Studies in mammalian spermatogenesis. I and II. Jour. Exp. Zoöl. XXXV and XXXVII.

PEACOCK, A. D. 1925. Animal parthenogenesis in relation to chromosomes and species. Am. Nat. LIX.

PEARL, R. 1917. The selection problem. Am. Nat. LI.

PEARL, R., and CURTIS, M. 1909. A case of incomplete hermaphroditism. Biol. Bull. XVII.

PEARL, R., and SURFACE, F. M. 1909. Is there a cumulative effect of selection? Data from the study of fecundity in the domestic fowl. Zeit. Abst.-Vererb. II.

PELLEW, C., and DURHAM, F. M. 1916. The genetic behavior of the hybrid Primula kewensis, and of its allies. Jour. Genet. V.

——1920. Weitere Untersuchungen über die Chromosomenverhältnisse in Crepis. Svensk Bot. Tidskr. XIV.

PERCIVAL, J. 1921. The wheat plant. London.

PFLÜGER, E. 1882. Über die geschlechtsbestimmenden Ursachen und die Geschlechtsverhältnisse der Frösche. Arch. f. Physiologie, XXIX.

——1883. Über den Einfluss der Schwerkraft auf die Theilung der Zellen. *Ibid*. XXXI. II. XXXII.

PHILIPPI, E. 1908. Fortpflanzungsgeschichte der viviparen Teleosteer Glaridichthys januarius, etc. Zool. Jahrb. XXVII.

PICK, L. 1914. Über den wahren Hermaphroditismus des Menschen und der Säugetiere. Arch. f. mikr. Anat. LXXXIV.

PICTET, A., et FERRERO, A. 1924. Ségrégation dans un croisement entre espèces de Cobayes (Cavia aperea par Cavia cobaya). Soc. d. phys. et d'his. nat. d. Genève. XLI.

PLOUGH, H. H. 1917. The effect of temperature on linkage in the second chromosome of Drosophila. Proc. Nat. Acad. Sc. III.

——1917. The effect of temperature on crossingover in Drosophila. Jour Exp. Zoöl. XXIV.

——1919. Linear arrangement of genes and double crossing over. Proc. Nat. Acad. Sc. V.

——1921. Further studies on the effect of temperature on crossing over. Jour. Exp. Zoöl. XXXII.

——1924. Radium radiations and crossing over. Amer. Nat. LVIII.

PONSE, K. 1924. L'organe de Bidder et le déterminisme des caractères sexuels secondaires du Crapaud (Bufo vulgaris L.). Rev. Suisse d. Zool. XXXI.

——1925. Ponte et développement d'oeufs provenant de l'organe de Bidder d'un Crapaud mâle féminisé. C. R. Soc. Biol. XCII.

PONSE. K., et GUYÉNOT, E. 1923. Inversion expérimentale du type sexuel dans la gonade du Crapaud. C. R. Soc. Biol. LXXXIX.

PRITCHARD, F. S. 1916. Change of sex in hemp. Jour. Heredity. VII.

PUNNETT, R. C. 1913. Reduplication in Sweet Peas. Jour. Genet. III.

——1917. Reduplication in Sweet Peas. II. *Ibid.* VI.

——1923. Linkage in the Sweet Pea (Lathyrus odoratus). *Ibid.* XIII.

——1924. Lathyrus odoratus. Bibliogr. Genetica, I.

——1927. Linkage groups and chromosome numbers in Lathyrus. Proc. Roy. Soc. London (B), C II.

RENNER, O. 1917. Versuche über die gametische Konstitution der Oenotheren. Zeit. Abst. -Vererb. XVIII.

——1918. Oenothera Lanarckiana und die Mutationstheorie. Die Naturwissenschaften. VI.

RIDDLE, O. 1916. Sex control and known correlations in pigeons. Am. Nat. L.

——1917. The control of the sex ratio. Jour. Wash. Acad. Sc. VII.

——1917. The theory of sex as stated in terms of results of studies on pigeons. Science, n. s. XLVI.

——1924. A. case of complete sex-reversal in the adult pigeon. Am. Nat. LVIII.

——1925. Birde without gonads: Their origin, behaviour, and bearing on the theory of the internal secretion of the testis. Brit. Jour. Exp. Biol. II.

ROSENBERG, O. 1909. Über die Chromosomenzahlen bei Taraxacum und Rosa. Svensk. Bot. Tidskr. III.

——1917. Die Reduktionsteilung und ihre Degeneration in Hieracium. *Ibid.* XI.

——1925. Chromosomes and species. Am. Nat. LIX.

——1927. Die semiheterotypische Teilung und ihre Bedeutung für die Entstehung verdoppelter Chromosomenzahlen. Hereditas, VIII.

SAFIR, S. R. 1920. Genetic and cytological examination of the phenomena of primary non-disjunction in Drosophila melanogaster. *Ibid.* V.

SAKAMURA, T. 1916. Über die Beeinflussung der Zell- und Kernteilung durch die Chloralisierung mit besonderer Rücksicht auf das Verhalten der Chromosomen. Bot. Mag. Tokyo. XXX.

——1918. Kurze Mitteilung über die Chromosomenzahlen und die Verwandtschaftsverhältnisse der Triticum Arten. *Ibid.* XXXII.

——1920. Experimentelle Studien über die Zell- und Kernteilung mit besonderer Rücksicht auf Form, grösse und Zahl der Chromosomen. Jour. Coll. Sci. Imp. Univ. Tokyo. XXXIX.

SANTOS, J. K. 1923. Differentiation among chromosomes in Elodea. Bot. Gaz. LXXV.

——1924. Determination of sex in Elodea, *Ibid.* LXXVII.

SAX, K. 1921. Sterility in wheat hybrids. I. Sterility relationships and endosperm development. Genetics. VI.

——1922. Sterility in wheat hybrids. II. Chromosome behavior in partially sterile hybrids. *Ibid.* VII.

SCHACKE, M. A. 1919. A chromosome difference between the sexes of Sphaerocarpus texanus. Science, n. s. XLIX.

SCHAFFNER, J. H. 1919. Complete reversal of sex in hemp. Science. L.

——1921. Influence of environment on sexual expression in hemp. Bot. Gaz. LXXI.

——1923. The influence of relative length of daylight on the reversal of sex in hemp. Ecology. IV.

——1925. Sex determination and sex differentiation in the higher plauts. Am. Nat. LIX.

SCHLEIP, W. 1911. Das Verhalten des Chromatins bei Angiostomum (Rhabdonema) nigrovenosum. Arch. Zellf. VII.

SCHMIDT, JOHS. 1920. The genetic behaviour of a secondary sexual character. IV. Compt. -rend. des Travaux d. Laboratoire Carlsberg, XIV.

SCHRADER, F. 1920. Sex determination in the white-fly (Trialeurodes vaporariorum). Jour. Morph. XXXIV.

——1923. Haploidie bei einer Spinnmilbe. Arch. mikr. Anat. XCVII.

——1926. Notes on the English and American races of the green-house white-fly(Trialeurodes vaporariorum). Ann. Appl. Biol. XIII.

——1928. Die Geschlechtschromosomen. Berlin.

SCHRADER, F., and HUGHES-SCHRADER, S. 1926. Haploidy in Icerya purchasi. Zeit. wiss. Zool. CXXVIII.

SCHREINER, A., and K. E. 1905. Über die Entwickelung der männlichen Geschlechtszellen von Myxine glutinosa (L.). Arch. de Biol. XXI.

SCHWEIZER, JAKOB. 1923. Polyploidie und Geschlechterverteilung bei Splachnum sphaericum (Linn. Fil.) Swartz. Flora. CXVI.

SEILER, J. 1913. Das Verhalten der Geschlechtschromosomen bei Lepidopteren. Zool. Anz. XLI.

——1917. Geschlechtschromosomen-Untersuchungen an Psychiden. Zeit. Abst. -Vererb. XVIII.

——1917. Zytologische Vererbungsstudien an Schmetterlingen. Sitzungs. Ges. naturf. Fr. Berlin. II.

——1919. Researches on the sex-chromosomes of Psychidae (Lepidoptera). Biol. Bull. XXXVI.

——1920. Geschlechtschromosomen-Untersuchungen an Psychiden. I. Experimentelle Beeinflussung der geschlechtsbestimmenden Reifeteilung bei Talaeporia tubulosa Retz. Arch. Zellf. XV.

——1921. Geschlechtschromosomen-Untersuchungen an Psychiden. II. Die Chromosomenzahlen von Fumea casta und Taiaeporia tubulosa. *Ibid*. XVI.

——1922. Geschlechtschromosomen-Untersuchungen an Psychiden. III. Chromosomenkoppelungen bei Solenobia pineti Z. *Ibid*. XVI.

——1923. Geschlechtschromosomen-Untersuchungen an Psychiden. IV. Die Parthenogenese der Psychiden. Zeit. Abst. -Vererb. XXXI.

SEILER, J., und HANIEL, C. B. 1922. Das verschiedene Verhalten der Chromosomen in Eireifung und Samenreifung von Lymantria monacha L. Zeit. Abst. -Vererb. XXVII.

SEREBROVSKY, A. S. 1922. Crossing-over involving three sex-linked genes in chickens. Am. Nat. LVI.

SEXTON, E. W., and HUXLEY, J. S. 1921. Intersexes in Gammarus cheureuxi and related forms. Jour. Marine Biol. Assn. United Kingdom. XII.

SHARP, L. W. 1921. An introduction to cytology. New York.

SHIMOTOMAI, N. 1925. A karyological study of Brassica I. Bot. Mag. Tokyo, XXXIX.

SHIWAGO, P. J. 1924. The chromosome complexes in the somatic cells of male and female of the domestic chicken. Science. LX.

SHULL, A. F. 1910. Studies in the life cycle of Hydatina senta. Jour. Exp. Zoöl. VIII.

——1915. Inheritance in Hydatina senta. II. Characters of the females and their parthenogenetic eggs. Jour. Exp. Zoöl. XVIII.

——1915. Periodicity in the production of males in Hydatina senta. Biol. Bull. XXVIII.

——1917. Sex determination in Anthothrips verbasci. Genetics. II.

——1921. Chromosomes and the life cycle of Hydatina senta. Biol. Bull. XLI.

——1925. Sex and the parthenogenetic-bisexual cycle. Am. Nat. LIX.

SHULL, A. F., and LADOFF, SONIA. 1916. Factors affecting male-production in Hydatina. Jour. Exp. Zoöl. XXI.

SHULL, G. H. 1909. The"presence and absence" hypothesis. Am. Nat. XLIII.

——1910. Inheritance of sex in Lychnis. Bot. Gaz. XLIX.

——1911. Reversible sex-mutants in Lychnis dioica. Ibid. LII.

——1912. Hermaphrodite females in Lychnis dioica. Science. XXXVI.

——1914. Duplicate genes for capsule-form in Bursa bursa-pastoris. Zeit. Abst. -Vererb. XII.

——1923. Further evidence of linkage with crossing over in Oenothera. Genetics. VIII.

——1923. Linkage with lethal factors in the solution of the Oenothera problem. Eugenics, Genetics and the Family. I.

SINNOTT, E. W., and BLAKESLEE, A. F. 1922. Structural changes associated with factor mutations and with chromosome mutations in Datura. Proc. Nat. Acad. Sc. VIII.

SINOTO, Y. 1924. On the chromosome behaviour and sex determination in Rumex acetosa L. Bot. Mag. Tokyo, XXXVIII.

SMITH, GEOFFREY. 1906. Fauna und Flora des Golfes von Neapel. Rhizocephala. Zool. Sta. Neapel. Monographie. XXIX.

——1909. Crustacea. Cam. Nat. Hist.

——1910—1912. Studies in the experimental analysis of sex. Parts 1-9. Quar. Jour. Micro. Sc. LIV, LV, LVI, LVII, LVIII.

——1913. Studies in the experimental analysis of sex. 10. The effect of Sacculina on the storage of fat and glycogen and on the formation of pigment by its host. Ibid. LIX.

SOROKINE, HELEN. 1924. The satellites in the somatic mitoses in Ranunculus acris L. Publ. de la fac. des sciences de l'univ. Prague Nr. 13.

SPEMANN, H. 1914. Über verzögerte Kernversorgung von Keimteilen. Verh. d. Dtsch. Zool. Ges. a. d. 24. Jahrevers., Freiburg i. Br.

SPENCER, H. 1864. The principles of biology.

STEINACH, E. 1913. Feminierung von Männchen und Maskulierung von Weibchen. Centralb. f. Phys. XXVII.

——1916. Pubertätsdrüsen und Zwitterbildung. Arch. f. d. Entw. d. Organ. XLII.

STEINER, G. 1923. Intersexes in Nematodes. Jour. Heredity. XIV.

STEVENS, N. M. 1905. Studies in spermatogenesis with especial reference to the accessory chromo-
some. Carnegie Inst. Wash. No. 36.

——1909. An unpaired chromosome in the aphids. Jour. Exp. Zoöl. VI.

——1911. Heterochromosomes in the guinea-pig. Biol. Bull. XXI.

STOCKARD. C. R. 1913. The effect on the offspring of intoxicating the male parent and the transmis-
sion of the defects to subsequent generations. Am. Nat. XLVII.

——1916. The hereditary transmission of degeneracy and deformities by the descendants of alcoholized
mammals. Interstate Med. Jour. XXIII.

——1923. Experimental modification of the germplasm and its bearing on the inheritance of acquired
characters. Am. Phil. Soc. LXII.

STOCKARD, C. R. , and PAPANICOLAOU, G. 1916. A further analysis of the hereditary transmis-
sion of degeneracy and deformities by the descendants of alcoholized mammals. II. Am. Nat. L.

——1918. Further studies on the modification of the germ-cells in mammals: The effect of alcohol on
treated guinea-pigs and their descendants. Jour. Exp. Zoöl. XXVI.

STOLL, N. R. , and SHULL, A. F. 1919. Sex determination in the white fly. Genetics, IV.

STOMPS, T. J. 1912. Die Entstehung von Oenothera gigas. Ber. Deutsch. Bot. Ges. XXX.

——1916. Über den Zusammenhang zwischen Statur und Chromosomenzahl bei den Oenotheren. Biol.
Centralbl. XXXVI.

STOUT. A. B. 1919. Intersexes in Plantago lanceolata. Bot. Gaz. LXVIII.

STRASBURGER, E. 1910. Über geschlechtbestimmende Ursachen. Jahr. f. wiss Bot. XLVIII.

STRONG, R. M. 1912. Results of hybridizing ring-doves, including sex-linked inheritance. Biol. Bull.
XXIII.

STURTEVANT. A. H. 1913. A third group of linked genes in Drosophila ampelophila. Science, n. s.
XXXVII.

——1913. The linear arrangement of six sex-linked factors in Drosophila, as shown by their mode of as-
sociation. Jour. Exp. Zoöl. XIV.

——1914. The reduplication hypothesis as applied to Drosophila. Amer. Nat. XLVIII.

——1915. The behavior of the chromosomes as studied through linkage. Zeit. Abst.-Vererb. XIII.

——1915. Experiments on sex recognition and the problem of sexual selection in Drosophila. Jour. An
Behav. V.

——1915. A sex-linked character in Drosophila repleta. Amer. Nat. XLIX.

——1916. Notes on North American Drosophilidae with descriptions of twenty-three new species. Ann.
Ent. Soc. Amer. IX.

——1917. Crossing over without chiasmatype? Genetics. II.

——1917. An analysis of the effect of selection on bristle number in a mutant race of Drosophila. Anat.
Rec. XI.

——1917. Genetic factors affecting the strength of linkage in Drosophila. Proc. Nat. Acad. Sc. III.

——1918. An analysis of the effects of selection. Carnegie Inst. Wash. No. 264.

——1918. A synopsis of the Neartic species of the genus Drosophila (Sensu lato). Bull. Amer. Mus. Nat. Hist. XXXVIII.

——1918. A parallel mutation in Drosophila funebris. Science, XLVIII.

——1919. Inherited linkage variations in the second chromosome. Carnegie Inst. Wash. No. 278.

——1920. Intersexes in Drosophila simulans. Science, n. s. LI.

——1920. The vermilion gene and gynandromorphism. Proc. Soc. Exp. Biol. and Med. XVII.

——1920. Genetic studies on Drosophila simulans. I. Introduction. Hybrids with D. melanogaster. Genetics. V.

——1921. Genetic studies on Drosophila simulans. II. Sex-linked group of genes. *Ibid*. VI. III. Autosomal genes. General discussion. *Ibid*. VI.

——1921. The North American species of Drosophila. Carnegie Inst. Wash. No. 301.

——1921. Linkage variation and chromosome maps. Proc. Nat. Acad. Sc. VII.

——1921. A case of rearrangement of genes in Drosophila. *Ibid*. VII.

——1925. The effect of unequal crossing-over at the bar locus in Drosophila. Genetics. X.

STURTEVANT, A. H.; BRIDGES, C. B.; and MORGAN, T. H. 1919. The spatial relations of genes. Proc. Nat. Acad. Sc. V.

STURTEVANT, A. H., and MORGAN, T. H. 1923. Reverse mutation of the bar gene correlated with crossing over. Science, n. s. LVII.

STURTEVANT, A. H., and SCHRADER, F. 1923. A note on the theory of sex determination. Amer. Nat. LXII.

SWINGLE, W. 1920. Neoteny and the sexual problem. Am. Nat. LIV.

——1922. Is there a transformation of sex in frogs? *Ibid*. LVI.

——1925. Sex differentiation in the bullfrog(Rana catesbeiana). *Ibid*. LIX.

TÄCKHOLM, G. 1920. On the cytology of the genus Rosa. Svensk. Bot. Tidskr. XIV.

——1922. Zytologische Studien über die Gattung Rosa. Acta Horti Bergiani. VII.

TAHARA, M. 1921. Cytologische Studien an einigen Kompositen. Jour. Coll. Sc. Tokyo Imp. Univ. XLIII.

TANAKA, Y. 1913. A study of Mendelian factors in the silkworm Bombyx mori. Jour. Coll. Agr. Tohoku Imp. Univ. (Sapporo, Japan). V.

——1913. Gametic coupling and repulsion in silkworms. *Ibid*. V.

——1914. Sexual dimorphism of gametic series in the reduplication. Trans. Sapporo Nat. Hist. Soc. V.

——1914. Further data on the reduplication in silkworms. Jour. Coll. Agr. Tohoku Imp. Univ. (Sapporo. Japan). VI.

——1915. Occurrence of different systems of gametic reduplication in male and female hybrids. Zeit. Abst. -Vererb. XIV.

——1916. Genetic studies on the silkworm. Jour. Coll. Agr. Tohoku Imp. Univ. VII.

——1922. Sex-linkage in the silkworm. Jour. Genet. XII.

——1924. Maternal inheritance in Bombyx mori. Genetics. IX.

TANDLER, J., and GROSZ, S. 1913. Die biologischen Grundlagen der sekundären Geschlechtscharaktere. Berlin.

TANDLER, J., and KELLER, K. 1910. Über den Einfluss der Kastration auf den Organismus. IV. Die Körperform der weiblichen Frühkastraten des Rindes. Arch. Entw.-Mech. XXXI.

——1911. Über das Verhalten des Chorions bei verschiedengeschlechtlicher Zwillingsgravidität des Rindes und über die Morphologie den Genitalien der weiblichen Tiere, welche einer solchen Gravidität entstammen. Deutsche tierärztliche Wochenschrift. No. 10.

TAUSON, A. 1924. Die Reifungsprozesse der parthenogenetischen Eier von Asplanchna intermedia Huds. Zeit. Zellf. mikr. Anat. I.

——1927. Die Spermatogenese bei Asplanchna intermedia Huds. *Ibid*. IV.

TAYLOR, W. R. 1920. A morphological and cytological study of reproduction in the genus Acer. Bot. Contrib. Univ. Pa. V.

TENNENT, D. H. 1911. A heterochromosome of male origin in Echinoids. Biol. Bull. XXI.

——1912. Studies in cytology. I and II. Jour. Exp. Zoöl. XII.

THOMSEN, M. 1925. Sex determination in Trialeurodes vaporariorum. Nature, CXVI, p. 428.

TISCHLER, G. 1916. Chromosomenzahl, -Form und -Individualität im Pflanzenreiche. Progressus rei bot. V.

TOURNOIS, J. 1911. Anomalies florales du houblon Japonais et du chanvre déterminées par des semis Hâtip. Compt. rend. l'Acad. Sc. Paris. CLIII.

TOYAMA, K. 1906. On the hybridology of the silkworms. Rep. Sericultural Assn. Japan.

——1906. Studies on the hybridology of insects. I. On some silkworm crosses, with special reference to Mendel's law of heredity. Bull. Coll. Agr. Tokyo Imp. Univ VII.

——1912. On certain characteristics of the silk-worm which are apparently non-Mendehan. Biol. Centralb. XXXII.

TROW, A. H. 1913. Forms of reduplication—primary and secondary. Jour. Genet. II.

——1916. A criticism of the hypothesis of linkage and crossing over. *Ibid*. V.

TSCHERMAK, E., und BLEIER, H. 1926. Über fruchtbare Aegllops-Weizen-bastarde. Ber. Deutsch. Bot. Ges. XLIV.

TURNER, C. L. 1924. Studies on the secondary sexual characters of crayfishes. I. Male secondary sexual characters in females of Cambarus propinquus. Biol. Bull. XLVI.

VANDENDRIES, R. 1923. Recherches sur le déterminisme sexuel des Basidiomycètes. Bruxelles.

——1923. Nouvelles recherches sur la sexualité des Basidiomycètes. Bull. Soc. Royale d. Bot. d. Belgique, XVI.

DE LA VAULX. 1919. L'intersexualité chez un crustacé cladocère Daphns atkinsoni. Baird. Compt. rend. Acad. d. Sc. CLXIX.

DE VRIES, H. 1901-1903. Die Mutationstheorie. Leipzig.

——1905. Species and varieties; their origin by mutation. Chicago.

——1907. Plant-breeding; comments on the experiments of Nilsson and Burbank. Chicago.

——1907. On twin hybrids. Bot. Gaz. XLIV.

——1908. Bastarde von Oenothera gigas. Ber. Deutsch. Bot. Gesell. XXVIa.

——1908. Über die Zwillingsbastarde von Oenothera nanella. *Ibid*. XXVI.

——1909. On triple hybrids. Bot. Gaz. XLVII.

——1910. Intracellular Pangenesis. Trans.

——1911. Über doppeltreziproke Bastarde von Oenothera biennis und O. muricata. Biol. Centralb. XXXI.

——1913. Gruppenweise Artbildung. Berlin.

——1914. The probable origin of Oenothera Lamarckiana Ser. Bot. Gaz. LVII.

——1915. Oenothera gigas nanella, a Mendelian mutant. *Ibid*. LX.

——1916. New dimorphic mutants of the Oenotheras. *Ibid*. LXII.

——1924. On physiological chromomeres. La Cellule. XXXV.

DE VRIES, H., and BOEDIJN, K. 1923. On the distribution of mutant characters among the chromosomes of Oenothera Lamarckiana. Genetics. VIII.

——1924. Double chromosomes of Oenothera Lamarckiana semigigas. Bot. Gaz. LXXVIII.

WALTON, A. C. 1924. Studies on nematode gametogenesis. Zeit. f. Zell. u. Geweb. I.

WEINSTEIN, A. 1918. Coincidence of crossing over in Drosophila melanogaster (ampelophila). Genetics. III.

——1920. Homologous genes and linear linkage in Drosophila virilis. Proc. Nat. Acad. Sc. VI.

——1922. Crossing over, non-disjunction, and mutation in Drosophila virilis. Sigma Xi Quar. X.

WEISMANN, A. 1883. Über Vererbung. Jena.

——1902. The germ plasm. Trans.

WENRICH, D. H. 1916. The spermatogenesis of Phrynotettix magnus with special reference to synapsis and the individuality of the chromosomes. Bull. Mus. Comp. Zoöl. Harv. Coll. LX.

WETTSTEIN, F. v. 1923. Kreuzungsversuche mit multiploiden Moosrassen. I. Biol. Zentralb. XLIII. 1924. II. *Ibid*. XLIV.

——1924. Gattungskreuzungen bei Moosen. Zeit. Abst. -Vererb. XXXIII.

——1924. Morphologie und Physiologie des Formwechsels der Moose aut genetischer Grundlage. I. *Ibid*. XXXIII.

WHITE, O. E. 1916. Inheritance studies in Pisum. I. Inheritance of cotyledon color. Am. Nat. L.

——1917. Studies of inberitance in Pisum. II. The present state of knowledge of heredity and variation in peas. Proc. Am. Phil. Soc. LVI.

——1918. Inheritance studies in Pisum. III. The inheritance of height in peas. Mem. Torrey Bot. Club. XVII.

——1917. Inheritance studies in Pisum. IV. Interrelation of the genetic factors of Pisum. Jour. Agri. Research. XI.

WHITING, ANNA R. 1925. The inheritance of sterility and of other defects induced by abnormal ferti-lization in the parasitic wasp, Hadrobracon juglandis(Ashmead). Genetics. X.

WHITING, P. W. 1918. Sex-determination and biology of a parasitic wasp, Hadrobracon brevicornis (Wesmael). Biol. Bull. XXXIV.

——1919. Genetic studies on the Mediterranean flour-moth, Ephestia Kühniella Zeller. Jour. Exp. Zoöl. XXVIII.

——1921. Studies on the parasitic wasp, Hadrobracon brevicornis (Wesmael). I. Genetics of an orange-eyed mutation and the production of mosaic males from fertilized eggs. Biol. Bull. XLI. II. A le-thal factor linked with orange. *Ibid*. XLI.

——1921. Rearing meal moths and parasitic wasps for experimental purposes. Jour. Heredity. XII.

——1921. Heredity in wasps. The study of heredity in a parthenogeneticinsect, the parasitic wasp, Hadrobracon. *Ibid*. XII.

——1924. A study of hereditary and environmental factors determining a variable character. Defective and freak venation in the parasitic wasp, Hadrobracon juglandis (Ash.). Studies in child welfare. Univ. Iowa. First Series. No. 73. III.

WHITNEY, D. D. 1909. Observations on the maturation stages of parthenogenetic and sexual eggs of Hydatina senta. Jour. Exp. Zoöl. VI.

——1914. The influence of food in controlling sex in Hydatina senta. *Ibid*. XVII.

——1916. The control of sex by food in five species of rotifers. *Ibid*. XX.

——1917. The relative influence of food and oxygen in controlling sex in rotifers. *Ibid*. XXIV.

——1917. The production of functional and rudimentary spermatozoa in rotifers. Biol. Bull. XXXIII.

——1918. Further studies on the production of functional and rudimentary spermatozoa in rotifers. *Ibid*. XXXIV.

——1924. The chromosome cycle in the rotifer Asplanchna intermedia. Anat. Rec. XXIX.

WIEMAN, H. L. 1917. The chromosomes of human spermatocytes. Am. Jour. Anat. XXI.

WILLIAMS. C. B. 1917. Some problems of sex ratios and parthenogenesis. Jour. Genet. VI.

WILLIER, B. H. 1921. Structures and homologies of free-martin gonads. Jour. Exp. Zoöl. XXXIII.

WILSON. E. B. 1899(revised 1928). The cell in development and inheritance. New York.

——1905-1910. Studies on chromosomes. I to VI. Jour. Exp. Zoöl. II, III, VI, IX.

——1910. The chromosomes in relation to the determination of sex. Sc. Progress. No. 16.

——1911. Studies on chromosomes. VII. Jour. Morph. XXII.

——1911. The sex chromosomes. Arch. f. Mikr. Anat. LXXVII.

——1912. Studies on chromosomes. VIII. Jour. Exp. Zoöl. XIII.

——1914. Croonian Lecture: The bearing of cytological research on heredity. Proc. Roy. Soc. , B. LXXXVIII.

WILSON, E. B. , and MORGAN, T. H. 1920. Chiasmatype and crossing over. Am. Nat. LIV.

WINGE. ö. 1914. The pollination and fertilization processes in Humulus lupulus L. and H. Japonicus. Seib. et Zucc. C. R. Trav. Labor. Carlsberg. XI.

——1917. The chromosomes. Their numbers and general importance. *Ibid*. XIII.

——1920. Verbreitung und Ursache der Parthenogenesis im Pflanzen- und Tierreiche. Jena.

——1921. On a partial sex-linked inheritance of eye-colour in man. C. R. Trav. Labor. Carlsberg. XIV.

——1922. A peculiar mode of inheritance and its cytological explanation. Jour. Genetics. XII. One-sided masculine and sex-linked inheritance in Lebistes reticulatus. *Ibid*. XII.

——1923. Crossing-over between the X-and the Y-chromosome in Lebistes. Jour. Genet. XIII.

——1923. On sex chromosomes, sex determination, and preponderance of females in some dioecious plants. Compt. rend. d. trav. d. Lab. d. Carisberg. XV.

——1924. Zytologische untersuchungen über Speltoide und andere mutantenähnliche aberranten beim Weizen. Hereditas. V.

——1927. The location of eighteen genes in Lebistes reticulatus. Jour. Genet. XVIII.

WINIWARTER, H. DE. 1921. La formule chromosomiale dans l'espèce humaine. Compt. rend. séances d. la Société d. Biol. LXXXV.

——1921. Chiasmatypie et reduction. *Ibid*. LXXXV.

WINKLER, H. 1907. Über Pfropfbastarde und pflanzliche Chimären. Ber. Deutsch. Bot. Ges. XXV.

——1908. Solanum tubingense, eim echter Pfropfbastard zwischen Tomate und Nachtschatten. *Ibid*. XXVIa.

——1910. Über die Nachkommenschaft der Solanum Pfropfbastarde und die Chromosomenzahlen ihrer Keimzellen. Zeit. f. Bot. II. Rev. in Zeit. Abst. -Vererb. III.

——1913-1914. Die Chimärenforschung als Methode der experimentellen Biologie. Verh. Phys. -Med. Gesell. Würzburg. XLII.

——1916. Über die experimentelle Erzeugung von Pflanzen mit abweichenden Chromosomenzahlen. Zeit. f. Bot. VIII.

WITSCHI, E. 1921. Der Hermaphroditismus der Frösche und seine Bedeutung für das Geschlechtsproblem und die Lehre von der inneren Sekretion der Keimdrüsen. Arch. Entw. -Mech. XLIX.

——1921. Development of gonads and transformation of sex in the frog. Am. Nat. LV.

——1922. Experimente mit Froschzwittern. Verhandl. Deutsch. Gesell. f. Vererb. Wien.

——1922. Vererbung und Zytologie des Geschlechts nach Untersuchungen an Fröschen. Zeit. Abst. -Vererb. XXIX.

——1923. Über die genetische Konstitution der Froschzwitter. Biol. Zentralb. XLIII.

——1923. Über bestimmt gerichtete Variation von Erbfaktoren. Studia Mendeliana. Brünn.

——1923. Ergebnisse der neuren Arbeiten über die Geschlechtsprobleme bei Amphibien. Zeit. Abst. -Vererb. XXXI.

——1923. Über geographische Variation und Artbildung. Rev. Suisse d. Zool. XXX.

——1924. Die Entwicklung der Keimzellen der Rana temporaria L. I. Urkeimzellen und Spermatogenese. Zeit. f. Zelle. und Geweb. I.

——1924. Die Beweise für die Umwandlung weiblicher Jungfrösche in männliche nach uteriner Überreife der Eier. Arch. f. Mikro. Anat. u. Entw.-mech. CII.

——1928. Effect of high temperature on the gonads of frog larvae. Proc. Soc. Exp. Biol. and Medicine. XXV.

WODSEDALEK, J. E. 1913, 1914, 1920. (a) Spermatogenesis in the pig, etc. (b) Spermatogenesis of the horse, etc. (c) Studies on the cells of cattle with special reference to the accessory chromosome and chromotoid body. Biol. Bull. XXV, XXVI, XXXVIII.

WOLTERECK, R. 1911. Über Veränderung der Sexualität bei Daphniden. Leipzig.

YAMPOLSKY, C. 1919. Inheritance of sex in Mercurialis annua. Am. Jour. Bot. VI.

YATSU, N. 1921. On the changes in the reproductive organs in heterosexual parabiosis of albino rats. Anat. Rec. XXI.

ZAWADOWSKY, M. 1923. Die Entwicklungsmechanik des Geschlechts. (Russian, with German summary.) Moscow.

ZELENY, C. 1917. Full-eye and emarginate-eye from bar-eye in Drosophila without change in the bar gene. Abst. 15th Ann. Meet., Am. Soc. Zoöl.

——1917. Selection for high-facet and for low-facet number in the bar-eyed race of Drosophila. *Ibid*.

——1920. A change in the bar gene of Drosophila melanogaster involving further decrease in facet number and increase in dominance. Jour. Exp. Zoöl. XXX.

ZELENY, C., and MATTOON, E. W. 1915. The effect of selection upon the "bar-eye" mutant of Drosophila. *Ibid*. XIX.

DE ZULUETA, A. 1925. La herencia ligada al sexo en el coleóptero Phytodecta variabilis(Ol.)"Eos"I.

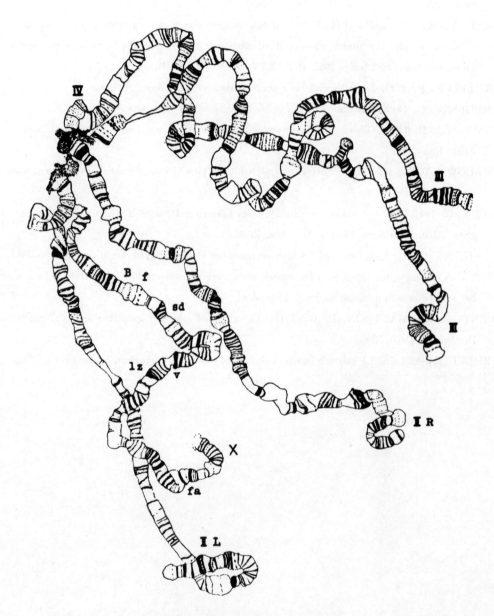

果蝇幼虫唾液腺细胞中的巨大染色体

附　录

· *Appendix* ·

1933 年,摩尔根被授予诺贝尔生理学或医学奖。除此以外,他还获得了其他许多科学荣誉,其中包括伦敦皇家学会授予的达尔文奖章(1924 年)和开普勒奖章(1939 年)。摩尔根在染色体遗传理论方面取得了重大成果,促使遗传学很快有了飞跃的发展,并为现代的新兴科学——基因工程奠定了基础。

Privatizing the Human Genome

Principals behind joint-venture proposal and public effort seek to define relationships

BY PAUL SMAGLIK

A private effort to sequence the human genome four years ahead of the Human Genome Project's 2005 goal could either compete directly with the federal project or meld seamlessly with it. Before any relationship between the...

J. Craig Venter, president and director of The Institute for Genomic Research (TIGR) in Rockville, Md., would be embodied by a new company formed to sequence the entire human genome by 2001, and at an estimated cost of $150 million to $300 million. Faster, more automated sequencing machines recently unveiled by Perkin-Elmer, and a different sequencing strategy espoused by Venter make that target feasible. The federally sponsored Human Genome Project, which has a total estimated cost of $3 billion, is on schedule to sequence the approximately 3 billion bases of DNA that make up the genome by 2005.

...director of the National Research Institute, cautions...

tain each gene's function. Also, the federal project's larger budget has paid for much of the research—including gene mapping—that the private venture will use as its foundation. Collins told *The Scientist* that only about $100 million has been spent on human genome sequencing thus far. He and others are unsure whether the private product will be better—only that it will be different, since the public and private efforts will use different sequencing strategies.

That difference extends to the question of whether the public and private sequences will be compatible. Venter says that they will indeed be compatible. What they will have in common, Collins says, may be the sequencing of *Drosophila*, which the venture intends to...

The Scientist
June 8, 1998

complete as a test. Even the success...

Human Or Chimp 50 Genes Are the Ke[y]

By NICHOLAS WADE

Theologians may ponder the difference between God and the creatures... but biologists...other question:...in other animals...or active discussion...an answer of po... decision.

...identify the genes...ans by sequence...DNA, of the ch...ring it with the...

...anzees are so clos...s, those genes th... people than in chi... all that is needed...mode great ape into...

The New York Times
October 20

Cloned mice hold promise for medical research

ROBERT S. BOYD WASHINGTON BUREAU

WASHING...

Dolly the clone is no longer alone. An international team of scientists announced Wednesday they have cloned three generations of genetically identical from adult mouse cells, surpassing the scientific achievement first accomplished with a sheep two years ago.

The more than 50 carbon-copy mice born at the University of Hawaii in Honolulu — including clones of clones of... research animal and human concept... scientists said.

...used to help preserve... panthers or pandas...

British journal Nat...

A series of reports in...

St. Paul Pioneer Press
July 23, 1998

Flies Invade Human Genetics

BY RICKI LEWIS

Recent issues of *The American Journal of Human Genetics* have featured a newcomer: *Drosophila melanogaster*. The fruit fly is a frequent star of a series of review articles called "Insights From Model Systems." The insect's appearance in a human genetics journal is a telling sign that this model among model organisms, long used to decipher general principles of inheritance, has a new status in helping human genome informatics.

Researchers of the p... that alter flies in noticeable ways: eye col... wing shape, or mixed-up parts... people... take a mo...

sequencin...

plex organism. Such discoveries increasingly point the way to identifying related functions in humans. And the sequence similarities, called homologies, between many fly and human genes are "stunning and striking," says **Thomas C. Kaufman**, professor of biology at Indiana University in Bloomington. "Whole pathways in flies are maintained in humans, using the same molecules. Who would have thought 20 years ago that that would be the... then, we were just working on fruit flies," he add...

The Scientist
June 22, 1998

In the Hunt for Useful Genes, a Lot Depends on 'Snips'

BY NICHOLAS WADE

A NEW word is edging into the study of human genetics: the snip.

Snips, variations in the DNA that make each individual unique, are the genetic determinants of health and disease. Because the chemical chain that embodies the genetic instructions, snips are at last becoming widely accessible.

Snips promise to yield two troves of information, one past and one present.

They will help population geneticists reconstruct the size and timing of the early human migrations that peopled the globe. And they should enable medical geneticists to trace elusive links between genes and disease, particularly the common diseases... contribute. With the...

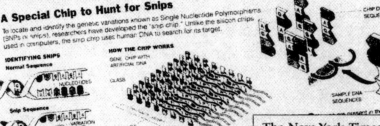

A Special Chip to Hunt for Snips

To locate and identify the genetic variations known as Single Nucleotide Polymorphisms (SNPs or 'snips'), researchers have developed the "snip chip." Unlike the silicon chips used in computers, the snip chip uses human DNA to search for its target.

IDENTIFYING SNIPS
Normal Sequence

NUCLEOTIDES

Snip Sequence

VARIATION

Snips are areas on the human genome where variations in the nucleotide pairs that compose...

HOW THE CHIP WORKS
GENE, CHIP WITH ARTIFICIAL DNA

GLASS

.95 INCHES

CHIP DNA SEQUENCES

SAMPLE DNA SEQUENCES

1 The chip is composed of multiple strands of DNA...

2 Single str... samples... man tissue and containing... the bonded sequences are...

The New York Times
August 11, 1998

...that is exploring medical reasons.

...welcoming pursuit of...foresee certain ha... company it, like th...eer more human hu...ced versions of the...ies, as well as the...erent in trying to... genes by inserting...

...have an ancestry...earliest animals...mon with other... distant from hu...or roundworm...A sequence is... their human...

One Man's Race to Map Genetic Co[de]

High-Stakes Md. Scientist Has Long History of Ignoring Naysa[yers]

By JUSTIN GILLIS
Washington Post Staff Writer

When a Rockville scientist named J. Craig Venter announced a few months ago that he would decode the entire sequence of genetic instructions that make up a human being—and do it in three years—some in the scientific world scoffed.

The federal government was already embarked on such a project, they pointed out, employing thousands of scientists and technicians around the world and spending billions of dollars on a grand endeavor called the Human Genome Project. Even so, it wasn't supposed to be finished until 2005.

And here was Venter, head of a lone laboratory off Interstate 270, maintaining that with a mere $250 million—all of it private—he could beat the government and harness the power of human genes.

The business of biotechnology is moving along at a breathtaking pace, but even so, Venter's audacity was surprising. His announcement turned the race to decode human genes into a... quickly, and under...tists will develop...

picture of the instructions that... the growth and functioning of the body. Such a map is universally agreed to be a Holy Grail of modern science, the 21st century advances that could bring many common diseases into ba... ...es.

Less than four months after announcement, he seems to be pu... venture together at a brisk clip. ...sites along the I-270 corridor, c... ...ation have begun on... ...e Venter's new co...

The Washington Post
August 22, 1998

A6. Col. 1

. Craig Venter with his standard poodle, Shadow.

授　奖　辞

瑞典皇家卡洛林学院　亨斯切恩教授
1933 年 12 月 10 日

陛下，殿下，尊敬的听众：

自从有了人类，人们就注意到孩子与父母的相像、兄弟姊妹之间的像与不像以及某些家族和人种具有自己的特征。人们早就力图对这些现象作出解释，于是产生出了那种早期的遗传学说，它主要是以猜测为基础。直到当代，猜测仍然是遗传理论的特征。只要没有对遗传问题进行科学分析，受精机制就仍然是一个解不开的谜。

古希腊的医学和科学对遗传问题有很大兴趣。从医学之父希波克拉底那里，你可以发现一种遗传学说，从这种学说也许可以追溯到远古的思想。他认为，遗传性状应当是以这样或那样的方式，从父母身体的不同器官传递给下一代个体。其他古希腊科学家也有与之类似的性状从双亲向子代传递的思想，而在古代最伟大的生物学家亚里士多德那里，你可以发现一种经过修正了的理论。

后来这种所谓的传递学说占了统治地位。唯一曾经向它挑战的遗传理论是所谓的先成论，这种学术思想可以追溯到基督教之父奥古斯丁（Augustine）。先成论认为，在创造第一个女人的时候，后来的所有的人也都已经在我们人类的第一个母亲体内形成了。先成论的修正形式，主导了 18 世纪的生物学。但是，传递学说也依然流传下来了，它的最后一个伟大的支持者是达尔文。他似乎也是把遗传理解为一种传递，父母个体的特征从其身体的各种器官经过某种浓缩之后传递给了下一代。

然而，这一深深植根于过去的生物学中、并且以后还可能被广泛接受的概念却是根本错误的，我们当代的遗传研究肯定能对此作出证明。

现代遗传学研究是新近才开始的，还不到 70 年时间。这一研究的奠基者是奥地利僧侣、布隆修道院的牧师孟德尔。他于 1866 年发表了他做的植物杂交实验结果，这些实验是整个遗传学研究的基础。同年，在肯塔基州，有一个人降生了，他后来成为孟德尔的继承人，一个被称为高级孟德尔主义（higher Mendelism）的遗传学派的奠基者，他就是今年诺贝尔生理学或医学奖的获得者托马斯·亨特·摩尔根。

孟德尔的实验结果具有革命性的重要意义。事实上这些结果推翻了所有的旧遗传理论，尽管它在当时没有得到承认。孟德尔的发现常常被表述为两条定律，更恰当地说

◀ 有关遗传学的新闻报道。

是两条遗传法则。第一条定律是分离定律,意思是说,决定某一特定性状的(比如说是决定大小的)两个遗传成分或遗传因子(基因),如果在这一代中是结合在一起的,在下一代中它们将会互相分离。例如,如果一个纯粹的高品种与一个纯粹的矮品种杂交,下一代的个体将都是中等高低的(或者都是高的,如果那个高因子是显性因子的话)。可是,在以后各代中将会发生分离现象,又重新按一定数量比出现高度不同的个体,四个个体中有一个高的,两个中等的和一个矮的。

孟德尔第二定律是自由组合定律,意思是说,在产生新一代的时候,不同遗传因子可以互相独立地自由组成新的组合。例如,一种高的、开红花的植物和一种矮的、开白花的植物杂交,红花因子和白花因子可以独立地遗传,与高因子和矮因子无关。因此,第二代中除了有高的、开红花的和矮的、开白花的植物以外,还有高的、开白花的和矮的、开红花的植物。

孟德尔的伟大功绩在于他精确记述了特定的性状并且连续追踪考察了它们从一代到又一代的表现。通过这种研究方式,他发现了相对比较简单且一再出现的数量比,这些比例给了我们理解遗传过程的钥匙。我们这个世纪的实验遗传学已经证明,孟德尔定律广泛适用于所有多细胞生物,适用于苔藓和显花植物,适用于昆虫、软体动物、甲壳动物以及两栖类、爬行类、鸟类和哺乳类。

像所有领先于时代的伟大发现一样,孟德尔定律也遭到不幸的命运。它被人忽视了,人们未能理解它的重要意义,在其提出者孟德尔于 1884 年去世之后再也无人提起。达尔文显然对这位伟大的同时代人一无所知,否则就可以在自己的研究工作中应用他的成果了。直到 1900 年左右,孟德尔定律才又重新被发现。

到了 1900 年的时候,对孟德尔定律的正确性及其适用范围的认识与它们第一次发表时已经大不相同了。基本的生物学态度已经改变,首先是对细胞和细胞核的认识已有长足的进步。赫特维希(Hertwig)在 1875 年发现了受精机制,魏斯曼(Weismann)在 18 世纪 80 年代断言性细胞的细胞核是遗传性状的载体。而在 1873 年,施奈德(Schneider)已经发现了间接分裂(即有丝分裂)和染色体——间接分裂时出现的一种丝状的、容易染上颜色的、令人感到非常奇妙的结构。但是,仅仅过了几十年,染色体在细胞分裂的不同阶段和受精过程中发生的分裂、移动和融合,这些很显眼的变化的意义就被搞清楚了。

当孟德尔的发现重新披露于世时,它的重要意义终于很快得到承认。在孟德尔定律背后必定有一种比较简单的细胞机制,使得遗传因子在新个体产生时能够准确地分配。这一机制是根据受精前与受精后性细胞中染色体的数量比而发现的。1903 年,萨顿(Sutton)第一次提出染色体是真正的遗传物质载体,1904 年博维里(Boveri)也表达了同样的观点,这种观点得到细胞学研究者的热情支持。正是通过染色体传递性状,生命机体才具有了人们思想上一直认为应该有的那种统一性和连续性。比起达尔文假设的(各器官)共同负责遗传,染色体遗传更真实,更可以证明。

本世纪头 10 年中染色体理论的进一步发展,在这里我们可以略去不谈。不过,当美国动物学家托马斯·亨特·摩尔根在 1910 年开始他的遗传学研究时,这方面的基础已经打好了。摩尔根的研究工作使他很快得出了重大发现,阐明了染色体作为遗传性状携带者的功能,这一重大发现使他获得了 1933 年的诺贝尔奖。

从以下事实特别可以看出摩尔根的伟大之处和他能取得惊人成功的原因：一开始他就知道，应当把遗传学研究中的两种重要方法——孟德尔采用的统计遗传学方法和显微观察方法——有机结合起来，而且他一直致力于回答这样一个问题：显微镜下看到的染色体发生的那一种过程怎样导致了杂交时出现的那些现象。

摩尔根取得成功的另一个原因无疑是他非常明智地选择了实验对象。从一开始摩尔根就选择了一种称为果蝇的昆虫，它是我们目前知道的最好的遗传学实验对象。这种动物在实验室中很容易饲养，而且能很好地接受那些需要进行的实验。它们整年不停地繁殖，每 12 天就能产生出新的一代，即一年至少可以繁殖 30 代。雌蝇每次大约可产卵 1 000 个，雌蝇与雄蝇有明显差别，而且果蝇的染色体只有四对。这个幸运的选择使得摩尔根有可能超过那些比他更早开始但却选择了植物或其他不太合适的动物作为研究对象的杰出科学家。

最后，摩尔根具有很少人能具有的那种强大的凝聚力，在他周围聚集了一群出色的学生和合作者，他们积极地按照他的思想去做。摩尔根的理论能够发展得如此之快，很大程度上得益于此。他的助手斯特蒂文特、缪勒、布里奇斯以及其他许多人光荣地站在他的旁边，他的成功当中有很大份额属于他的助手们。我们可以非常公正地谈论摩尔根学派，但是很难区分哪些工作属于摩尔根，哪些工作属于他的助手。不过，任何人都不怀疑摩尔根是一个出色的领导者。

像孟德尔学说可以总结为两条孟德尔定律一样，摩尔根学说起码在一定程度上也可以用几条法则或定律来表述。摩尔根学派经常谈论四条定律：连锁定律、连锁群数目有限定律、交换定律、基因在染色体上直线排列定律。这些定律从一个非常重要的方面进一步完善了孟德尔学说，它们不可分割地联系在一起，组成一个生物学整体。

按照摩尔根的连锁定律，遗传性状程度不等地互相紧密结合在一起。而孟德尔第二定律认为，在组成新的遗传物质时，基因可以自由重组。摩尔根的连锁定律在很大程度上对孟德尔第二定律做了限制。这种限制是由于连锁群数目造成的，因为连锁群的数目是和染色体的数目相对应的。连锁定律又受到另一个奇怪现象的限制，那就是摩尔根所说的交换定律或基因重组现象。摩尔根把这种交换想象为染色体之间发生了部分交换。这个交换定律曾遭到很多人的反对，然而在最近几年，显微镜下的观察有力地证实了交换定律。同样，染色体上遗传性状直线排列这一定律起初也被认为是异想天开的猜测，摩尔根发表的所谓染色体遗传学图也受到怀疑。在这种染色体遗传学图上，各种遗传因子的排列就像把珠子用线串起来了一样。实际上这是摩尔根从分析果蝇各种性状的交换情况得到的结论，并不是出于对染色体的直接检测。对染色体进行直接检测，这一般来说目前是做不到的。但是，摩尔根的这一观点在以后的研究中也被证明是正确的。到了今天，其他遗传学家也承认，遗传因子在染色体上直线排列的理论并不是想象的结果，而是客观实际的反映。

摩尔根学派得出的成果是惊人的，甚至是叫人难以相信的。这些研究成果极为重大，它使得其他大多数生物学发现都黯然失色。十几年以前谁能梦想到科学可以这样洞察遗传问题，找出隐藏在动植物杂交结果背后的机制；谁能想象我们可以在小到必须用纳米为单位度量的染色体上给数百个基因定位，这些基因我们必须想象为与无限小的微粒元素相对应。所有这些定位,摩尔根都是由统计方法得出来的! 一位德国科学家很恰当地把摩尔根的这种研究方法与天文学上测算天体的方法相比拟:天文学家可以计算出尚未发现的天体,然后再用望远镜发现它。但是这位科学家又加了一句,他认为摩尔根的预言远远超过了对未知天体的计算,因为它包含了某种新的原理,某种以前还从未发现的原理。

摩尔根的研究工作主要是以果蝇家族为研究对象,他的发现获得诺贝尔生理学或医学奖也许令人感到奇怪,因为这项奖金是规定要授予那些"为人类作出最重大的贡献"和"在生理学或医学领域有重要发现的"的人。授予摩尔根此项奖的首要理由,是后来的以高等或低等植物和动物为研究对象的许多其他遗传学实验已经提供了证据,证明摩尔根的那些定律原则上可以适用于所有多细胞生物。

此外,比较生物学研究早已证明,人和其他生物之间有着广泛的功能上的一致性。因此我们可以认为,作为细胞的一种基本功能,遗传性状传递的方式当然也是相似的,也就是说,对于人类和其他生物,大自然是以同一种机制使它们的种族得以延续下去,孟德尔和摩尔根提出的法则因此也适用于人类。

摩尔根的研究成果在人类遗传学上已经得到了很多应用。如果没有摩尔根的研究成果,现代的人类遗传学和优生学都是不可能的——也许优生学仍然基本上是未来努力的目标。孟德尔和摩尔根的发现绝对是研究和了解人类遗传性疾病的基础和关键。如果考虑到当前医学研究的倾向和保健研究占主导地位的状况,研究内在的、可遗传的因素对于健康和疾病的作用就显得更重要了。因而,无论是对于疾病的总的了解,还是对于预防医学、对于疾病的治疗,遗传学研究都可发挥出更大的作用。

斯台恩哈德先生:令卡洛林里学院非常遗憾的是,摩尔根教授今天未能出席,我请求您以美国政府的代表的身份接受给予摩尔根教授的诺贝尔奖奖金。我还想请求您,在您把奖金转交给他的时候,向他转达我们卡洛林学院对他的诚挚的祝贺。

遗传学与生理学和医学的关系

（获奖演说）

托马斯·亨特·摩尔根

1934 年 6 月 4 日

对遗传的研究，现在我们称之为遗传学，在本世纪有突飞猛进的发展，无论是在理论上还是在实践上都是如此。在一个简短的报告里，即使想概要地回顾它的所有成就也是不可能的，我最多只能提出少数几个突出的主题加以讨论。

我所在的研究小组 20 年来主要在研究遗传的染色体机制，因此我将首先简要地讨论遗传事实与基因理论之间的关系，然后我准备讨论一个与基因理论有关的生理学问题，最后，我将就遗传学在医学中的应用说几句话。

现代遗传学理论始于本世纪之初，它是随着被埋没长达 35 年的孟德尔论文的再现而开始的。德弗里斯在荷兰得出的实验数据以及柯伦斯在德国、丘歇马克在奥地利得出的实验数据都表明，孟德尔定律不仅适用于豌豆，而且也适用于其他植物。一两年之后，贝特森和庞尼特在英国的工作以及丘恩特在法国的工作又表明，这些定律也适用于动物。

1902 年，在威尔逊实验室工作的年轻学生萨顿又清楚而完整地指出：根据生殖细胞成熟分裂阶段的染色体的行为，可以解释孟德尔学说中假定的遗传因子的分离机制。

发现了一种对孟德尔第一和第二定律都可以很好地作出解释的机制，对于遗传学的发展、尤其是对于其他遗传学定律的发现有极其深远的意义。首先，因为发现了一种可以观察、可以跟踪的机制，那么，对孟德尔学说的任何发展也必须与已经发现的这种机制一致。另一重要意义在于：长期以来人们就知道存在着许多与孟德尔定律明显不一致的例外，在不了解孟德尔定律机制的时候，使得人们对之作出了一些纯属虚构的修正，甚至否定它的普适性。现在我们已经知道，这些例外中有一些是由于新近发现的染色体机制自身的特性，这些特性是可以证实的；另一些例外则是由于已经发现了的染色体机制的异常情况。

孟德尔假定遗传因子在生殖细胞中发生分离，使得每一个成熟的生殖细胞中只含有每一对遗传因子中的一个，但是他对花粉和卵细胞的成熟过程所知甚少，因而不能为他这个基本的假设提供根据。他是通过一个判决性实验，肯定了这个假设的正确性。他的分析是一个非常成功的逻辑推理,他通过找到一个科学实验程序证实了他的推理。

事实上,在孟德尔那个时代不可能对发生在生殖细胞中的遗传因子的分离过程给出客观的证明。自孟德尔1865年发表他的论文,到1900年,花费了35年时间,才有条件作出这种证明。欧洲的几位遗传学家,对发现生殖细胞成熟过程中染色体的重要作用作出了突出贡献。主要是由于他们的出色的细胞学研究工作,才使得在1902年有可能把众所周知的细胞学证据同孟德尔定律联系起来。回顾到此结束。

到目前为止,对孟德尔的两个定律已经作出的最有意义的发展可以说是发现基因的连锁和交换。1906年,贝特森和庞尼特报道了甜豌豆中的一个双因子案例,它们交叉重组的比例与那时对两对性状杂交时发生交叉重组的预期值不符。

到1911年,在果蝇中发现了两个表现出性连锁遗传的基因。早些时候已经证明,这些基因位于X染色体上。这两对性状在第二代中出现的比率,与孟德尔第二定律不符。因此我们提出,这种情况中表现出来的比率,可以解释为雌体中两条X染色体之间的交换。我们还可以指出,基因在染色体上彼此相距越远,则发生交换的可能性也就越大。这样一来,通过与其他基因比较,就有可能大致给各个基因定位。由于积累了更多的证据,这种想法进一步得到发展,进一步条理清楚,因此我们得以证明:每一条染色体上的基因排列于一条直线上。

两年之前(1909年),比利时研究者詹森斯曾经描述过一种蝾螈的染色体结合在一起的现象,他解释说,这意味着同源染色体之间发生了交换。他称这为"交叉型"。直到今天这种现象仍然很受细胞学家重视。詹森斯的观察毫无疑问直接提供了一种客观证据,证明了由雌性果蝇性染色体携带的基因之间发生的遗传交换。

现在我们已经用图(或者说染色体地图)把基因排列起来,其中标出的数字表示每个基因到零点的距离,零点是我们随意选定的。由于有了这些数字,对于任何一个可能出现的新性状,只要是已经确定了它与任何两个其他基因的交换值,我们都可以预言它是如何遗传的,在遗传中它与所有其他基因的关系如何。即使是没有任何其他与基因定位相关的事实,这种预言能力,反过来也可判定这些图的结构是否正确。不过今天我们已有直接证据支持这样的观点:基因是以一个连续的系列排布在染色体上的。

什么是基因?

孟德尔提出的作为纯粹理论单位的遗传因子,其本质究竟是什么?基因是什么?现在我们把基因定位于染色体上,是不是我们就认为基因是物质单位,是比分子更高层次的化学实体?坦白地说,现在的遗传学家并不太关心这些问题,他们反对现在和以后讨论关于假想的遗传因子的性质问题。什么是基因?它是真实的存在还是纯属虚构?遗传学家对这些问题的看法并不一致。在现在的遗传学实验水平上,基因究竟是假设的单位还是物质实体,这个问题并没有很大意义。不管哪一种情况,基因都是和特定的染色体联系在一起的,都可以依靠纯粹遗传学分析给它们定位。因此,如果基因是物质单位,那么它就是染色体的片段;如果基因是虚构的单位,那么它就被认为是染色体上的特定位置——与依据另一种假说确定的位置相同。所以,不管遗传学家持哪一种观点,对他的实际工作都没有多大影响。

从遗传学家理论假定的基因到他们所研究的性状,就是整个的胚胎发育过程。经过这个发育过程,基因中内含的特性转变为细胞原生质的外在的特性。由此我们好像是触及了一个生理学问题,一个对传统生理学家来说完全陌生的新问题。

一方面根据遗传学研究的成果,另一方面根据细胞学的显微研究,我们归结出了基因共同具有的一些性质。对这些性质还可以进一步讨论。

因为染色体分裂时基因线被纵向劈开(每条子染色体精确地带有母染色体的一半基因),所以我们理所当然地要得出这样一个推论:基因被分成了精确相等的两部分。但是,我们还不知道这个过程是如何进行的。由细胞分裂类推,使人想到基因分裂可能也是以同一方式进行的。但是我们不应当忘记,细胞分裂中经历的比较容易观察到的过程,可能很不适用于基因精确等分为两部分的过程。因为我们还不知道任何有机物分子具有相似的分裂现象,所以我们在谈论基因的分子结构时也必须非常慎重。另一方面,有机物中复杂的分子链结构,可以为我们将来某一天画出基因的分子及其聚合结构提供启示,并为发现基因分裂的方式提供线索。

基因经过无限多次分裂之后,它们的大小并没有缩减,或者说就性能来看并没有变化,因此,从某种意义上说,基因在连续两次分裂之间必定通过生长而得到了补充。我们可以称这种性质为“自催化作用”,可是,因为我们不知道基因是怎样生长的,所以如果我们断言基因在分裂之后的生长过程与化学家所说的自催化是同一过程,那就太冒险了。现在进行这种比较是很靠不住的。

基因的相对稳定性是由遗传学证据得出的结论。经过上千次的,甚至数百万次的分裂,它的性质依然保持不变。不过,它偶尔也可能发生变化。我们称这种变化为“突变”,这是德弗里斯创造的术语。需要强调说明的是,从绝大多数情况来看,突变了的基因依然保持了生长和分裂的特性,而且更为重要的是依然具有稳定性。当然我们不必断言:无论是原始的基因,还是突变了的基因,它们的稳定性都是相同的。事实上已有大量证据表明,某些基因比其他基因较易发生突变,而且在一些研究工作中这是司空见惯的现象,无论是在生殖细胞中还是在体组织细胞中。一个很重要的事实是:这些反复发生的变化具有明确的特定范围。

根据遗传学的证据和细胞学观察的结果可以断定,基因以线性顺序存在于染色体上,其相对位置保持不变。我们无法精确地陈述这种相对位置究竟是由于历史的偶然事件造成,还是由于每个基因与相邻基因之间的某种关系。但是,对染色体断片离位及它与另一断片的重新连接的研究表明,是偶然事件而不是彼此间的反应决定了基因的位置。因为当染色体的一个断片与另一染色体的一个基因链的末端相连时，或者一个染色体的某个断片发生连接顺序颠倒时，处于新位置的基因会像它们在正常染色体中一样快地连接起来。

有一点特别重要。根据迄今为止对基因突变效应的研究结果，我们可以断定：它们所引起的作用的类型，与它们在染色体上的位置一般说来没有关系。一个基因可能主要影响眼睛的颜色，它附近的另一个基因可能主要影响翅的结构，而位于同一区域的第三个基因则可能决定雌性或雄性的生育能力。而且，位于不同染色体上的基因，有可能对同一器官产生几乎同样的影响。因此人们可以说，基因在遗传物质上的位置与它们所产生的作用没有关系。这就导致了一个推论，它对发育生理学有比较直接的意义。

在遗传学的早期阶段，人们习惯于谈单位遗传性状，因为孟德尔的比率是从一些区分比较清楚的相对性状得出来的。一些遗传学新手由此推断，决定所选择的那些性状的孟德尔式遗传单位就是基因，基因的作用是单一的。这个推理是不慎重的。为了摆脱这一错误观点，需对它进行强有力的批判。已有的实验事实表明，每个基因产生的作用不是单一的，有时能对个体的性状发生多方面的影响。确实，在大多数遗传学研究工作中，总是选择它对其中一个性状的影响进行研究，这个性状是最明确界定了的，最容易与其相对性状区别开来。不过，在大多数情况下，微小的差别还是可以发现，它们都是同一基因作用的结果。事实上，用于划分相对性状的重要区别，对个体的生存可能没有多大意义，相反，某些伴生的结果可能具有生命攸关的重要意义，因为它可能影响该个体的组织系统，影响它的生存能力，它的寿命，或者它的生育能力。我不必对这些联系讲得太多，因为现在所有遗传学家都已认识到了。然而重要的是应当重视这些联系，它与发育生理学的所有问题都相关。

染色体在成熟分裂时配对，接着又分别向着相反的两极运动，每个子细胞中染色体数目减半，这一过程保证每个子细胞只含有一套染色体，并保证了孟德尔第二定律的实现。这些运动看起来像是物理学事件，细胞学家称这两个现象为"吸引"和"排斥"，但是我们并不知道其中究竟发生了什么物理学过程。"吸引"和"排斥"这两个术语只不过是描述性的，目前它们的意思仅是说同类染色体聚集到了一起，然后又分离开。

以前不知道染色体的组成，以为染色体聚集在一起是随机配合，即任何两个染色体都可以配成一对。染色体的配对与雌雄原生动物或精卵细胞的配对显然可以比较，而且，因为任何二倍体细胞的每对染色体中都是一条来自父本，另一条来自母本，因此使人想到，在染色体配对时也有某种形式的雌性和雄性之分。但是现在我们有充分的证据说明这种思想是错误的，因为有些情况下配对的两条染色体都是来自母本，甚至是来自同一条染色体的姐妹单体。

近年来的遗传学分析不仅证明配对的染色体是同类型的染色体，即带有同一基因链，而且证明配对的过程是一个非常精密的过程，基因点对点地结合在一起，除非因某种物理障碍受阻。最近几年已经有一些非常漂亮的实验研究证明,当染色体结合在一起时,并非是整个染色体,而是其上的基因一个靠着一个地配合起来。例如,一条染色体由于偶然原因失去了它的一个片段,而与另一条染色体连接起来,这样就建立起一个新连锁群。当它配对时,在其姐妹染色体中没有与这个片段相对应的片段。已经证明,这个片段将会和其母染色体,即它原先所在的那条染色体的相应部分配对,见下图。

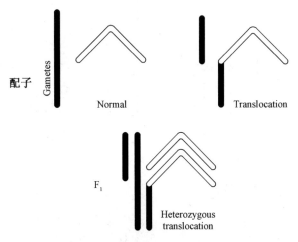

上半部表示一条染色体(黑色的)的一个片段转移到了另一条
染色体(白色的)上,下半部表示这些染色体的配对方式

当一条染色体失去一个末端时,它与它的配对染色体只能部分配合,即仅仅存在着同类基因的部分可以相配合,如下图(a)。如果一条染色体在某处丢失了一小部分,因而比原先短了一些,那么在配对时,在相对于短染色体丢失了的那个部分,长染色体会形成一个环,如下图(b)所示。这样一来,那条染色体其余部分的基因才能与相应的基因互相配合在一起。更明显的例子是,如果一条染色体中间某一段倒转了(旋转 180°),那么当它与其正常的同源染色体配合时,那个倒转了的区域自己会颠倒过来,使得相同的区域配合起来,也就是说使得同类的基因配合在一起,如下图(c)所示。月见草属植物染色体的配对,提供了这种结合方式的很好的例证。同类的基因可以互相找到并相配合,甚至当染色体的一半已经发生了交换以后仍可以互相找到。

赫兹、佩恩特和布里奇斯最近对果蝇唾液腺染色体的研究工作,取得了令人惊讶的成果。

果蝇老幼虫唾液腺细胞的核非常大,它所含有的染色体可以大到正常染色体的 70至 150 倍。赫兹已经证明,神经节细胞的染色体,尤其是 X 和 Y 染色体,它们的某些区域染色很深,而另一些区域染色较浅,这些区域分别对应着染色体基因图上不含或含有基因的区域。

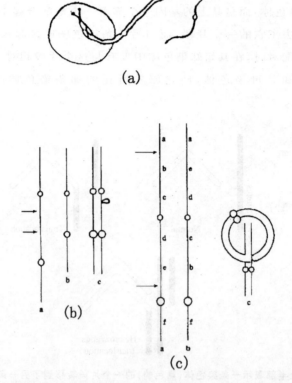

(a) 印第安小麦的两条配对的染色体,其中一条染色体末端缺失
(仿 Mc Clintock)。(b) 印第安小麦的两条染色体,其中一条在其近中
点处缺失一段。当这两条染色体配对时,较长染色体在对应于较短染色
体缺失部位的区域形成一个环。(c) 印第安小麦的两条染色体,其中一
条含有一段长长的倒位区域。当这两条配对时,它们是以该图右边所示
的方式结合,同类的基因结合在一起(仿 Mc Clintock)

　　佩恩特作出了更加重要的发现,他可以把唾液腺染色体的横纹系列与遗传学上已知
的连锁图的基因系列互相对应起来,见下图(a)、(b),而且,X 和 Y 染色体的空区不具有
带状横纹结构。他还进一步发现,如果连锁图上的一部分基因顺序倒转了,那么染色体
上的横纹顺序也会倒转;如果染色体的片段转移到了别处,可以根据它的特殊横纹系列
辨认出来;如果连在一起的基因片段丢失了,那么在染色体上会有相应的横纹缺失。布
里奇斯通过对个别染色体的深入研究,把这种分析又进一步向前推进,他已经证明了横
纹和基因位置之间精确的一致性。他使用改进了的方法,鉴别出了比原方法多一倍的横
纹,因而对横纹与基因位置的关系作出了更完整的分析。因此,不管横纹是不是真正的
基因,但横纹位置与相应的基因位置之间的明显一致性已经得到证明了。对横纹结构的
分析与遗传学上的论据取得了一致,表明当基因顺序发生某种转换时,横纹的顺序也会
发出相应的改变,这可以适用于最精细的横纹结构。

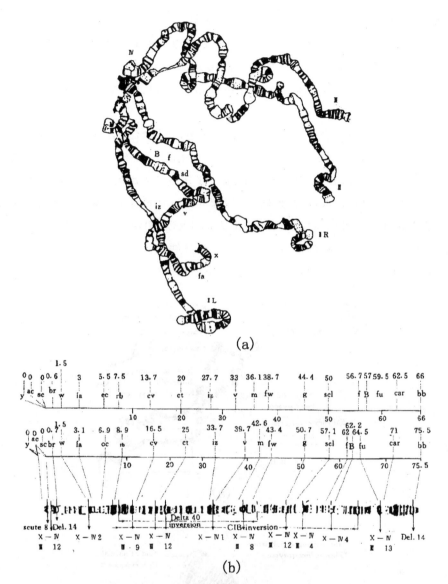

(a)

(b)

（a）雌性果蝇幼虫唾液腺的染色体（仿 Painter）。两条 X 染色体
已经合为一体。这个染色体已经以它的"附着端"附着于普通的核外染色
质上。第二和第三染色体的附着点在其接近中点处，而且已经在附着点
与普通核外染色质接合起来，每一条染色体留下了两个自由末端。每一
个自由末端的同类分支已经结合起来，总共有四个自由末端。（b）下面
是果蝇唾液腺 X 染色体的横纹结构，上面是基因图（仿 Painter）。斜的
虚线把基因图的位点与唾液腺染色体上相应的位点联系起来。

　　唾液腺细胞核的染色体数目只有完整数目的一半（按赫兹的报道），佩恩特解释说这
是由于同源染色体结合在一起了，见下图（a）。组合在一起的两个染色体显示出了同样

顺序的横纹,当它们结合得不紧时表现得特别明显。布里奇斯和科尔佐夫都提出:同源染色体并非只是结合为一个整体,它们每一个都分裂两次或三次,有时可以产生出多达16甚至32条链[见下图(a)、(b)]。因此可以认为,那些横纹每一个都含有16或32个基因。也许这还不足以证明横纹就是相应的基因,那么可以认为横纹是染色体的某种组成单位的复合物。

基因相连的顺序偶尔会发生改变,对这个问题,遗传学的结论与从横纹染色体得到的证据是一致的,有几个例子可以说明。下图(a)描述了从唾液腺制备的第三染色体的右半部。它的两个组分,有一部分合为一体,一部分仍是分离的。在图的下部,显示了其中一个组分的一个倒转片段(末端倒转)。相像的横纹才能结合,通过那个组分末端的自身颠倒,使得这种结合可以实现,下图(a)上方的小示意图说明了这一点。下图(b)中显示了第二染色体的一个很短的区域。其中一个组分缺失了一些基因,另一正常组分在对应缺失的部分形成了一个凸起,使缺失部位上下的相应横纹可以会合。

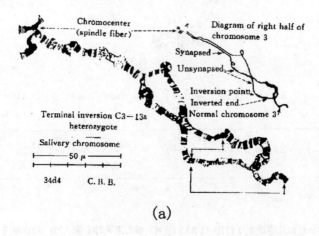

(a)

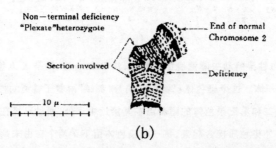

(b)

(a) 从唾液腺制备的第三染色体的右半部。它的两个组分有一部分已经
合为一体(右上)。其中一个组分末端部分有一倒转区段,这一部分通过
自身颠倒过来而与相应的正常染色体结合,如上图右边的小示意图所示。

(b) 唾液腺制品,显示第二染色体的一部分;它的一个组分是有缺失的,
对应于其缺失部位,另一组分向外弯曲凸起,使得这个部位上
下两边的相应的横纹可以会合(仿 Bridges)

基因的生理学性质

如果说所有基因在任何时候都发挥作用(遗传学研究中一般都这样认为,尽管没有明确地这样表述),而且个体的性状是由基因决定的,那么,身体的所有细胞为什么并非完全相同?

如果我们把目光转向卵和胚胎发育问题,也可以看出同样的矛盾。卵似乎是一个非特化的细胞,它注定要经历一系列预定了的变化,最后分化出器官和组织。在卵每一次分裂时,其染色体都纵向分裂为精确相同的两半,每个细胞都含有相同的基因,那么为什么有些细胞发育成为肌肉细胞,有些细胞发育为神经细胞,而另一些仍然是具有再生能力的细胞?

在上个世纪末时,这个问题的答案相对比较简单。卵中不同区域的原生质有可以观察到的差别,每个区域细胞的命运是预先决定了的,也就是说,是由于卵的不同区域的原生质不同。

这种观点与所有基因都起作用的思想可以一致。胚胎发育的最初阶段,被认为是由基因输出的同样信息与卵的不同区域原生质互相作用的结果。这似乎是对发育作出了一种令人满意的解释,尽管它并没有科学地说明所发生的作用究竟是什么作用。

但是,另一种观点也不能忽视。可以这样设想,在胚胎经历不同发育阶段时,各个基因是一组接着一组地依次发挥作用,这种顺序可以认为是基因自身固有的性质。这一没有根据的设想回避了胚胎发育的所有问题,不能认为它是一种令人满意的回答。但是,在卵的不同区域,不同的原生质与核中的基因之间发生相互作用,某些基因在卵的这个区域发挥作用,而另一些基因在其他区域发挥作用,这种情况是很有可能的。这种观点可以给出一种纯粹形式推理的假说,用以解释胚胎细胞的分化。这一分化过程的最初几个阶段,将决定于卵的各个区域的成分。

人们因此设想,细胞中的基因发出的第一组引起反应的信息,是作用于它们所在部位的原生质。改变了的原生质立刻又反过来作用于基因,使它产生出了另外的活性,或者是使另一组基因发挥作用。如果情况真是这样,那就给发育过程作出了一种令人满意的解释。对这种观点的一种修正认为,一组基因发出的信息是逐渐加强的,并终于取得优势地位,然后又逐渐失效,或者是由于另一组基因发出的信息逐渐增强而被取代,例如戈德施密特就曾假定性基因是这样作用的。这个学说被用于说明杂种的胚胎发育过程，人们设想杂种的性基因的活性有不同等级。

第三种观点也是可以考虑的。我们可以不认为所有基因在任何时候都是以同样方式起作用，也可以不认为只有某些种类的基因成功地发挥作用。我们可以假定，所有基因的活性都因与它们所在部位原生质的相互作用而发生改变。这种观点的影响似乎比其他观点小一些，它比较符合成体器官系统功能活性的情况。

我们还需要等待进一步的实验结果，才能在这几种观点中作出抉择。事实上现在全世界遗传学家都在想办法，力图确定基因与胚胎及成体性状的关系。这个问题（也许它不只是一个问题）在从两个方面研究：一是研究在器官即将最终形成这一阶段所发生的化学变化，特别是在色素的形成方面；二是研究胚胎发育早期的细胞分化。

我们已经发现，发育问题并非如我们曾经设想的那样简单。它不仅依赖于各个细胞的自主分化，而且依赖于细胞之间的相互作用，这是在发育早期阶段的情况。在成体阶段，还要依赖激素对各个器官系统的作用。上个世纪末时胚胎学研究蓬勃发展，一些很有思想的胚胎学家非常强调胚胎各个部分之间的相互作用的重要性，反对鲁克斯和魏斯曼的学说，鲁克斯和魏斯曼试图把发育过程解释为依次发生的一系列事件，它是胚胎细胞自主分化过程的结果，或者如我们今天所说，是卵裂过程中基因作用的结果。在那个时候，几乎没有什么实验证据可以说明假设的细胞间相互作用的性质，这种思想仅是一种一般概念，并非是由实验得出的结论，而且，很不幸，后来它转向了形而上学。

现在情况已经起了变化，这主要归功于德国施佩曼学派对胚胎发育中组织者的广泛实验研究，以及斯德哥尔摩的霍斯塔狄斯的出色成果。关于卵裂过程中由不同部位细胞之间的相互作用产生的重要影响，我们已经有了肯定的证据。这意味着不管是在胚胎各个部位最早的细胞中，还是在未曾分裂的卵细胞中，都已存在原始的分化。按照基因活性受原生质作用影响的观点，这一实验结果是非常值得重视的，它再一次以稍微不同的形式提出一个重要问题：胚胎中的组织者究竟是首先作用于与它相邻部位的原生质，并通过细胞的原生质作用于基因，还是更直接地对基因产生影响？不管哪一种情况，所讨论的问题仍然是它原先的样子。从对组织者的研究得来的证据，还不能帮助我们解决基因与分化的基本关系问题，虽然它使我们对胚胎发育的了解发展到一个新阶段。

基因对原生质的生理学作用，以及反过来原生质对基因的作用，是一个非常深层次的功能上的生理学问题。这个问题不仅牵涉到胚胎发育中的不可逆变化，而且也牵涉到成体器官系统中发生的再生现象。

基因与医学

毫无疑问，人和其他动物以相同的方式将其特征遗传下去。根据医学文献，在很多家族中，某些特征，通常说是不正常的特征，其发生频率高于总人口中的水平。这些不正常特征大多数是身体结构上的缺陷，少数是生理疾病（例如血友病），还有一些是心理上的。已经有足够的事实表明，它们的遗传遵循遗传学定律。

人类繁殖数量很低，因此，这些家族缺陷中有很多因为没有足够数量的资料而难以进行遗传学分析。当人们试图把不同来源的资料综合起来，以获得足够数量的资料时，诊断正确与否的问题有时又会给研究者带来很大困难，尤其是在利用较旧的资料时。不过，近年来在医学诊断方面已经有了长足的进步，因诊断不准确而带来的问题以后将会不那么严重了。

遗传学对医学已经作出的贡献，在我看来主要是理论上的。我的意思并不是说实践应用不重要，而且过一会我将指出医学与遗传学之间一些比较明显的关系，但是，在过去（现在一些蒙昧地区甚至仍然如此），关于人类遗传的所有说法都是含糊不清的，并且与神话和迷信交织在一起，因此，能对人类遗传有一个科学的理解，就是这个学科第一重要的成就。由于遗传学知识的增长，医学才从母体印记遗传的迷信中解放出来，才不受获得性遗传的神话的束缚，而且总有一天，医学工作者可以真正了解内环境对遗传性状表达的影响在遗传上有什么意义。

人类的种质，或者按照我们的话说，人类的基因组成，是一个非常复杂的混合物，它要比动物的复杂得多。这是由于最近时代里人类的广泛移居造成了不同人种的大融合。另一原因是由于人类社会的制度，使得许多在自然条件下会因生存斗争而被淘汰掉的有缺陷类型可以生存下来。当我们想起这些的时候，医学与遗传学的重要关系就很清楚了。在我看来，迄今为止的医学实际上主要是采取各种手段保护那些生存能力弱的人，而在不久的将来，人们将会经常要求医生提供建议，怎样减少有缺陷的人，使得社会可以摆脱这种不断增加的负担。很可能，医生将会请他的遗传学朋友来会诊！我想说清楚的一点是，由于人的基因组成非常复杂，因此，仅仅应用孟德尔式的简单遗传规律可能太冒险了。很多遗传性状的发育不但依赖于修饰因子的存在，而且依赖于影响它们表达的外部环境。

我早就指出，一般来说一个基因对个体不只产生一种可以观察到的作用，而且很可能还有很多观察不到的作用。在对某些疾病比较敏感的个体中，经过仔细调查研究，有可能发现由同一个基因产生的一些比较小的可以观察到的影响。我们目前尚未掌握这方面的证据，但它是医学研究中一个很有希望的领域。在将来某一天，甚至基因连锁现象也会对疾病诊断有所帮助。我们现在确实还不知道人类基因连锁的实例，但是毫无疑问总有一天会发现数百个连锁，而且可以预期，有些连锁将把可以观察到的与隐蔽的遗传性状联系在一起。当然，我知道古代曾试图把人分成几个大的生理类型——多胆汁的、多黏液的、易怒的和多血的，比较现代的尝试是把人分成大脑发达的、呼吸能力强的、消化力强的和肌肉发达的，或者更简单地分为虚弱的和强壮的。人们设想，对于某些疾病，一些类型的人可能比其他类型的人更易感染，各种类型的人在身体构造上各有自己的特点。这些努力的用意是好的，但是，就目前的遗传学知识水平来说，这些想法太超前了。因此，我们应当理解，为什么遗传学家现在不愿意认真地讨论这些问题。

家族中有某种遗传性疾病的人是否适合结婚，人们常为此征求医生的意见，在医学实践中常遇到这类事情。人们希望医生指出，某种遗传疾病在第一个孩子身上出现的概率有多大。我想，在这个问题上，以及在遗传性疾病与环境引起的疾病的区分问题上，遗传学家将可以提供越来越多的帮助。

我还想说，了解可遗传性状的遗传规律，有时可以帮助医生在某些遗传性疾病的初期阶段作出诊断。例如，如果某些症状出现了，但是还不能确诊，这时如果对病人的家族进行一番调查，可能很有助于医生正确的诊断。

我可能不需要谈论关于认定私生子父亲的法律问题。在这方面，关于血型遗传的知识常常可以提供所需要的信息，我们对血型遗传的认识已经非常清楚了。

现在遗传学家已经能够通过适当的育种方法培育出没有某些遗传缺陷的动植物品种，也能够培育出抗某种病害或对之有免疫力的植物品种。在人类中这样做在实践上是行不通的，除非是各个地方都可以劝阻有遗传缺陷的人生育。通过发现并消除疾病的外部原因（例如黄热病和疟疾那种情况），而不是培育有免疫力的人种，可以达到同样的目标。此外，用其他手段也可达到产生免疫力的目的，如接种疫苗或各种血清处理方法。最近有少数热心人主张，通过适当的育种手段，可以纯化和更新人种，我认为这种主张太过分了。相反，我们必须发展医学研究，寻找有效的医疗手段以保证人类生活得更健康、更幸福。

　　正像我已指出的，采取一些手段阻止或预防众所周知的遗传性缺陷的蔓延，可以起到一点改善的作用（例如已经长期实行的对精神病人的限制），然而我认为，通过公共卫生和各种保护措施，我们可以更有效地对付人类肉体继承下来的一些苦痛。在这方面医学将发挥主导作用，但我希望遗传学家可以及时伸出援助之手。

我的父亲卢惠霖

卢光琇

（中南大学湘雅医学院人类生殖工程研究室，长沙　410078）

卢惠霖（1900—1997），我国著名遗传学家。早年怀着科学救国的愿望，留学美国。1926—1928 年在遗传学家摩尔根和细胞学家威尔逊的指导下主修无脊椎动物学、遗传学和细胞学，1929 年回国后先后执教于岳阳高级农校、长沙雅礼中学、湘雅医学院。先后主编和编写了《中国医学百科全书·医学遗传学》、《人类生殖与生殖工程》等 10 多本著作，译著有摩尔根的 *The Theory of the Gene*（《基因论》）。他在中国最早引入人类染色体显带技术和开展辅助生殖技术的研究，在湖南医科大学（即现在的中南大学湘雅医学院）建立了生物学教研室、医学遗传研究室和人类生殖工程研究室。曾任中国遗传学会副理事长等学术职务，是中国遗传学的创始人之一，中国医学遗传和人类生殖工程的奠基者。

上面的这段文字简短地介绍了父亲的一生。父亲出生的那一年，正是孟德尔的遗传定律被重新发现的那一年。1926 年他来到摩尔根实验室时，正是摩尔根的《基因论》出版的那一年。在父亲一生的成就中，翻译《基因论》耗时最长，其出版过程费尽周折，其随后的影响极其深远。如今，《基因论》中译本已经发表 40 多年了。40 多年前，它奠定了我国现代遗传学的基石，也从某种程度上见证了遗传学在我国的艰难起步与发展。40 多年后，遗传学又取得了日新月异的发展，从各个角度证明了基因论的正确性，基因论也得到了丰富和发展。因此，再版《基因论》中译本仍是一件十分有意义的事情。我也借着这部著作再版的机会，缅怀我的父亲。

最早在摩尔根的实验室工作的中国学者是陈桢，然后是李汝祺，再后来是父亲和谈家桢等。这些学者学成后陆续地将遗传学传播到国内，填补了我国遗传学研究的空白。但总的来说，新中国建立前遗传学在我国的发展是十分缓慢的。一方面，是由于国难当头，科学研究自然受到极大影响，遗传学作为一门新兴学科也不例外；另一方面，是因为还没有人系统地在中国介绍现代遗传学的理论知识。摩尔根的《基因论》是当时遗传学领域最经典最权威的著作，将这本书翻译过来介绍给国内无疑是传播现代遗传学理论最好的选择。1929 年父亲回国后，就一直考虑将这一著作介绍给国内。但当时他除了要完

◀本书译者卢惠霖教授。

成繁重的教学任务,还要照顾一家老少,而且肺结核病反复发作,这些都耽误了他的翻译进程。抗日战争爆发后,他又不断随校迁移。1938 年,父亲携全家随雅礼中学来到湘西的沅陵县,1943 年随湘雅医学院来到贵阳,不久又辗转到重庆,直到抗战胜利后才又回到长沙。但是,在这种颠沛流离的逃难生活中,无论遇到什么困难,父亲总是将摩尔根的《基因论》和翻译的手稿保护得好好的,始终坚信这本书将会为国家作出贡献。在这种艰难时日中,父亲抓紧点点滴滴的时间进行翻译,终于在 1948 年将这本著作翻译完成。但是,这部遗传学的权威著作翻译完后,却不能及时发表。

20 世纪 30～50 年代,由于以李森科为代表的米丘林学派取得了斯大林的信任,他们所代表的"米丘林生物学"在当时被封为"社会主义的""无产阶级的""唯物主义的""真正的科学";而由孟德尔、摩尔根所奠基的遗传学却遭到强烈的政治批判,被戴上"资产阶级的""唯心主义的""形而上学的""伪科学的"帽子。遗传学家的申辩、教学、研究和出版的权利被剥夺了。

1949 年以后,在"学习苏联"的强大号召下,中国遗传学家中的大多数尽管被迫停止了教学和研究工作,不能公开发表自己的文章,但他们实际上还都保留着原来的学术观点。于是,中国在遗传学问题上也就形成了在学术观点上尖锐对立的两派。在这场遗传学大战中,父亲因为是留美归来的,是摩尔根学说在湖南的代表人,而且在学校讲授摩尔根的遗传学,自然成了打击对象。但父亲始终相信科学,不愿盲从别人的观点。为了证明自己讲授摩尔根遗传学的正确性,他采用米丘林学派的"无性杂交"实验来检验"后天获得性"是否"遗传"的问题,实验结果正好从事实上否定了获得性遗传理论。因此,他更加坚信摩尔根的遗传学是正确的理论。

苏联的广大生物学家和农学家从 1952 年底开始批评李森科等在学术上和许多农业措施上的错误及弄虚作假的行为,1956 年 2 月,苏共二十大召开,李森科于同年 4 月被迫辞职。同时我国生物学界和农学界也在议论过去学习李森科主义给生物学和农学带来的灾难。1956 年,由中国科学院和高教部在青岛召开了"遗传学座谈会",遗传学开始在中国获得解放。在这样的环境下,父亲 1948 年完成的《基因论》翻译稿,终于在 1959 年得以出版。

《基因论》中译本在当时中国传播遗传学中所起的作用,是不可估量的。由于当时我国高等院校大多讲授"米丘林生物学",而不讲授摩尔根遗传学,所以当时生物系的学生基本上对摩尔根遗传学是完全陌生的,社会上对摩尔根学说的偏见还很重。1961 年,当父亲想在大学重整遗传学研究时,只能从最基本的基础理论和实验操作入手培养青年教师。由于有了《基因论》中译本作为教材,学生们就可以系统地学习现代遗传学理论了。所以,《基因论》中译本的出版,实际上对当时国内的遗传学研究起到了一个启蒙作用。

《基因论》中译本出版后不久,国内的李森科学派回光返照,厄运又一次降临到了父亲头上。1960 年,各地掀起讨伐"孟德尔-摩尔根主义"的新高潮,声势十分惊人,学校强迫父亲在 500 多名学生面前承认自己的学术观点是"资产阶级学术观点"。有的好心人也劝父亲:"现在,学术总是要同政治挂钩的,你就认错吧。"父亲却说:"摩尔根的遗传学不带有政治性。科学问题不能强迫命令,谁拿出了实验证据证明摩尔根学说是错误的,我服输,可是现在并没有证据证明摩尔根学说是错误的"。幸运的是这次"学术思想批判"运动没过多久就被平息了。

随后而来的"文化大革命",几乎又一次给我国的遗传学研究带来灭顶之灾。父亲作为"反动学术权威"和"臭老九"承受了长达数年的批斗。但父亲始终坚持摩尔根的遗传学理论,时时俟机开展遗传学研究。1970年,学校复课招生,父亲重新登上了讲台,并被恢复了教研室主任一职。1972年,父亲正式组建了遗传研究室,重新开始了遗传学的研究工作,并且选择了医学遗传学作为研究方向。

1972—1973年,父亲带领助手们摸索了当时国际上的细胞遗传学技术,1974年,建立了具有国际水平的染色体显带技术等。经过数年艰苦的努力,他们最终建立了一整套的医学细胞遗传学技术,并在20世纪80年代初建立了染色体分带达823条的高分辨染色体技术,将我国的医学细胞遗传学推向了国际先进水平。

医学遗传学又是一门应用性很强的科学,父亲不失时机地引入了这些医学遗传学的成果,使之在临床上得到良好应用。1973年,他与伍汉文教授合作,开设了内分泌专科门诊,帮助确诊两性畸形;1979年,他与胡信德、李麓芸合作,在国内开设了定期的染色体遗传咨询专科门诊,并为孕妇进行产前遗传学诊断。1979年11月,中国第一次人类遗传学与医学遗传学论文报告会在长沙举行,身为中国遗传学会副理事长的父亲主持了这次会议。这次会议相当成功,从此以后,中国的医学遗传学得到了迅猛的发展,部分院校将遗传学列入了选修课或必修课,各地举办了各种形式的面向临床医生的医学遗传学培训班。父亲本人也在这次会上被推选为中国遗传学会人类和医学遗传委员会主任委员。1979—1981年间,父亲还主编了《中国医学百科全书·医学遗传学》,这部著作是我国自行编写的医学遗传学最经典的著作之一。

1978年,第一例"试管婴儿"在英国诞生的消息给了父亲极大的鼓舞,他觉得自己一直苦苦寻求的如何通过遗传优生来提高中华民族素质的问题现在终于有了实现的途径。他向学校和湖南省委省政府提出了在中国开展人类辅助生殖研究,通过辅助生殖技术结合遗传学手段来进行遗传优生的设想,并且制订了人类生殖工程研究的详细计划。但谁来实现这一设想呢? 当时人们在思想上还很难接受人工授精、"试管婴儿"等自然生殖以外的生殖方式;在学术上,人类辅助生殖在国内还是一个禁区,更不用说精子库、人工授精等存在伦理争议的雷区了。

作为女儿,我最先了解到父亲提出的在中国开展人类生殖工程研究的积极意义,同时我受到父亲年近八旬却壮心不已的感染,在父亲一时找不到合适的人来完成他的心愿时,我心中涌起一股要为父亲分忧解难的愿望。当时,我已在外科领域如鱼得水,而且正在参与肾移植的研究并已取得初步成果。而在遗传学领域,虽说从小受到父亲的熏陶,对这个领域有所了解,但还没有正式从事过这方面的科研工作,要放弃自己擅长的领域,去从事一项陌生而又难以被人理解的事业,确实有很大的风险。但父亲很赞许我的想法和勇气,手把手地将我领进了人类生殖工程研究的新领域。

按照父亲的设想,人类生殖工程将分三步走:首先是人类辅助生殖技术的研究,然后是辅助生殖技术和遗传工程相结合的研究,最后是在配子和胚胎水平进行遗传学改造的研究。后来的事实证明,父亲的这一设想是经过了深思熟虑的,它确保了在后来的实施过程中少走很多弯路。

父亲带领我们顶着一些人的不理解与偏见,在极其简陋的条件下,从零开始了当时中国一个全新领域的研究。1981 年建立了中国第一个精子库,1983 年成功获得了中国第一例冷冻精液人工授精婴儿。在此基础上,我们进行了体外受精—胚胎移植的研究工作。1985 年 9 月到 1986 年 4 月期间,我被派送到美国耶鲁大学进修"试管婴儿"技术。后来得知,有一次父亲病倒了,医院发出了病危通知。父亲被抢救过来后,想的仍是科研,嘱咐亲人不要将病情告诉我,好让我在美国安心学习。待我学成回国后,父亲不让我去病房看他,而要我立即投入"试管婴儿"的研究。正是凭着这种坚强的意志和顽强的拼搏精神,我们在 1988 年 6 月成功获得了两例"试管婴儿",其中一例为我国首例供胚移植"试管婴儿"。

人类辅助生殖技术平台建立后,我们又在父亲的指导下开始了第二步的工作。1989 年,我们建立了胚胎植入前遗传学诊断的小鼠模型,这一技术可避免传统的产前诊断发现胎儿遗传异常后不得不流产给妊娠妇女带来痛苦。1998 年我们的第二步研究获得了成功。

1997 年父亲去世,我们按父亲生前的设想,继续向前研究。在 1993 年成功克隆鼠的基础上,1999 年我们在国内首次建立了人类体细胞克隆胚技术,这表明将来可通过患者的体细胞得到治疗性克隆胚,并进一步诱导分化成可供移植的器官。随着科学技术的发展,我们意识到,只有在人的胚胎干细胞建系成功的基础上,才能最终实现父亲生前制定的人类生殖工程的第三步目标。于是我们开始朝着这一目标前进并取得了可喜的成就。

人类生殖工程可以看做摩尔根遗传学与生殖医学相结合的产物,是摩尔根遗传学在人类生殖领域的继承和发展。在实施生殖工程相关的研究和工作时,时时离不开遗传学的理论指导。现在,人类辅助生殖研究在全国发展很快,遗传优生的观念也已经深入人心,父亲在这一领域起到了开创性的作用。

现在回想起来,父亲的一生,是学习摩尔根的遗传学并在中国捍卫、传播和发展摩尔根遗传学的一生。他从来没有停止过对科学研究的探索。父亲 80 多岁时,图书馆和实验室依然是他最常去的两个地方。在父亲 86 岁的时候,他还给我们留下了中国当时第一本人类辅助生殖与生殖工程的专著——《人类生殖与生殖工程》,这本著作总结了人类辅助生殖技术的原理和方法,对我国人类辅助生殖研究起到了很大的推动作用,至今仍有一些生殖中心将它作为基本的工具书。同时,这部著作对生殖工程以后的发展作出了许多前瞻性的描述。虽然父亲生命中的最后两年,是完全在病床上度过的,但他一心想到的仍是实验室的科研进展情况。他常常鼓励来看望他的年轻人(我的研究生):"科学研究就像是一个接力赛,我接受了摩尔根的基因论,又将这根接力棒传了下去,希望你们也要从你们的导师那里将这根接力棒好好接下来,不要传丢了"。听到这些鼓励的话语,年轻人常常眼睛都湿润了,我也更加感到一种使命感:既要将父亲传给我的这根接力棒好好接下来,更要好好地将这根接力棒传下去。